C.-Ch. Timmermann

Lichtwellenleiterkomponenten und -systeme

Claus-Christian Timmermann

Lichtwellenleiterkomponenten und -systeme

Friedr. Vieweg & Sohn   Braunschweig/Wiesbaden

1984
Alle Rechte vorbehalten
© Friedr. Vieweg & Sohn Verlagsgesellschaft mbH, Braunschweig 1984

ISBN-13: 978-3-528-03351-4   e-ISBN-13: 978-3-322-87809-0
DOI: 10.1007/978-3-322-87809-0

Vorwort

Die Entwicklung der Komponenten und Systeme der Lichtwellenleitertechnik
hat heute bereits einen solchen Stand erreicht, daß mit dem Einsatz und
der Anwendung dieser neuen Technologie im großen Stil begonnen werden
kann. Die Nachrichtenübertragungstechnik wird daher in den kommenden Jah-
ren und Jahrzehnten eine umwälzende Entwicklung erfahren.

Das vorliegende Buch zu diesem Thema ist für Studenten und für in der
Praxis stehende Ingenieure gedacht, die sich mit dieser neuen Technik
vertraut machen wollen. Der Spezialist auf diesem Gebiet wird auf seine
Fragen im Rahmen dieses Buches im allgemeinen keine Antwort finden. Für
weitergehende Untersuchungen kann auf das Literaturverzeichnis verwiesen
werden, das einige Spezialliteratur zur Optischen Nachrichtentechnik enthält.

Der erste Hauptabschnitt über Lichtquellen, Lichtempfänger und Lichtwellenleiter veranschaulicht die Wirkungsweise der wichtigsten Komponenten einer
Lichtwellenleiterübertragungsstrecke. Der zweite Abschnitt über Systeme
schließt eher an die bekannten Fragestellungen der Nachrichtentechnik an.
Das Hauptgewicht liegt dabei auf dem Entwurf rauscharmer Vorverstärker
und der Untersuchung geeigneter Modulationsverfahren, wobei der erzielbare
Störabstand im Vordergrund steht.

Insgesamt gesehen ist es unmöglich, das weite Gebiet der Optischen Nachrichtentechnik auf derart beschränktem Raum verständlich und ohne Verzicht
auf die Herleitung der wichtigsten Gleichungen darzustellen, ohne eine
gewisse Stoffauswahl zu treffen. Aus diesem Grunde wurden hier nun die
Lichtwellenleiter nicht zu ausführlich abgehandelt, zumal sich die Darstellung in /13/ dem vorliegenden Buch nahtlos anpaßt und ein vertieftes
Studium dieses Teilgebietes gut ermöglicht. Aber auch eine Reihe anderer
Fragen und Problemstellungen konnten aus Platzgründen nur kurz angeschnit-
ten oder gar nicht angesprochen werden. Das Ziel bestand nicht darin,
möglichst viele Fragen und Themenkreise zu erörtern und somit eine weit-
gehende Zusammenfassung des Wissensstandes zu liefern. Ein derartiges
Buch wäre für Studenten höchstens als Nachschlagewerk geeignet, aber nicht
zum Studium. Vielmehr sollte sich die Darstellung auf das Wesentliche, das

für das Verständnis von Lichtwellenleitersystemen erforderlich ist, beschränken und so weit nur irgend möglich die jeweilige mathematische Herleitung zumindest in den Grundzügen beinhalten. Wegen der weitgehenden Überprüfbarkeit der Gleichungen durch den Leser wird diesem so das Studium des Stoffes erheblich vereinfacht, weil die Gültigkeit der Gleichungen überschaubar ist.

Von großer Bedeutung in einer Lichtwellenleiterstrecke ist immer die Empfindlichkeit des Empfängers oder ganz allgemein das Rauschen am Empfänger, weil Lichtquellen der Optischen Nachrichtentechnik nur verhältnismäßig wenig Lichtleistung abstrahlen. Am Empfangsort muß man daher mit geringsten Lichtleistungen auskommen. Da es sich beim Rauschen um ein Problem handelt, das in der klassischen Nachrichtentechnik ebenfalls von großer Bedeutung ist, wurde hier ein Schwerpunkt gesetzt. Dieses im allgemeinen wenig beliebte Thema "Rauschen" zieht sich daher wie ein roter Faden durch das Buch.

Zur Vertiefung des Stoffes dienen ca. 40 Übungsaufgaben, für die der vollständige Lösungsweg angegeben ist. Weitere Aufgaben mit Lösungen finden sich im Buch "Lichtwellenleiter" /13/. Beide Bücher liefern somit nun genügend Stoff für eine Einführungsvorlesung in die Optische Nachrichtentechnik mit entsprechenden Übungen. Aufgrund der Tatsache, daß Ergebnisse aus so vielen Teilgebieten der Nachrichtentechnik, Halbleitertechnik, Hochfrequenztechnik, Quantenelektronik etc. einfließen, werden die Studenten zwar gefordert, bei der gewählten Darstellung aber nicht überfordert. Zugute kommt dem Hochschullehrer hierbei, daß von der Studentenseite die zukunftsweisende Bedeutung der Optischen Nachrichtentechnik erkannt und diesem Thema überdurchschnittliches Interesse entgegengebracht wird, womit dann im allgemeinen eine erhöhte Leistungsbereitschaft verbunden ist.

Herrn Dr. K. Petermann vom Forschungsinstitut der AEG-Telefunken in Ulm sei an dieser Stelle wiederum für die kritische Durchsicht des Manuskriptes und meinem Kollegen Herrn Prof. Zwick von der Fachhochschule für Technik in Mannheim für viele wertvolle Diskussionen zum Thema "Rauschen" gedankt. Dem Verlag gebührt insbesondere Dank wegen der Anregung zu der Arbeit und wegen der stets guten Zusammenarbeit.

Mannheim, im Dezember 1982   C.C. Timmermann

1. Optoelektronische Komponenten

1.1 Übersicht

Eine Glasfaserübertragungsstrecke besteht im wesentlichen aus einer Lichtquelle, einem Lichtwellenleiter (LWL) und einem Lichtempfänger. Die Nachricht, die zu übertragen ist, kodiert man zunächst in einem Modulator und
wandelt dann dessen Ausgangssignal mit Hilfe der Lichtquelle in entsprechende Intensitätsschwankungen um. Der Lichtempfänger gewinnt daraus einen hierzu proportionalen elektrischen Strom. Nach der Demodulation steht
die Nachricht dann wieder zur Verfügung.

Der erste Hauptabschnitt behandelt diese drei optoelektronischen Komponenten, insbesondere hinsichtlich Frequenzgang, Linearität und Rauschen. Eine
technische Übertragungsstrecke beinhaltet darüber hinaus als wesentliche
Baugruppe einen extrem rauscharmen Vorverstärker, denn nur so läßt sich
aus den schwachen optischen Signalen die Nachricht herauslesen. Der zweite
Hauptabschnitt befaßt sich daher eingehend mit Rauschen bei Vorverstärkern.
Außerdem wird untersucht, wie sich das am Vorverstärkerausgang bzw. Demodulatoreingang anliegende Rauschen nach der Demodulation in der Nachricht noch auswirkt. Damit können dann die Störabstände verschiedener
Systeme berechnet und die Leistungsfähigkeit der Modulationsverfahren untersucht werden.

Da der Störabstand in komplizierter Weise durch den Vorverstärker mitbe-
stimmt wird, ist das Kapitel 2.3 nur im Zusammenhang mit Kapitel 2.2 verständlich. Die Kapitel zu Lichtquellen, Lichtempfängern und Lichtwellenleitern können dagegen u.U. auch in anderer Reihenfolge gelesen werden.
Insgesamt ist das Kapitel zu Lichtwellenleitern knapp gehalten und be-
schränkt sich auf die Darstellung der wichtigsten Zusammenhänge. Eine weitergehende und zu diesem Buch passende Darstellung zu LWL findet man in
/13/

1.2.1 Aufbau und Funktionsweise von LED mit einfachem pn-Übergang

Für Lichtwellenleitersysteme eignen sich als Lichtquellen besonders gut
strahlende Halbleiterbauelemente in Form von pn-Übergängen. Die Bilder
1 a ,b zeigen für Ge und GaAs für eine bestimmte Kristallrichtung die
Elektronenenergie als Funktion des Elektronenimpulses. Die Projektion dieser Verläufe in eine lineare Skala ergibt das in Bild 1 c qualitativ dargestellte Bändermodell. Einmal erzeugte Elektronen-Lochpaare werden sich
am energetisch günstigsten Ort aufhalten, die Elektronen also am absoluten
Energieminimum des Leitungsbandes (LB). Dabei ist zu beachten, daß bei Ge
dieses Minimum nicht bei dem gleichen Impuls liegt wie das absolute Maximum im Valenzband (VB). Wenn also das Elektron nach gewisser Zeit von sei-
nem Zustand höherer Energie auf einen Zustand niedrigerer Energie übergeht, muß es gleichzeitig seinen Impuls in der richtigen Weise ändern. Bei
diesen sogenannten indirekten Übergängen gibt das Elektron bei Ge eine
Energie von etwa 0,66 eV ab und erwärmt letztlich das Gitter. Im Prinzip
wäre es auch denkbar, daß diese Energiedifferenz in Form eines Lichtquants
oder Photons abgestrahlt wird. Bei indirekten Halbleitern ist aber diese
Art von Übergängen so unwahrscheinlich, daß man sie völlig unberücksichtigt lassen kann.

Dies wird verständlich, wenn man bedenkt, daß bei dem Rekombinationsprozeß
für Elektronen, Löcher und Photonen nicht nur der Energiesatz, sondern
auch der Impulssatz erfüllt sein muß. Da nun das Photon wegen seiner klei-

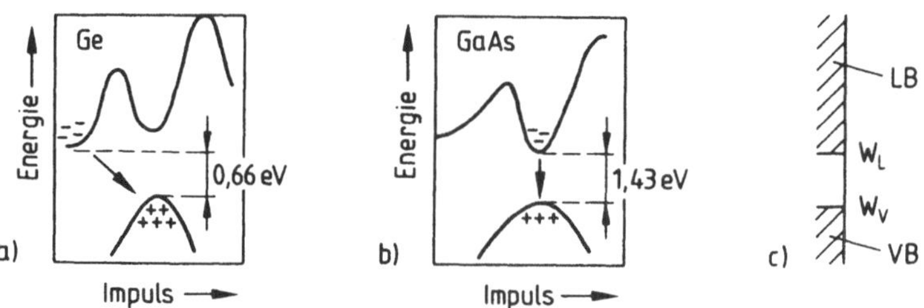

Bild 1 Elektronenenergie als Funktion des Impulses
a) indirekter und b) direkter Halbleiter c) Bändermodell

nen Masse keinen nennenswerten Impuls aufnehmen kann, darf das übergehende
Elektron seinen Impuls dann auch nicht wesentlich ändern. Eine solche Impulsänderung beim Übergang entfällt nun gerade bei den sogenannten direkten Halbleitern, von denen GaAs ein wichtiges Beispiel darstellt. Hier
liegen Maximum und Minimum bei gleichem Impuls.

Nach Bild 1 b rekombiniert von den in das LB beförderten Elektronen entsprechend dem inneren Quantenwirkungsgrad n_i der Anteil n_i strahlend,
während der Rest nach verschiedenen anderen Rekombinationsmechanismen
nichtstrahlend übergeht und wiederum das Gitter erwärmt. Bei den strahlenden Übergängen erzeugt jedes Elektron ein Lichtquant (Photon) mit einer
Energie entsprechend der Energiedifferenz beim Übergang. Nach Bild 1 c beträgt diese mindestens

$$W_{LV} = W_L - W_V \, , \qquad\qquad (1.1)$$

woraus sich nach Einstein für das Photon eine Schwingungsfrequenz

$$f = W_{LV} / h \qquad\qquad (1.2)$$

oder eine Schwingungswellenlänge im freien Raum

$$\lambda_0 = c_0 h / W_{LV} \qquad\qquad (1.3)$$

errechnet, wobei h das Plancksche Wirkungsquantum und c_0 die Lichtgeschwindigkeit in Vakuum sind. Für GaAs folgt mit $W_{LV} = 1,43$ eV eine Wellenlänge
$\lambda_0 = 0,87$ µm.

Zu beantworten wäre nun die Frage, wie die Elektronen in das Leitungsband
befördert werden. Denkbar ist eine optische Anregung. Viel bequemer geschieht dies aber durch Injektion von Minoritätselektronen in einem pn-
Übergang.

Bild 2 a zeigt einen bis in die Entartung dotierten pn-Übergang, bei dem
dann das Ferminiveau W_F auf der n-Seite im Leitungsband und auf der p-
Seite im Valenzband dicht unter der Bandkante W_V liegt. Ohne Vorspannung U
fließt kein Strom, und das Ferminiveau ist konstant. Bei T = 0 K gibt dieses Niveau auf der p- und n-Seite die Energieschwelle an, bis zu der

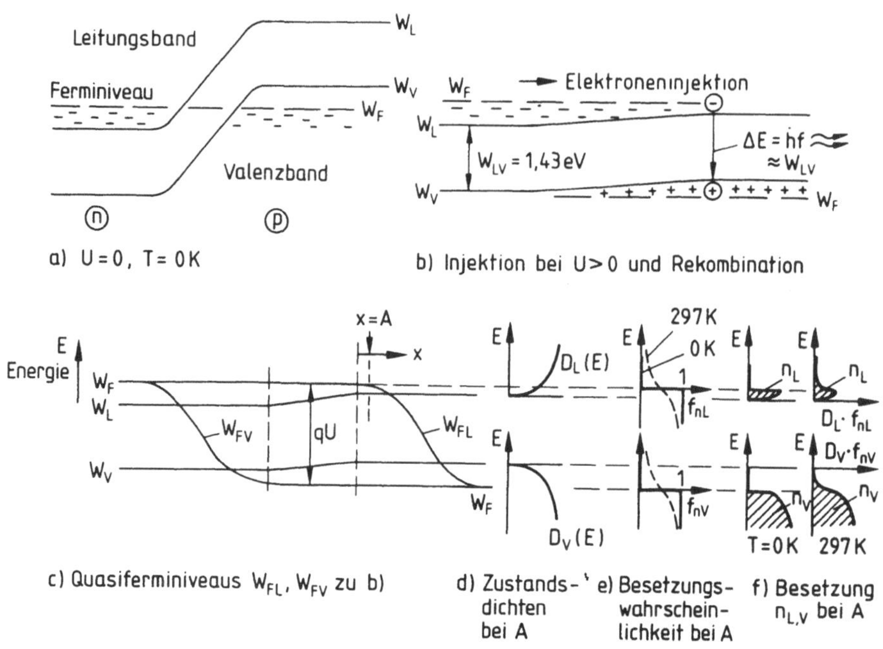

Bild 2 Elektronenbesetzung im pn-Übergang

Elektronenbesetzung vorliegt. Auf der p-Seite ist entsprechend der enge
Bereich oberhalb des Ferminiveaus bis an die untere Kante des Valenzbandes
nicht mit Elektronen besetzt, so daß dort Löcherbesetzung vorliegt. Spannt
man nun nach Bild 2 b den pn-Übergang vor, wird die Energiebarriere zwischen der n- und p-Seite abgebaut, und es setzt eine Elektroneninjektion
in das p-Gebiet ein. Diese Minoritätselektronen können nun strahlend auf
die unbesetzten Niveaus dicht unterhalb der Valenzbandkante übergehen. Eine solche Anordnung bezeichnet man als lichtemittierende Diode (LED). Bei
LED läßt sich die abgestrahlte Leistung durch die Injektion, also durch den
Diodenstrom, besonders einfach steuern.

Die Bilder 2 c -f geben nun etwas genaueren Aufschluß über die Besetzungs-
verhältnisse. Für U > 0 spaltet das Ferminiveau am pn-Übergang in die Quasiferminiveaus W_{FL} und W_{FV} auf. Zum Beispiel bei x=A gibt für T = 0 K das
Niveau W_{FL} die obere Besetzungsgrenze für die in das p-Gebiet injizierten

4

Minoritätselektronen und W_{FV} die obere Grenze für Elektronenbesetzung im
Valenzband an. Multipliziert man die jeweiligen Zustandsdichten $D_{L,V}(E)$,
die die Zahl der im Prinzip besetzbaren Energiezustände pro dE und pro
Volumeneinheit angibt, mit der Wahrscheinlichkeit $f_{n\,L,V}$ dafür, daß bei
dieser Energie überhaupt Elektronenbesetzung vorliegt, erhält man die
tatsächliche Besetzungsdichte $dn_{L,V}/dE$ von Leitungsband- bzw. Valenzband-
elektronen. Die Fläche unter den Kurven $D_{L,V}(E) \cdot f_{n\,L,V}(E)$ gibt die auf das
Volumenelement bezogene Besetzungsdichte $n_{L,V}$ von Leitungsband bzw. Valenz-
bandelektronen an. Bei $T = 0$ K befinden sich z.B. auf der p-Seite im Valenzband oberhalb des Ferminiveaus keine Elektronen. Demnach beschreibt
$D_V(E) \cdot (1-f_{nV})$ die uns später interessierende Löcherbesetzung dp_V/dE
und die Fläche unter der Kurve die auf das Volumenelement bezogene Löcherdichte p_V.

Bei einem Diodenstrom $I_0 = e\,dN/dt$, wobei e die Elementarladung ist, be-
wirken nun dN übergehende Elektronen $n_i \cdot dN$ stahlende Obergänge mit einer
Gesamtenergie $n_i\,dN\,hf$, wobei n_i der innere Quantenwirkungsgrad für die
elektrooptische Umwandlung ist. Bezieht man sich auf die Zeiteinheit dt,
folgt die innerhalb der LED erzeugte Leistung

$$P_i \;=\; n_i\,\frac{hf}{e}\,I_0 \;. \tag{1.4}$$

Für $n_i = 100$ % erhält man bei GaAs mit $hf \approx W_{LV} = 1.43$ eV eine Steilheit
der Licht-Strom-Kennlinie von $P_i/I_0 = 1{,}4$ mW/mA. Wie die späteren Ausführungen zeigen werden, ist von dieser verfügbaren Leistung bei LED nur
ein Bruchteil nutzbar.

Bei den bisherigen Betrachtungen hatten wir stets $T = 0$ K vorausgesetzt.
Bei Raumtemperatur weicht nun nach Bild 2 e ,f die durch das Ferminiveau
gezogene harte Besetzungsgrenze für die Elektronen um etwa KT auf, wobei
K die Boltzmannkonstante ist. Wir finden dann, wie in Bild 3a dargestellt,
eine Löcherverteilung dp_V/dE, die sich etwa bis $W_F - KT$ erstreckt. Auch
die Dichteverteilung dn_L/dE der injizierten Minoritätselektronen verläuft
nun energetisch um KT aufgeweicht. Damit ergeben sich verschiedene Ober-
gangsmöglichkeiten, von denen drei Beispiele skizziert sind. Obergänge von
Energieniveaus mit hoher Elektronen- und Löcherdichte wie im Fall 3 werden
sich häufen, während bei geringer Dichte wie in den Fällen 1 und 2 nur wenige Obergänge stattfinden.

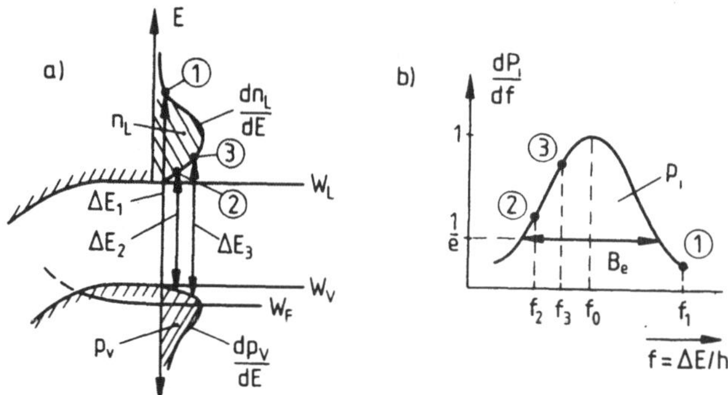

Bild 3 a) Elektronen- und Löcherverteilung sowie b) Emissionsspektrum bei Rekombination

Bild 3 b zeigt die sich ergebende spektrale Leistungsverteilung $I_f = \frac{dP_i}{df}$, die die innerhalb df pro df abgestrahlte Leistung angibt. Der Verlauf wird so normiert, daß

$$P_i = \int_0^\infty I_f(f)\, df \qquad (1.5)$$

die insgesamt erzeugte Leistung in der Quelle ergibt. In der Praxis kann man $I_f(f)$ meist durch eine Gaußkurve

$$I_f \sim \exp\left(-\left(2\,\frac{f-f_0}{B_e}\right)^2\right) \qquad (1.6)$$

mit f_0 als Mittenfrequenz und B_e als 1/e-Breite annähern. Wegen der oben diskutierten 2-fachen Aufweichung der Besetzungsniveaus um jeweils KT gilt etwa h B_e = 2 .. 3 KT, also

$$B_e \approx 2 \ldots 3\ \text{KT}\,/\,h\,, \qquad (1.7)$$

woraus sich bei T= 293 K eine Emissionsbandbreite B_e= 12 bis 18 THz ergibt, die durch Messungen bestätigt wird. Man erkennt im übrigen, daß die Emissionsbandbreite mit der Temperatur steigt. Gleichzeitig verschiebt sich auch die Mittenfrequenz f_0.

Damit ist die Funktionsweise einer einfachen pn- LED am Beispiel von GaAs in groben Zügen skizziert.

6

1.2.2 Doppelheterostrukturen

In der Praxis bewähren sich einfache pn-Strukturen nicht, weil die am
pn-Übergang erzeugte Strahlung nicht aus einem räumlich hinreichend eng
begrenzten Bereich emittiert wird. Die Wahrscheinlichkeit für strahlungs-
lose Übergänge an Störstellen wächst damit gegenüber einer Anordnung mit
einem relativ kleinem Rekombinationsgebiet. Im übrigen läßt sich der vorgegebene Bandabstand von GaAs und damit die Mittenfrequenz f_o der Strahlung
nicht einstellen, was u.U. wünschenswert ist.

Abhilfe schaffen hier sogenannte Doppelheterostrukturen aus Mischkristal-
len. Je nach Zusammensetzung, die durch den Molbruch x festgelegt ist,
kann man zunächst den Bandabstand W_{LV} und nach (1.2) dann auch die Mittenfrequenz f_o einstellen.

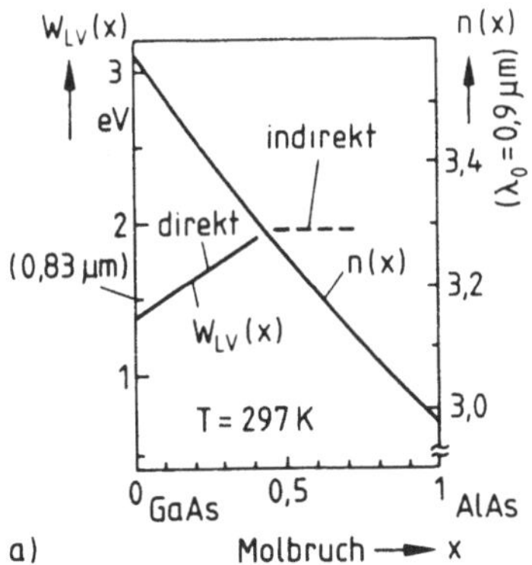

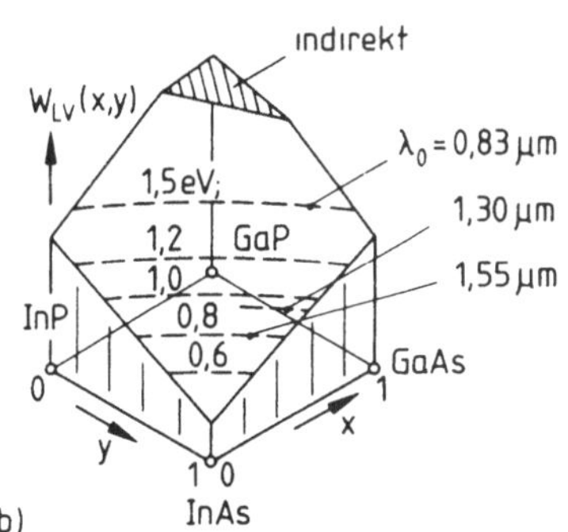

Bild 4 Bandabstand W_{LV} und Brechzahl n bei ;
a) $Al_xGa_{1-x}As$ und Bandabstand bei b) $Ga_xIn_{1-x}As_yP_{1-y}$;

Bild 4 a zeigt für $Al_xGa_{1-x}As$ den Verlauf $W_{LV}(x)$ als Funktion des Al -
Anteils x. Der Halbleiter bleibt nur innerhalb $0 < x < 0,4$ direkt. Gleichzeitig ist der Brechzahlverlauf n(x) für 0,9 µm Wellenlänge eingezeichnet.
Während die Mittenfrequenz bei GaAs nur in engen Grenzen variierbar ist,
ergibt sich aber durch die ausgeprägte Abhängigkeit der Brechzahl von x
die Möglichkeit, in Mehrschichtenstrukturen nun dielektrische Wellenleiter
aufzubauen, die die erzeugten Lichtwellen verlustarm führen können. Die
Rekombinationsverluste kann man gleichzeitig klein halten, indem man den
pn-Übergang beidseitig durch Schichten mit großem Bandabstand abschirmt.
Diese Energiebarrieren lassen die Elektronen auf engem Raum rekombinieren

und verhindern so nichtstrahlende Rekombination an anderen Störstellen.
Außerdem erzwingt man auf diese Weise eine rasche Rekombination und somit
kurze Schaltzeiten, weil die Elektronen jetzt nach der Injektion nicht
mehr über die ganze Diffusionslänge diffundieren müssen, sondern nur bis
zur unmittelbar folgenden Energiebarriere.

Für größere Wellenlängen zeigt Bild 4 b den Bandabstand des Mischkristalls
$Ga_xIn_{1-x}P_{1-y}As_y$. Je nach Molbruch x bzw. y lassen sich nun mit dieser
quaternären Verbindung Halbleiterstrukturen für Emissionswellenlängen bis
zu 1,6 µm realisieren. Bei der Zusammensetzung ist allerdings immer auf
angepaßte Gitterkonstanten zu achten. Eine Fehlanpassung führt bei der
Erwärmung im Betrieb nach kurzer Zeit zur Zerstörung des Bauelementes aufgrund innerer Spannungen.

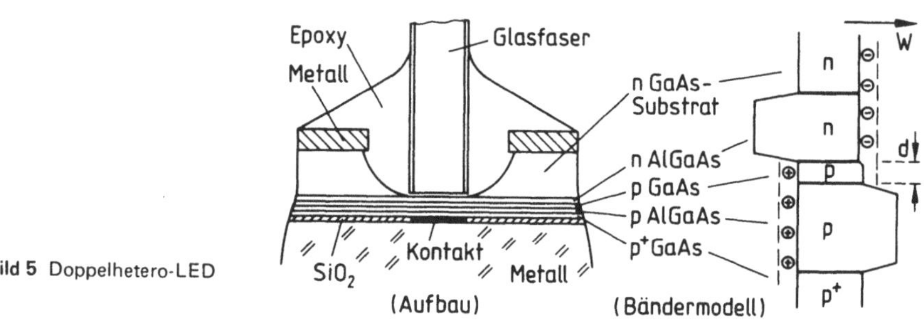

Bild 5 Doppelhetero-LED

Ein typisches Ausführungsbeispiel eines Oberflächenemitters zeigt Bild 5.
Auf das Substrat ist eine einige µm dicke n-AlGaAs-Schicht aufgewachsen,
die wegen der hohen Energiebandlücke eine Löcherdiffusion in das n-Gebiet
unterbindet. Aus dieser Schicht werden Elektronen in die ca. 1 µm dicke
p-Rekombinationszone injiziert. Die weite Energiebandlücke der folgenden
p-Schicht konzentriert die Elektronen dann auf engem Raum. Die nachfolgende p$^+$-Schicht stellt den widerstandsarmen Übergang zum Metall her, dessen
Kontaktfläche auf ca. 50 µm im Durchmesser begrenzt ist. In dieser Anordnung entsteht nun ein Elektronenfluß, der so gerichtet ist, daß die
emittierte Strahlung nur aus einer Fläche entsprechend der Größe der Kontaktfläche tritt, die wiederum etwa mit der Fläche des Faserkerns übereinstimmt. Die Stromstärke und Erwärmung des Bauelementes hält sich damit in
Grenzen. Von größerer Fläche emittierte Strahlung läßt sich bei LED, wie
ohne Beweis angegeben sei, ohnehin nicht so fokussieren, daß sich die Einkopplung verbessert. Die Strahlung kann nun aus dem p-Gebiet wegen der wei-

8

ten Energiebandlücke des darüberliegenden n-Gebietes ohne Absorption nach oben austreten. Dazu wird das Substrat weit ausgeätzt, so daß man die Glasfaser dicht an die p-Zone heranführen kann.

Praktisch emittiert die Diode ohne Faser bei einer Stromdichte von ca. 7500 A/cm^2, die bei 50 µm Kontaktdurchmesser einer Stromstärke von 150 mA entspricht, insgesamt etwa eine Leistung P_a = 2 mW in den freien Raum. Diese äußere Leistung P_a liegt beträchtlich unterhalb der in der Diode erzeugten Leistung P_i, für die sich bei einem inneren Quantenwirkungsgrad n_i = 100 % nach (1.4) ein Wert von 214 mW errechnet. Die Ursachen sind nun zu diskutieren.

1.2.3 Leistungsabstrahlung bei Oberflächenemittern

Der Grund für die geringe Ausbeute ist der Umstand, daß die Lichtstrahlen nur bis zum relativ kleinen Grenzwinkel der Totalreflexion aus der LED treten können und zusätzlich auch noch wegen des hohen Brechzahlsprunges Reflexionsverluste erleiden. Nach Aufgabe 1.2 gilt für das Verhältnis von äußerer zu innerer Leistung aufgrund der eben genannten Effekte

$$\frac{P_a}{P_i} \simeq \left[1 - \left(\frac{n_2 - n_1}{n_2 + n_1} \right)^2 \right] \frac{(n_2/n_1)^2}{4} \qquad (1.8)$$

mit n_2 als äußerer und n_1 als innerer Brechzahl. Mit (1.4) lautet dann die äußere Leistung bei einem Übergang in Luft (n_2=1) mit n_1 = n

$$P_a = n_L \frac{hf}{e} I_o \qquad \text{mit} \qquad n_L = n_i \, n_R , \qquad (1.9)$$

wobei

$$n_R = \left(1 - \left[\frac{n-1}{n+1} \right]^2 \right) \frac{1}{4 \, n^2} = \frac{1}{n \cdot (n+1)^2} \qquad (1.10)$$

ist. Der Wirkungsgrad n_i steht also für die Effizienz der Umsetzung von injizierten Elektronen in Photonen, während n_R den Bruchteil von Photonen angibt, der dann auch tatsächlich den GaAs-Kristall verlassen kann.

Für einen GaAs-Luft-Übergang folgt mit hf/e = 1,43 V, n_i = 100 % und n = 3,6 ein Gesamtquantenwirkungsgrad n_L = 1,31 % und mit I_o = 150 mA eine abgestrahlte Leistung P_a = 2,9 mW. Durch Vergütung der GaAs-Oberfläche mit einer $\lambda/4$-Schicht entfallen die Reflexionsverluste weitgehend (ca. 32 %), und die eckige Klammer in (1.10) verschwindet. Dann ist der Wirkungsgrad einfach durch $n_L = n_i/ 4n^2$ gegeben und beträgt in diesem Fall $n_i \cdot 1{,}93$ % , sodaß etwa 4,1 mW austreten können. Unter günstigsten Umständen gelingt es u.U. noch, das in den hinteren Halbraum abgestrahlte Licht durch reflektierende Anordnungen nutzbar zu machen. Dadurch erhöht sich der Wirkungsgrad bei Vergütung um maximal den Faktor zwei auf

$$n_{Lmax} = n_i / 2n^2, \qquad (1.11)$$

in diesem Fall also auf $n_i \cdot 3{,}9$ %. In der Praxis sorgen Energiebarrieren bei DH-Strukturen für nahezu vollständige Quantenausbeute, so daß mit $n_i = 1$ obige LED dann 8,2 mW in den freien Raum strahlen müßte. Ohne Vergütung und ohne Berücksichtigung des rückwärts abgestrahlten Lichtes reduziert sich die Gesamtleistung auf $P_a = 0{,}68 \cdot 0.5 \cdot 8{,}2$ mW = 2,9 mW, von der nach Bild 5 wegen der begrenzten Öffnung nur ein Teil in den freien Raum austreten kann. In unserem Beispiel mißt man daher nur etwa 2 mW.

Ein weiteres Ergebnis der Aufgaben 1.1 und 1.2 ist der Verlauf der Strahlungscharakteristik I_Ω, die die pro Raumwinkel $d\Omega$ in $d\Omega$ abgestrahlte Leistung beschreibt. Es ergibt sich die in Bild 6 dargestellte Lambertsche Strahlungscharakteristik, die wir mit n_L nach (1.10) oder (1.11) und (1.4) und (1.9) in der Form

$$I_\Omega = \frac{n_L}{\pi} \frac{hf}{e} I_0 \cos\gamma \qquad (1.12)$$

schreiben können.

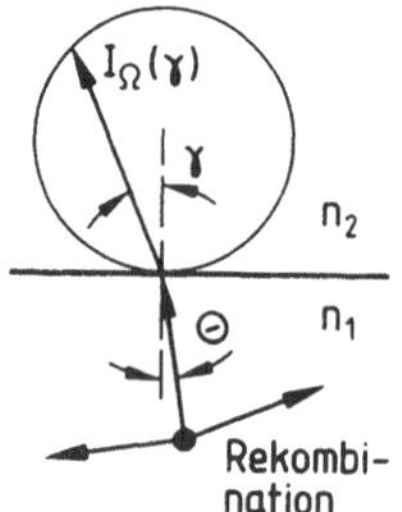

Bild 6
Lambertsche Strahlungscharakteristik
bei LED

Wir beziehen nun die pro Raumwinkel abgestrahlte Leistung $dP_a/d\Omega$ auch noch auf die Fläche und definieren so die Leuchtdichte

$$\frac{d^2P_a}{dAd\Omega} = \frac{I_\Omega}{A_L} = B \cos\gamma \qquad (1.13) \quad \text{mit} \quad B = \frac{n_L}{\pi} \frac{hf}{e} \frac{I_0}{A_L} = \frac{P_a}{\pi A_L} \qquad (1.14)$$

als Leuchtdichte in Hauptstrahlrichtung $\gamma = 0$ und A_L als Leuchtfläche.

10

Diese Größe B bezeichnet man kurz als Leuchtdichte und gibt sie in Datenblättern in W/Sr cm^2 an. Bei einer Stromdichte von 7500 A/cm^2 entsprechend I_0 = 150 mA bei 50 μm Durchmesser des Kontaktes variiert für GaAs-Dioden ohne Vergütung und ohne berücksichtigte Rückwärtsstrahlung und berücksichtigte Rückwärtsstrahlung bei gleichzeitiger Vergütung für n_i = 1 der Gesamtquantenwirkungsgrad innerhalb 1,3 % < n_L < 3,9 % und die Leuchtdichte somit theoretisch innerhalb 44 ... 130 W/Sr cm^2. Praktisch liegt man bei Strukturen nach Bild 5 oft an der unteren Intervallgrenze.

Wie hier nun ohne weiteren Beweis angegeben sei, fängt eine vielwellige Faser, wie sie in Bild 5 eingezeichnet ist, bei einer Kernfläche $A_F = A_L$ die Leistung $NA^2 \cdot P_a/2$ (Gradientenfaser) bzw. $NA^2 \cdot P_a$ (Stufenprofilfaser) auf. Die numerische Apertur NA gibt dabei wie in der Optik üblich den Auffangwinkel der Faser an. Diese Beziehungen gelten nur für Ankopplung an LED. Dieser Vorgriff auf das Kapitel Lichtwellenleiter ermöglicht nun, schon an dieser Stelle die Bedeutung der Leuchtdichte B zu erkennen. Mit (1.14) nimmt die Faser jetzt die Leistung

$$P_F = P_a \begin{cases} NA^2 \\ NA^2/2 \end{cases} = \pi A_L B \cdot \begin{cases} NA^2 \\ NA^2/2 \end{cases} \qquad (1.15)$$

auf. Für eine effiziente Lichteinkopplung ist also eine hohe Leuchtdichte erforderlich. Bei NA = 0,3, Kern- Ø = 50 μm und z.B. B = 35 W/Sr cm^2 errechnet sich bei der Stufenprofilfaser eine Leistung von P_F = 0,2 mW und bei der Gradientenfaser 0,1 mW in der Faser verglichen mit dem theoretischen Maximum von 0,72 mW bzw. 0,36 mW bei maximaler Leuchtdichte von 130 W/Sr cm^2.

Bei Fasern mit einem Kerndurchmesser bzw. einer Kernfläche $A_F > A_L$ lohnt es sich, für effizientere Lichteinkopplung eine Aufweitung der Leucht - fläche bei gleichzeitiger Einengung der Strahlungscharakteristik vorzunehmen. Dann lassen sich obige Werte je nach Flächenverhältnis so weit steigern, daß man dem Idealfall der vollständigen Einkopplung mit $P_F = \pi A_L B$ viel näher kommt. Solche Fasern mit großem Kerndurchmesser und auch hoher NA eignen sich hauptsächlich für schmalbandige Signalübertragung. Die eingekoppelte Leistung beträgt dann 1 mW und mehr. Bei vielwelligen Fasern für hohe Bandbreiten ist meist $A_F \simeq A_L$, und man koppelt mit NA = 0,14 bis 0,24 bestenfalls einige hundert μW in die Faser ein. Hier helfen nur Lichtquellen mit höherer Leuchtdichte weiter, wenn dies nicht genügt.

1.2.4 Frequenzgrenzen und Linearität bei LED

Bei LED mit DH-Struktur entfallen im Gegensatz zu einfachen pn-Dioden die
Verzögerungszeiten über die Diffusionslänge, die die injizierten Ladungsträger sonst zurückzulegen hätten. Hier bestimmt hauptsächlich die Lebensdauer τ_{sp} der spontanen Emission, wie lange die Ladungsträger zur Rekombination benötigen. Bei genauerer Betrachtung ist auch die Verzögerung durch
die Umladung der Sperrschichtkapazität in Rechnung zu stellen. Bei Kleinsignalaussteuerung fällt der Frequenzgang im einfachsten Fall gemäß
$\underline{P}/\underline{I} = 1/(1+j\omega\tau_{sp})$ zu höheren Frequenzen hin ab, wobei $\underline{P}$ und $\underline{I}$ die Phasoren
von optischer Leistung und Strom sind. Unter sehr günstigen Bedingungen
kann die Lebensdauer τ_{sp} unter 1 ns liegen, so daß man Grenzfrequenzen bis
1 GHz erzielen kann. Normalerweise verzögert die Sperrschichtkapazität
aber die Umladung so stark, daß diese Grenze kaum erreicht wird.

Die abgestrahlte Leistung ist nach (1.9) zunächst proportional zum Strom,
wenn wir den Bereich ganz kleiner Ströme ausschließen, in dem die Dioden-
spannung noch nicht nahe genug an der Diffusionsspannung liegt. Nicht nur
in diesem Kennlinienbereich $P_{ab}(I_o)$ verläuft die Kennlinie abgeflacht, sondern auch bei großen Strömen. Dort rekombinieren die Elektronen zunehmend
thermisch und somit nichtstrahlend. In dem weiten Bereich dazwischen kann
man aber LED ohne große Verzerrungen analog modulieren.

Da wir später im Zusammenhang mit Lasern die Dynamik und Linearität der
Lichterzeugung noch genauer untersuchen werden, wollen wir uns hier zunächst mit diesen sehr knappen Hinweisen begnügen und im nächsten Kapitel
die Behandlung des Lasers vorbereiten.

1.2.5 Strahlungsverstärkung durch induzierte Emission

Um die Funktionsweise eines Lasers später besser verstehen zu können, ist
es notwendig, die Strahlungserzeugung bei Elektronenübergängen nun genauer
zu beschreiben. Die bisherige Vorstellung spontan emittierender Übergänge
genügt jetzt nicht mehr und ist entsprechend zu erweitern. Wir gehen bei
unseren Überlegungen zunächst von einem Einzelatom aus, bei dem das äußere Elektron nach Bild 7 a nur diskrete Energiewerte annehmen kann.

Jede Fourierkomponente der Frequenz f eines elektromagnetischen Strahlungsfeldes zeigt ebenfalls eine solche Energiequantelung und nimmt in jeder Komponente nur die diskreten Energiewerte

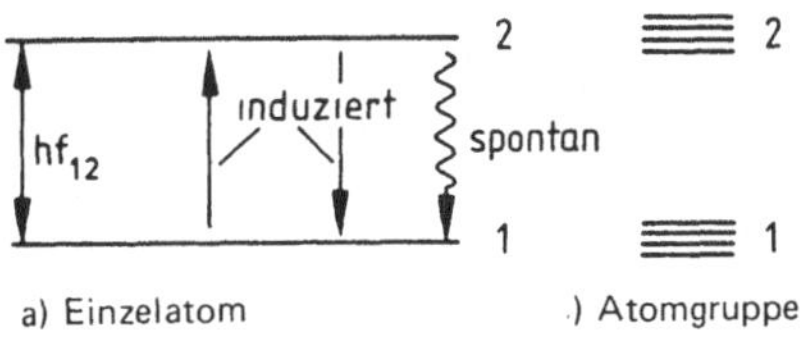

$$E_m = (m + \frac{1}{2}) \, hf \qquad\qquad (1.16)$$

a) Einzelatom   ) Atomgruppe

Bild 7 Energieniveauschema

an. Bei einer Momentaufnahme beinhaltet diese Komponente immer genau m Photonen der Energie hf zuzüglich einer Nullpunktsenergie hf/2. Im folgenden betrachten wir das thermodynamische Gleichgewicht und greifen eine Komponente f dieser natürlichen Wärmestrahlung heraus.

Im Prinzip werden die möglichen Energienivieaus E_m dieser Komponente f über einen langen Zeitraum gesehen alle einmal besetzt, aber jeweils nur mit einer Besetzungswahrscheinlichkeit $w(E_m)$, die mit $w(E_m) \sim \exp(-E_m/KT)$ mit steigender Energie abnimmt. Da es für wachsende Energie also immer unwahrscheinlicher wird, das System in diesem Zustand anzutreffen, ergibt sich im statistischen Mittel ein mittlerer Energieinhalt $\overline{E}_m$ durch Mittelung über alle Zustände. Mit $\overline{E}_m = (\overline{m} + 1/2)$ hf drücken wir diesen Inhalt durch die mittlere Photonenzahl $\overline{m}$ in der Komponente f aus. Aufgrund obiger Oberlegung findet man dann in jeder Komponente f die mittlere Energie

$$\overline{E}_m = (\overline{m} + \frac{1}{2}) \, hf \qquad \text{mit} \qquad \overline{m} = \frac{1}{e^{\frac{hf}{KT}} - 1} \, . \qquad (1.17)$$

Diese Energie $\overline{E}_m$ in der Komponente f der natürlichen Wärmestrahlung nimmt im Spezialfall ganz tiefer Frequenzen einfach den klassischen Wert KT an, der frequenzunabhängig ist und das verfügbare Wärmerauschen des Mediums beschreibt.

Bei strahlenden pn-Obergängen liegt nun keine natürliche Wärmestrahlung vor, sondern eine partiell kohärente Strahlung, die u.U. auch verstärkt wird. Wir betrachten daher nun die Wechselwirkung zwischen einem Einzelatom mit den Energieniveaus nach Bild 7a und einem monochromatischen Feld der Frequenz $f = f_{12}$ mit f_{12} als Obergangsfrequenz. Klassisch schwingt das Elektron um den Atomrumpf wie in einer Potentialmulde, was man quantenmechanisch durch eine Zustandsfunktion beschreibt, deren Betragsquadrat

13

die Aufenthaltswahrscheinlichkeit des Elektrons angibt. Die Elektronenschwingung wird nun angefacht und das Elektron geht von 1 nach 2 über,
wenn das Feld mit f_{12} und gleichphasig schwingt. Dabei entzieht das schwingende Elektron dem Feld gerade die Energie $\Delta E = hf_{12}$ eines Photons, das
damit absorbiert ist, und geht auf den höheren Zustand 2 über. Dieser vom
Feld induzierte Vorgang heißt <u>induzierte Absorption</u>. Eine gegenphasige
Schwingung des Feldes hemmt die Elektronenschwingung und bewirkt, daß bei
dem diskreten Übergang $2 \rightarrow 1$ wieder ein in Frequenz und Phase passendes
Photon der Energie hf_{12} in das Feld emittiert wird. Dieser Vorgang heißt
<u>induzierte Emission</u>. Bei statistisch gleichverteilten Phasenlagen sind die
Übergangswahrscheinlichkeiten W_{12} und W_{21} für beide Vorgänge gleich groß.
Neben diesen induzierten Übergängen gibt es noch eine <u>spontane Emission</u>,
die klassisch durch das sich selbst überlassene, in der Potentialmulde
schwingende Elektron beschrieben wird, das bei der Schwingung Energie abstrahlt. Quantenmechanisch geht es spontan nach der Lebensdauer τ_{sp} von
2 nach 1 über und gibt dabei ein Photon ab.

Ohne spontane Emission wäre es wegen der gleichen Übergangswahrscheinlich-
keit $W_{21}=W_{12}=W$ von induzierter Emission und Absorption gar nicht möglich,
daß sich die Energiezustände beispielsweise entsprechend der Boltzmannstatistik, oder wie es die jeweilige Anordnung fordert, auffüllen. Zur
Erläuterung betrachten wir als Beispiel ein Gas mit $Z_{1,2}$ Elektronen in den
Zuständen "1" und "2", die dann nach Bild 7b wegen nur schwacher Atomkopplung etwas gegenüber Bild 7a aufspalten. Auf dieses Gas soll nun die
natürliche Wärmestrahlung der spektralen Energiedichte $\sigma(f)$ [Ws/cm^3 Hz]
einwirken. Die Übergangsrate von 1 nach 2 ist dann gegeben durch
$W'_{12} = Z_1 \, dW/dt$, in umgekehrter Richtung gehen pro Zeiteinheit $W'_{21}= Z_2 dW/dt$
über. Beim natürlichen Strahlungsfeld steigt nun nach quantenmechanischen
Berechnungen diese Wahrscheinlichkeit entsprechend

$$W \;=\; B_{12} \, \sigma(f_{12}) \cdot t \tag{1.18}$$

linear mit der Zeit t an, wobei

$$B_{12} = B_{21} = c^3/8\pi hf_{12}^3 \, \tau_{sp} \tag{1.19}$$

der Einsteinkoeffizient für induzierte Emission bzw. Absorption ist. Man
erhält somit durch Differentiation die Übergangsraten

$$W'_{12} = B_{12} \, Z_1 \, \sigma(f_{12}) \quad \text{und} \quad W'_{21} = B_{21} \, Z_2 \, \sigma(f_{12}) \, . \qquad (1.20)$$

Die Übergangsraten sind also wegen $Z_1 \neq Z_2$ für induzierte Emission und Absorption unterschiedlich, die Übergangswahrscheinlichkeiten $W_{21} = W_{12} = W$ aber gleich. Die spontane Emission stellt sich nun so ein, daß durch

$$W'_{sp} = Z_2 / \tau_{sp} \qquad\qquad (1.21)$$

spontane Übergänge $2 \rightarrow 1$ pro Zeiteinheit im thermodynamischen Gleichgewicht die Energiezustände nach der Boltzmannstatistik besetzt werden. Dann gilt $W'_{12} = W'_{sp} + W'_{21}$. Dieses Beispiel zeigt, daß sich erst durch die spontane Emission ein Gleichgewichtszustand einstellen kann.

Betrachtet man wieder das Einzelatom, nun aber auch wieder in Wechsel - wirkung mit einer monochromatischen Welle, dann erscheinen induzierte Über- gänge nur möglich, wenn die Frequenz f des Feldes exakt mit der Übergangs- frequenz f_{12} in Bild 7 übereinstimmt. Quantenmechanische Rechnungen zeigen aber, daß insbesondere für noch kurze Wechselwirkungszeiten t eine Über- gangswahrscheinlichkeit bis zu einer Frequenzverstimmung $\Delta f \approx 2/t$ besteht. Mit zunehmender Zeit t würde sich mit $\Delta f \rightarrow 0$ die Wahrscheinlichkeitsver- teilung als Diracfunktion bei $f = f_{12}$ konzentrieren. Die Wechselwirkungs- zeit t zwischen Feld und Elektron kann nun aber nicht beliebig groß werden, da spätestens nach $t = \tau_{sp}$ das Elektron spontan übergeht. Damit beendet das Elektron vorzeitig auf natürliche Weise diese Einengung, und es finden außer bei f_{12} auch noch Übergänge in einem endlichen Frequenzband statt. Diese unerwarteten Übergangsmöglichkeiten beschreibt man durch eine Linien- form $g_0(f)$.

Bei einem Festkörper tritt neben dieser natürlichen Linienverbreiterung vor allem eine Verbreiterung durch Streuung der Energieniveaus auf, denn hier liegt der Fall starker Atomkopplung vor. Nach Bild 3 streuen die ver- schiedenen Übergangsfrequenzen bei 293 K mit $B_e \approx 12$ THz hierdurch viel ausgeprägter, denn mit $\tau_{sp} \approx 1$ ns für GaAs folgt nur eine natürliche Li- nienverbreiterung im GHz-Bereich. Wir erhalten in unserem Fall daher an- stelle von $g_0(f)$ eine breitere Linienform $g(f)$, die durch Energieniveau- streuung bestimmt ist.

Bei der Wechselwirkung zwischen einer monochromatischen Welle der Strahldichte S $[\text{W/cm}^2]$ und der Frequenz f und einem Festkörper mit Z_2 Elektronen auf dem Niveau 2 und Z_1 Elektronen auf dem Niveau 1 induziert diese Welle nun folgende Zahl von Übergängen pro Zeiteinheit:

$$W_{21}'(f) \quad = \quad B_{21}\, Z_2\, g(f) \cdot S/c \quad \text{durch ind. Emission}$$

$$W_{12}'(f) \quad = \quad B_{12}\, Z_1\, g(f) \cdot S/c \quad \text{durch ind. Absorption} . \qquad (1.22)$$

Das dabei übergehende Photon paßt in Frequenz und Phase genau zum induzierenden Feld. Ähnlich wie in (1.20) beim natürlichen Strahlungsfeld sind bei einer monochromatischen Welle die Übergangsraten proportional zur anregenden Feldleistung und den Besetzungszahlen; hier wird nun nur nachträglich entsprechend den Übergangsmöglichkeiten mit g(f) gewichtet. Die Linienform g(f) berücksichtigt dabei eine nicht zu starke Aufspaltung der Energieniveaus innerhalb der Zustände "1" und "2".

Darüber hinaus gehen innerhalb von g(f) insgesamt $W_{sp}' = Z_2/\tau_{sp}$ Elektronen spontan über und erzeugen ebenso viele Photonen, die sich entsprechend der Linienform spektral und selbst innerhalb eines Frequenzintervalles df noch räumlich auf alle Eigenwellen des Systems aufteilen. Dabei zeigt sich, daß mit

$$B_p \quad = \quad B_{12}\, hf\, g(f)/V_k \, , \qquad (1.23)$$

wobei V_k das Volumen des Körpers ist, dann von W_{sp}' nur der Anteil $B_p Z_2$ auf die beiden Polarisationen einer axialen Eigenwelle entfällt. Bei dem Quader mit dem Volumen V_k setzen wir hier zunächst eine homogene Verteilung der Übergänge im Raum voraus. Später wollen wir durch einen Faktor B_p^* einer inhomogenen Verteilung Rechnung tragen. Die Phase der spontan erzeugten Photonen ist im übrigen regellos. Diese Photonen überlagern sich daher mit

$$W_s' \quad = \quad Z_2\, B_p \qquad (1.24)$$

spontanen Übergängen pro Zeiteinheit bei f der monochromatischen Welle als Rauschen, das allerdings bei Intensitätsmodulation nicht stört. Diese Erkenntnisse wenden wir jetzt auf einen Halbleiter mit pn-Übergang an.

Bei dem pn-Übergang nach Bild 2b steht Z_2 für die Zahl bzw. Dichte n_L der in das p-Gebiet injizierten Elektronen und Z_1 für die kleine Zahl von

16

Valenzelektronen oberhalb des Ferminiveaus. Dabei verteilen sich nun aber
bei Raumtemperatur diese Elektronen keineswegs auf energetisch schwach
aufgespaltene Zustände "1","2", sondern wegen der Fermiausläufer auf relativ breite Bänder. Die Aufspaltung ist einerseits bei tiefen Temperaturen
geringer (kurze Fermiausläufer), und wenn nur so stark dotiert ist, daß
das Ferminiveau im Valenzband nur wenig unterhalb der Valenzbandkante
liegt, eine Bedingung, die in der Praxis erfüllt ist. Die quantitativen
Betrachtungen sollen sich daher jetzt auf den Fall sehr tiefer Temperaturen beschränken. Dann können wir wegen der schwachen Aufspaltung, die durch
g(f) beschrieben wird, mit (1.22) und (1.24) rechnen.

Bei fortlaufender Injektion von Ladungsträgern in die aktive Zone eines
DH-Überganges nach Bild 8 wird die Leistung $(W'_{21} + W'_s)hf$ erzeugt und $W'_{12}hf$
absorbiert, so daß mit (1.22) und (1.24) das Volumenelement dV_k die Leistung

$$\Delta P \quad = \quad hf\, B_{12}(\Delta Z_2 - \Delta Z_1)\, g(f)\, \frac{S}{c} \;+\; \Delta Z_2\, B_p\, hf \qquad (1.25)$$

an die eingezeichnete ebene Wanderwelle der Strahldichte S abgibt. Die
Welle des Filmwellenleiters ersetzen wir dabei einfach durch eine ebene
Welle. Dividiert man durch
das Volumenelement dV_k,
folgt mit $dP/dV_k = dS/dz$
und $n_{1,2} = dZ_{1,2}/dV_k$ als
Besetzungsdichten die
Differentialgleichung für
die Strahldichte $S(z)$

$$\frac{dS}{dz} = v\, S(z) + n_2 B_p hf$$

$$(1.26)$$

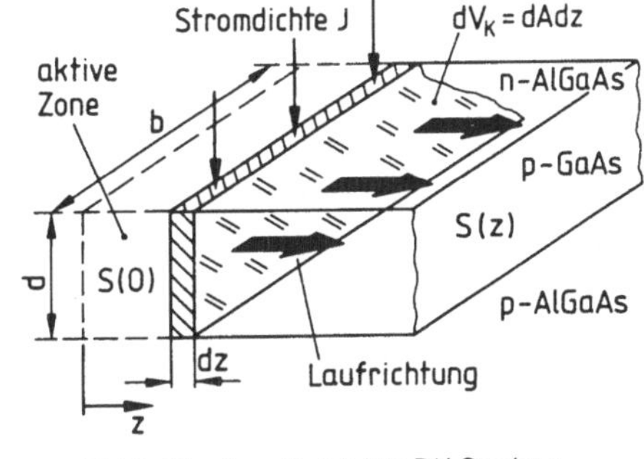

Bild 8 Wanderwelle S(z) in DH-Struktur

mit der Lösung

$$S(z) \quad = \quad S(z=0)\, e^{vz} \;+\; S_R(z) \qquad (1.27)$$

mit

$$S_R \quad = \quad R_0(\, e^{vz} - 1)\quad (1.28), \quad R_0 = \frac{n_2 B_p hf}{v} = \frac{n_2 hf\; c}{(n_2-n_1)V_k} \quad (1.29)$$

wobei

$$v(f) \quad = \quad hf\, B_{12}\, (n_2 - n_1)\, g(f)/c \quad \text{mit} \quad c = c_0/\sqrt{\varepsilon_r} \qquad (1.30)$$

die frequenzabhängige Verstärkung ist und $\varepsilon_r = n^2$ durch die Brechzahl n

des Mediums bestimmt wird. In Anlehnung an die Literatur bezeichnen wir v
als Verstärkung. Die ebene Wanderwelle in Bild 8 wird nun wegen (1.27) -
(1.30) bei Besetzungsinversion mit $n_2 > n_1$ entlang z verstärkt (Laser =
_light _amplification by _stimulated _emission of _radiation). Verantwortlich
dafür ist die induzierte Emission, die die Wanderwelle immer mehr mit jeweils in Frequenz und Phase passenden Photonen stärkt. Damit dieser Vorgang nicht aufhört, müssen immer wieder die übergegangenen Elektronen ersetzt werden (Pumpen). Der zweite Summand S_R in (1.27) stellt die verstärkte spontane Emission in der Wanderwelle bzw. Signalwelle dar und bedeutet Phasenrauschen im optischen Bereich.

Wenn mit $S(z=0) = 0$ keine Signalwelle vorliegt, wird nur die spontane
Emission verstärkt, sofern überhaupt über die Länge L der Anordnung genügend Verstärkung erreicht wird. Diese verstärkte Strahlung heißt Superstrahlung. Wegen der frequenzabhängigen, exponentiellen Verstärkung wird
die spontane Emission in der Mitte der g(f)-Linie bevorzugt aufgebaut und
es ergibt sich ein Spektrum, das sich über die Länge L zusehens einengt.
Spezialisiert man mit vL << 1 noch auf schwache Verstärkung der Welle,
dann lautet die Strahldichte

$$S_R = R_0 \ v \ L = \frac{n_2}{n_2 - n_1} \ hf \ \frac{c}{V_k} \ v \ L \ . \tag{1.31}$$

Die Strahldichte zeigt wegen $v \sim g(f)$ etwa die Frequenzabhängigkeit der
Linienform g(f), und wir bemerken noch keine Einengung des Spektrums. Diese
Verhältnisse liegen im LED-Betrieb eines pn-Oberganges mit oder ohne DH-
Struktur vor. Wir beobachten dann g(f) als Emissionsspektrum $I_f(f)$, z. B.
wie in (1.6) angegeben. Der Strom sorgt dann noch nicht für so starke Injektion von Elektronen, daß die spontane Emission in Superstrahlung übergeht. Da die Strahldichte nur den auf eine Eigenwelle entfallenden Anteil
der spontanen Emission enthält, erfaßt man mit S_R nicht die bei LED in
alle Richtungen (Eigenwellen) abgestrahlte Leistung, sondern nur die durch
den Faktor g(f) festgelegte Frequenzabhängigkeit der Emission bei tiefen
Temperaturen. Die Gesamtleistung wollen wir nun bestimmen.

Da insgesamt Z_2/τ_{sp} spontane Obergänge pro Zeiteinheit erfolgen, anstelle
von $B_p Z_2$ in eine Eigenwelle, kann man zur Bestimmung der Gesamtleistung
in (1.26) und (1.29) B_p formal durch $1/\tau_{sp}$ ersetzen und erhält aus (1.29)

und (1.31) die Strahldichte

$$S_{Rges} = \frac{n_2 hf}{\tau_{sp}} L .$$ (1.32)

Pro Volumeneinheit L^3 und pro Zeiteinheit gehen n_2/τ_{sp} Elektronen spontan über. Mit $Z_2 = n_2 L^3$ gibt $I_0 = e Z_2/\tau_{sp}$ die Stromstärke für die Nachlie - ferung an. Damit tritt durch die Fläche L^2 die in der Diode erzeugte Leistung

$$P_i = S_{Rges} A = \frac{hf}{e} I_0 .$$ (1.33)

Diese Beziehung ist mit der Gleichung (1.4) für die vollständige Umsetzung ($n_i = 1$) rekombinierender Elektronen in Photonen identisch. Der räum - lichen Strahlungscharakteristik der LED-Strahlung tragen wir mit dieser einfachen Überlegung nicht richtig Rechnung, weil die Strahlung anders als in Bild 8 allseitig emittiert wird. Die Beziehung (1.33) ist aber dennoch richtig.

Nach den bisherigen Erkenntnissen strahlt die LED zunächst Leistung durch spontane Emission ab; bei höheren Strömen setzt durch induzierte Übergänge wegen des schon relativ starken Feldes eine merkliche frequenzabhängige Verstärkung v ein, die das Emissionsspektrum I_f schließlich enger werden läßt.

In jedem Fall wird aber nur die spontane Emission verstärkt, solange keine monochromatische ebene Welle mit $S(z=0) \neq 0$ vorliegt. Bei einem Laser stellt umgekehrt dieser erste Term in (1.27) gegenüber der spontanen Emission S_R den entscheidenden Anteil dar. Mit dieser Frage wollen wir uns jetzt beschäftigen.

1.2.6 Funktionsweise und Verstärkung bei DH-Laser

Die bisherigen Ergebnisse zeigen, daß man eine monochromatische Welle durch induzierte Emission verstärken kann. In der optischen Nachrichten- technik hat sich die DH-Struktur bewährt,wie sie in Bild 5 für LED schon angegeben ist und deren Schichten sowie Bändermodell bereits erläutert wurden. Neben all den angegebenen Vorteilen nutzt man nun bei DH-Lasern die Möglichkeit aus, durch spezielle Dotierung die Brechzahl des an die lichterzeugende aktive Zone angrenzenden Gebietes herabzusetzen. Nach Bild 9 erhält man dann einen dielektrischen Filmwellenleiter mit typi-

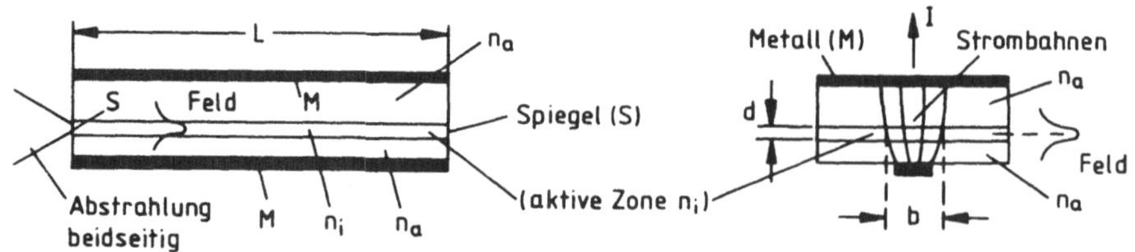

Bild 9 Prinzipieller Aufbau eines Halbleiterlasers mit aktiver Zone als Filmwellenleiter

schen Dicken d = 0,1 - 0,3 µm und einer Breite b, die manchmal wegen
Stromauffächerung größer ist als die Breite des Kontaktstreifens. In praktischen Anordnungen realisiert man einen sehr schmalen Metallkontakt
und verstärkt über eine Breite b < 5 µm dann nur die transversale H_o -
Grundwelle, die wir im letzten Kapitel einfach durch eine ebene Welle
ersetzt hatten. Ein transversal vielwelliger Betrieb ist wegen der dann
leicht auftretenden Nichtlinearitäten in der Licht-Strom-Kennlinie stets
unerwünscht. Durch diesen Filmwellenleiter, der durch die Brechzahlen
$n_{i,a}$ aufgebaut wird, können wir nun die Wanderwelle nach Bild 8 verlustarm führen. Ein einfacher pn-Übergang erfüllt diese Aufgabe nur im Sinne
einer Wellenleitung an schlecht leitenden Platten, während hier das
Prinzip der Totalreflexion ausgenutzt wird. Die Anordnung nach Bild 9
enthält noch Spiegel, die nur erforderlich sind, wenn der Laser als Oszillator verwendet wird; ohne Spiegel fehlt die Rückkopplung und es liegt
ein Wanderwellenverstärker vor, der eine einfallende Lichtwelle verstär -
ken kann. Bevor wir die Schwingungsanfachung besprechen, sollen die
technisch wichtigen Lasertypen genauer vorgestellt werden.

Bei den Lasern kann man grundsätzlich unterscheiden zwischen seitlicher
Wellenführung durch entweder ein Verstärkungsprofil oder ein Brechzahlprofil. In Bild 10a ist die aktive Zone seitlich durch eine gesperrte
Diode vom Stromfluß abgeblockt; gleichzeitig reflektiert die Welle auch
seitlich durch die kleinere Brechzahl des angrenzenden Mediums. Dieser
Lasertyp arbeitet nach dem Prinzip der Brechzahlführung. Die Bilder 10 b,c
zeigen Beispiele für Verstärkungsführung. Die Welle läuft immer nur in dem
vom Strom durchflossenen Verstärkungsbereich. Durch eine V-Nut kann man
die Breite sehr klein halten. Alle Strukturen gestatten bei hinreichend
schmalem Streifen einwelligen Betrieb in transversaler Richtung.
Bei der quantitativen Untersuchung ist nun in Bild 10 b,c die Breite der
vom Strom durchflossenen aktiven Zone zu berücksichtigen,da Ladungsträger

bei schmalem Streifen seitlich wegdiffundieren . Während wir Diffusions-
effekte unbeachtet lassen, wollen wir aber die Feldinhomogenität später
bei der spontanen Emission und bei der Verstärkung berücksichtigen. Wie
wir sehen werden, erhöht sich die spontane Emission gegenüber $n_2 B_p$,
während die Verstärkung effektiv kleiner wird, weil nur der Teil des Feldes Verstärkung erfährt, den die aktive Zone führt.

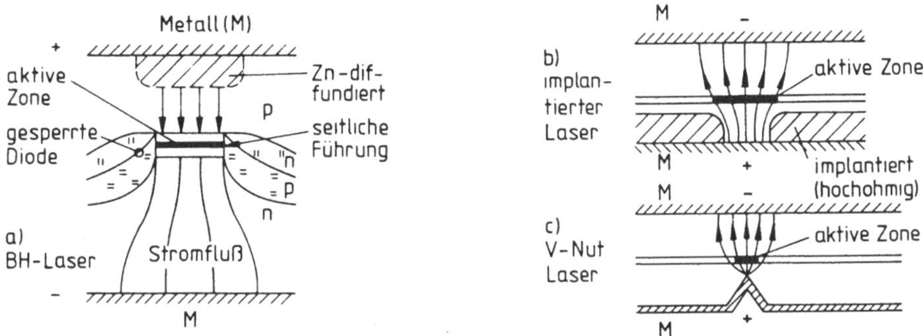

Bild 10 Einige Lasertypen mit a) Brechzahlführung   b), c) Verstärkungsführung

Wir wollen nun die Anordnungen nach Bild 9 oder 10 nicht so sehr zur Sig-
nalverstärkung benutzen, sondern als Oszillator. Dazu führt man durch
Rückkopplung einen Teil der Ausgangsleistung dem Verstärker wieder zu. In
diesem Fall sind daher die Endflächen teilweise verspiegelt. Ohne besondere Maßnahmen reflektiert ein Halbleiter-Luft-Übergang schon den Bruchteil

$$r^2 \; = \; \left(\frac{n - 1}{n + 1} \right)^2 \qquad\qquad (1.34)$$

der auftreffenden Leistung; bei GaAs folgt mit n = 3,6 der Wert r^2 = 32 %.
Die Wellen laufen also nach der Reflexion in Gegenrichtung und müssen
sich dabei mit der hinlaufenden Welle
so überlagern, daß sich in axialer
Richtung eine stehende Welle ausbildet. Damit die Welle in den Resonator
paßt, muß unter Vernachlässigung der
Frequenzabhängigkeit der Brechzahl
nach Bild 11 die Resonatorlänge L ein

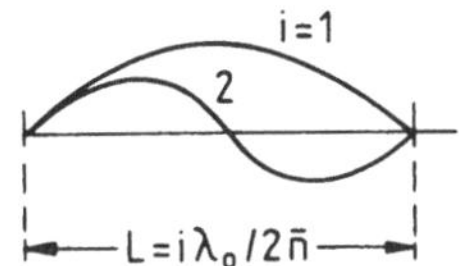

Bild 11 Axiale Eigenschwingung in DH-Laser

Vielfaches der halben Wellenlänge $\lambda_0 / \bar{n}$ betragen, wobei die mittlere
Brechzahl $\bar{n}$ durch $n_{a,i}$ bestimmt ist, aber ebenfalls bei $\bar{n} \approx 3,6$ liegt.
Mit $c_0 = \lambda_0 f_i$ ergeben sich die Schwingungsfrequenzen $f_i = i \cdot c_0 / 2L\bar{n}$, die

im Abstand (vergl. Aufg. 1.6)

$$f_i - f_{i-1} = \frac{c_o}{2 L \overline{n}} \qquad (1.35)$$

auf der Frequenzachse liegen. Mit $L = 0,4$ mm und $\overline{n} = 3,6$ erhält man einen
Linienabstand von 0,1 THz. Wegen der viel breiteren Linienform $g(f)$, die
durch Energieniveaustreuung bei Raumtemperatur bis zu 10 - 20 THz breit
ist, können also im Prinzip innerhalb der Verstärkungslinie des transversal einwelligen Laseroszillators sehr viele axiale Eigenschwingungen liegen. Um nun die Bedingung für Schwingungsanfachung besprechen zu können,
ist auf die bedingt gültige Verstärkungsformel (1.30) zurückzugreifen.

Gleichung (1.30) gilt nur für unaufgespaltene Energieniveaus, während im
Halbleiter Bänder vorliegen. Nach Bild 2f ist die Aufspaltung zumindest
bei $T = 0$ K für ein jeweils dicht an der Bandkante liegendes Ferminivieau
schwach. Im Valenzband ist diese Voraussetzung durch die gewählte Dotierung üblicherweise erfüllt. Im Leitungsband genügt man dieser Bedingung
durch nicht allzu starke Injektion. Unter diesen Einschränkungen kann also
(1.30) als grobe Näherung zur Verstärkungsberechnung dienen. Wir wollen
nun anhand von Bild 12 für GaAs qualitativ diskutieren, wie die Verstärkung $v(f)$ im Halbleiter bei $T = 0$ K und bei Raumtemperatur bei Elektroneninjektion verläuft. Vorausgeschickt sei, daß der Bandabstand bei 0 K
über 1,5 eV, bei 297 K aber nur 1,43 eV beträgt und im übrigen dabei auch
noch von Dotierung und anderen Parametern leicht abhängt. Der Abstand
$W_{FL} - W_{FV}$ der Quasiferminiveaus gibt mit eU gerade die angelegte Spannung
an.

Für $T = 0$ K und $T = 297$ K sind für jeweils drei vorgegebene Stromdichten
J, J' und J'' die Besetzungen durch Elektronen und Löcher skizziert. Bei
0 K füllt sich das Leitungsband bei steigendem Strom und damit steigender
Spannung U durch das angehobene Ferminiveau W_{FL} entsprechend der Zustandsdichteparabel glatt bis zur Fermikante auf. Photonen der Energie hf mit
$W_{LV} < hf < W_{FL} - W_{FV}$ können zwar kein Elektronen-Lochpaar erzeugen, weil
Vollbesetzung vorliegt, aber sie können einen Übergang induzieren; der
Strom liefert das Elektron dann nach. In diesem Frequenzbereich wird also
die Photonenzahl vermehrt, und es tritt eine Verstärkung $v(f) > 0$ auf,
wobei das Maximum v_o innerhalb des obigen Frequenzbereiches bzw. Energie-
bereiches liegt. Photonen mit $hf > W_{FL} - W_{FV}$ erzeugen ein Elektronen-Loch-

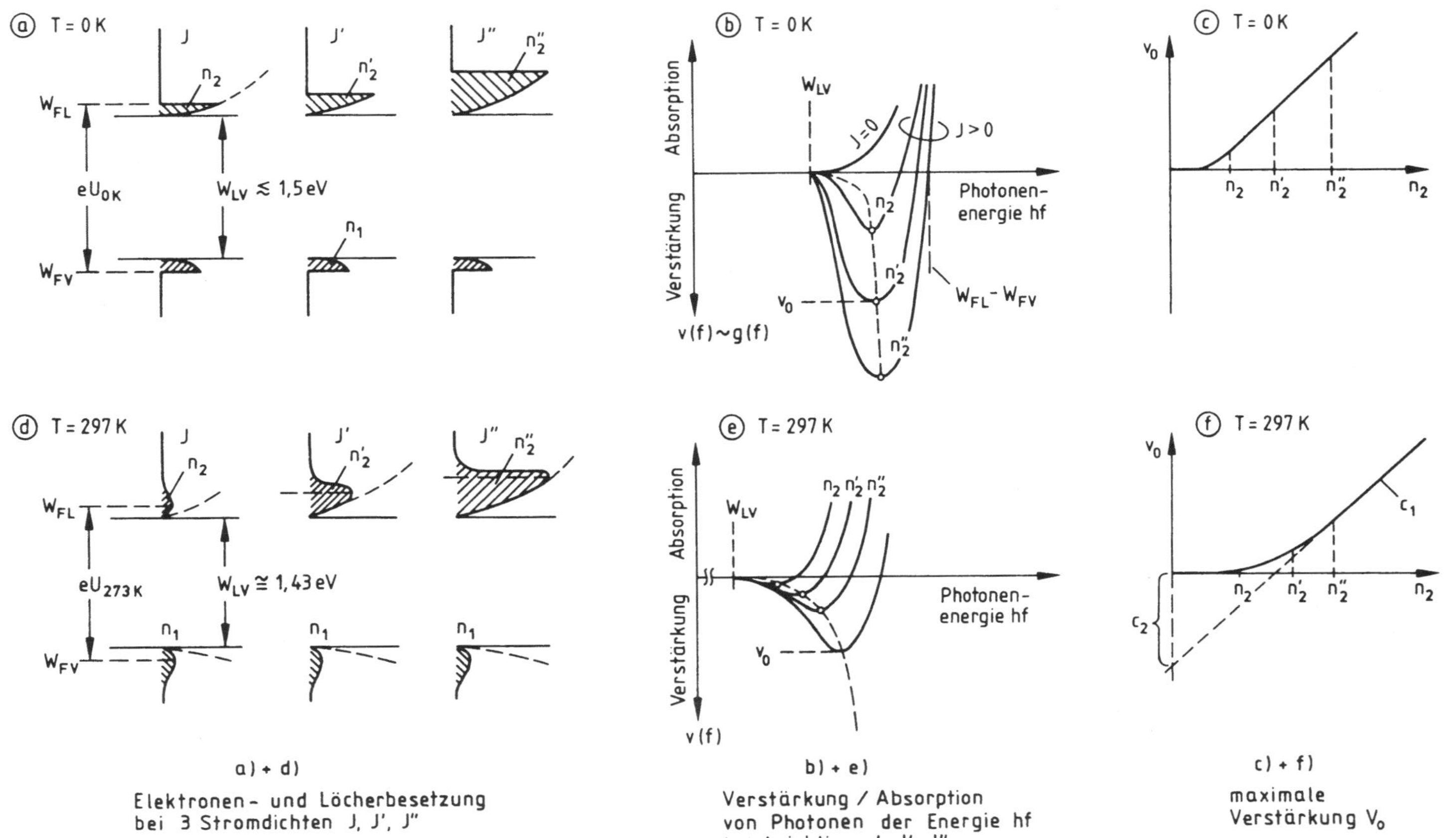

Bild 12 Verstärkungskurven $v_0(n_2)$ bei Halbleiter GaAs a)–c) bei T = 0 K d)–f) bei T = 297 K

Paar und werden absorbiert. Für Photonen mit hf < W_{LV} ist das Material
transparent (v=0). Damit ergeben sich die Verstärkungs- bzw. Absorptions-
kurven nach Bild 12 b für den Gleichgewichtszustand (J=0) und den Nicht-
gleichgewichtszustand (J > 0). Die maximale Verstärkung v_0 nimmt dabei
nach Bild 12 c und (1.30) etwa linear mit n_2 zu, sobald $n_2 > n_1$ ist. Wegen
der sehr schwachen Besetzung n_1 liegt bei T = 0 K der Anstieg ganz in der
Nähe des Ursprungs.

Bei Raumtemperatur, für die (1.30) nicht gilt, verteilen sich nun in
Bild 12 d bei gleichem Strom die Zustände im LB und VB aufgrund der Fermiausläufer in der Besetzungswahrscheinlichkeit auf ein viel breiteres Band
als bei 0 K. Dadurch verläuft die Verstärkungskurve zunächst sehr flach,
und die maximale Verstärkung v_0 ist noch klein. Erst bei größerer Stromdichte (J'') ist die Zustandsdichteparabel so weit aufgefüllt, daß der Fermiausläufer im Leitungsband kaum noch eine Rolle spielt. Dann sieht die
Besetzungsfläche ähnlich wie bei 0 K aus, und die maximale Verstärkung v_0
steigt wieder ähnlich an wie in Bild 12 c. Das Knie in der Verstärkungskurve nach Bild 12 f ist für Halbleiterlaser von großer Bedeutung und
darf nicht vernachlässigt werden.

Bei T = 297 K decken sich im übrigen nicht mehr die Frequenzabhängigkei-
ten der Verstärkungskurven mit denen der spontanen Emission. Man erkennt
auch, daß sich das Maximum v_0 mit steigender Stromdichte zu höheren Frequenzen hin verschiebt.

All diese in Wirklichkeit noch viel komplizierteren Verhältnisse wollen
wir nun nicht mehr weiter diskutieren, sondern nur noch nach dem Verlauf
der maximalen Verstärkung v_0 als Funktion der injizierten Trägerdichte n_2
fragen. Für T = 0 K gilt dann in grober Näherung (1.30). Für die praktisch
interessierenden Fälle bei Raumtemperatur wollen wir den Verlauf nach
Bild 12 f nun durch eine Knickkennlinie ($c_{1,2}$ = Konstanten)

$$v_0 = \begin{cases} c_1\, n_2 \;+\; c_2 & \text{für } v_0 > 0 \\ 0 & \text{sonst} \end{cases} \qquad (1.36)$$

approximieren. Die Steigung c_1 kann man zur Abschätzung aus (1.30) able-
sen und erhält $c_1 \approx hf\, B_{12}\, g(f_0)/c$. Bei gaußförmiger Emissionslinie g(f)
gilt nun $g(f_0) \cdot B_e = 2/\sqrt{\pi}$ mit B_e als 1/e Emissionsbandbreite. Dann können
wir den Wert $g(f_0)$ in Bandmitte durch B_e ersetzen und erhalten mit B_{12}
nach (1.19) und $c = c_0/n$ die Steigung

$$c_1 \approx \frac{c_o^2}{B_e \, 4 \, \pi^{3/2} \, f_o^2 \, \tau_{sp} \, n^2} \quad . \tag{1.37}$$

Mit $n = 3,6$, $f_o = 350$ THz, $\tau_{sp} = 3$ ns, $B_e = 15$ THz erhält man aus (1.37) $c_1 = 5 \cdot 10^{-16}$ cm^2. Dieser Wert stimmt mit genaueren Rechnungen, wie wir sehen werden, von der Größenordnung her überein.

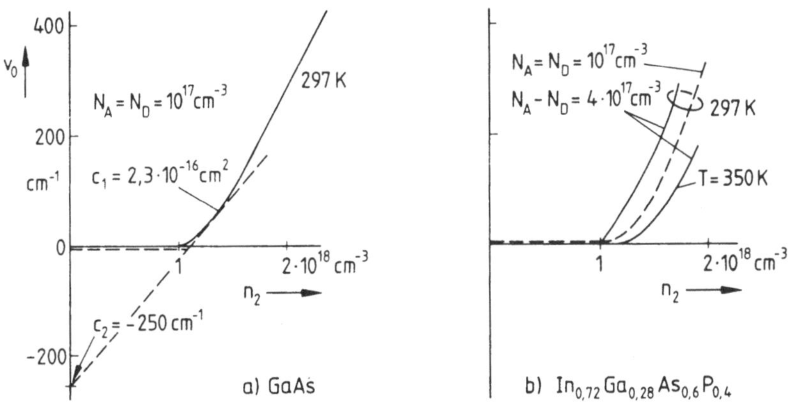

Bild 13 Bandmittenverstärkung v_0 als Funktion der injizierten Elektronendichte n_2

Die Bilder 13 a, b zeigen gerechnete Kurven $v_0(n_2)$ für GaAs und InGaAsP, die die Verhältnisse im Halbleiter nun genauer berücksichtigen und insbesondere die Bandaufspaltung erfassen. Man erkennt, daß die Knickkennlinie nach (1.36) nur eine gewisse Näherung darstellt. Deutlich ausgeprägt ist das Knie. Unterhalb der Schwelle $n_2 = 0,8 - 1,2 \cdot 10^{18}/$cm^3 finden wir in den Bildern 12 b,e kein ausgeprägtes Minimum und beobachten nur Absorption. In der Verstärkungsformel (1.30) bedeutet dies qualitativ, daß mit $n_2 < n_1$ noch keine Besetzungsinversion vorliegt. Während bei p-dotiertem InGaAsP die Kurve oberhalb des Knickes zumindest einigermaßen linear verläuft, ist dies in den vorliegenden Kurven für GaAs und bei kompensiertem InGaAsP nicht der Fall. Da wir bei DH-Lasern nur geringe Verluste von ca.10-100/cm ausgleichen müssen, wie sich später noch zeigen wird, ist die Knickkennlinie jeweils in der Nähe des Knickes anzupassen. Selbst bei einer gekrümmten Kurve nach Bild 13 a ist eine lineare Anpassung nicht ganz abwegig, weil nur kleine Aussteuerungen vorkommen werden. Die angegebenen Steigungswerte stimmen im übrigen halbwegs mit (1.37) überein, wenn man sich mit der richtigen Größenordnung begnügt. Nachdem nun die Verstärkung bekannt ist, kann die Schwingungsanfachung im Oszillator untersucht werden.

1.2.7 Schwingungsanfachung im Laser

Für Schwingungsanfachung in Bandmitte muß die Verstärkung $v(f_0)=v_0$ die
Absorption α_a des Wellenleiters und die Reflexionsverluste $1-r^2$ pro Spiegel ausgleichen. Dabei ist aber zu berücksichtigen, daß die Welle nach
Bild 14 a nur über die Dicke d der aktiven Zone durch induzierte Emission
verstärkt wird. Der Wellenleiter führt nämlich nur einen Teil des Feldes
im Kernbereich. Wir berücksichtigen dies durch einen Führungsfaktor Γ, der
für die Grundwelle bei breitem Streifen das Verhältnis der Leistung im
Kernbereich zur Gesamtleistung angibt. Da nur die aktive Zone (Kernbe -
reich) verstärkt, reduziert sich damit die Verstärkung auf einen effekti-
ven Wert $\Gamma \cdot v_0$. Bild 14 b zeigt den Führungsfaktor Γ für verschiedene
Schichtdicken und Molbrüche x von AlGaAs. Nach Bild 4 a nimmt mit steigendem x die Brechzahl n_a außen ab, und die Welle wird besser geführt; für
festes x und steigende Dicke d führt der Wellenleiter die H_0-Grundwelle
ebenfalls besser. Die aktive Zone enthält für typische Werte von d= 0,2 μm
und x=0,3 einen Leistungsanteil Γ = 60 %.

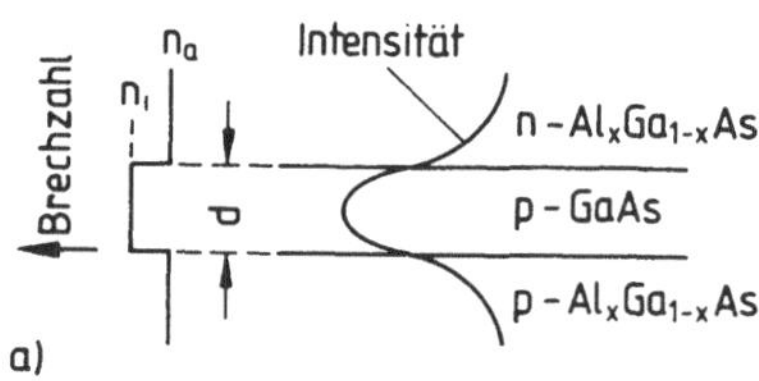

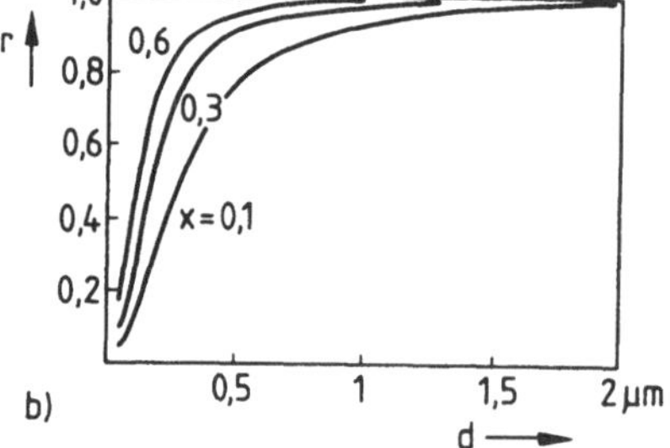

Bild 14 Wellenführung bei DH-Struktur
a) Intensitätsverlauf bei Grundwelle
b) Führungsfaktor Γ; x = Molbruch

Für die Dämpfungsberechnung ersetzen wir die Reflexion des Feldes durch
eine äquivalente Dämpfung α_R des Mediums. Mit dem Ansatz $r^2 = \exp(-\alpha_R L)$
lautet die Reflexionsdämpfung dann

$$\alpha_R = \frac{\ln(1/r^2)}{L} , \qquad (1.38)$$

woraus sich für GaAs α_R = 1,14/L ergibt, bei Resonatorlängen L = 0,2-
0,4 mm also α_R = 56 ..28/cm. Zu diesen Reflexionsverlusten addieren sich
noch Absorptionsverluste $\alpha_a \simeq$ 10 - 15/cm.

Eine Schwingung facht sich nun dann bei f_0 an, wenn die effektive Verstärkung Γv_0 diese Verluste kompensiert. Mit v_{os} als Schwellwert dieser Verstärkung gilt die Schwingbedingung

$$\Gamma(x,d) \cdot v_{os} = \alpha_a + \alpha_R \tag{1.39}$$

Diesem Schwellwert v_{os} der Verstärkung ist mit (1.36) der Schwellwert

$$n_{2s} = [(\alpha_a + \alpha_R)/\Gamma - c_2] / c_1 \tag{1.40}$$

der injizierten Elektronendichte zugeordnet.

Im folgenden Abschnitt sollen nun Bilanzgleichungen für die erzeugten Photonen und die über den Strom nachzuliefernden Elektronen aufgestellt werden. Damit können wir dann im statischen und dynamischen Fall die Licht-Strom-Kennlinie und die Modulationseigenschaften untersuchen.

1.2.8 Bilanzgleichungen und statische Kennlinie

Wir stellen nun zuerst eine Gleichung für die Änderung der Photonenzahl auf. Mit $\tilde{p}$ als Photonenzahl einer Welle ist die Eigenschwingungsenergie dieser Welle gerade durch $\tilde{p}\,hf$ gegeben. Wir beziehen nun diese Energie willkürlich auf das Volumen V_k der aktiven Zone und erhalten $\tilde{p}hf/V_k$. Diese Eigenschwingungsenergiedichte ist andererseits S/c mit S als Strahldichte nach (1.26) und (1.27). Mit $c = dz/dt$ als Geschwindigkeit bei dispersionsfreier Ausbreitung der Welle geht dann (1.26), wenn wir auch noch die Verluste $\alpha_a + \alpha_R$ berücksichtigen, über in

$$\frac{d\tilde{p}}{dt} = c\,v\,\tilde{p} - c\,(\alpha_a + \alpha_R)\,\tilde{p} + n_2\,B_p\,V_k . \tag{1.41}$$

Wir führen nun die Photonenlebensdauer

$$\tau_p = \frac{1}{c\,(\alpha_a + \alpha_R)} \tag{1.42}$$

und die auf V_k bezogene Photonendichte

$$p = \tilde{p} / V_k \tag{1.43}$$

ein. Diese Photonendichte ist eine fiktive Größe, die willkürlich einge-

führt wurde. Die tatsächliche Photonendichte ist wegen der Feldausdehnung
kleiner.

Wir wollen nun der speziellen Situation im DH-Laser Rechnung tragen und
anstelle des Faktors B_p im Anteil der spontanen Emission in (1.41) einen
Faktor B_p^* einführen, mit dem u.U. eine Inhomogenität des Feldes und somit gekrümmte Phasenfront des Feldes in der Ebene der aktiven Zone berücksichtigt werden kann. Außerdem ist bei dem Verstärkungsterm $cv\bar{p}$ noch
der Führungsfaktor Γ hinzuzunehmen, weil das Feld nur entsprechend diesem Bruchteil in der aktiven Zone Verstärkung erfährt. Damit lautet (1.41)
mit (1.42) und (1.43) übertragen auf die Verhältnisse eines transversal
einwelligen Halbleiterlasers mit einer axialen Eigenschwingung bei f_0

$$\frac{dp}{dt} = c\,\Gamma\,v_0(n_2)\,p - \frac{p}{\tau_p} + n_2\,B_p^* \,. \tag{1.44}$$

Der erste Term beschreibt die Zunahme der Photonendichte durch Verstärkung, der zweite Term die Abnahme aufgrund von Verlusten durch Absorption
(α_a) und Abstrahlung (α_R), und der dritte Term gibt die Zunahme durch
spontane Emission an, wobei auf den Faktor $B_p^* > B_p$ erst später eingegangen wird.

Die zweite Bilanzgleichung für die Besetzungsdichte n_2 läßt sich jetzt relativ einfach aufstellen. Die Dichte n_2 ändert sich einmal durch die pro
Zeiteinheit nachgelieferten Elektronen $n_i I/e$, wobei mit n_i als innerem
Quantenwirkungsgrad nur strahlende Übergänge Berücksichtigung finden. Wir
beziehen die Nachlieferungsrate auf das Volumen $V_k = b \cdot L \cdot d$ und erhalten
als Zuwachsrate pro Volumen $n_i J/ed$, wobei

$$J = I / b \cdot L \tag{1.45}$$

die Stromdichte in der aktiven Zone und I die Stromstärke sind. Man bezeichnet

$$J_{nom} = n_i\,J / d \tag{1.46}$$

als nominale Stromdichte und gibt sie in $A/cm^2\mu m$ an. Im übrigen reduziert
sich die Besetzungsdichte n_2 gerade um den ersten Term in (1.44), weil
jedes durch einen induzierten Übergang erzeugte Photon ein verschwundenes

28

Elektron hinterläßt. Schließlich gehen nach (1.21) auf das Volumen bezogen noch n_2/τ_{sp} Elektronen spontan über. Damit lautet die zweite Bilanzgleichung

$$\frac{dn_2}{dt} = \frac{J_{nom}}{e} - c\,\Gamma\,v_0(n_2)\,p - \frac{n_2}{\tau_{sp}} \quad . \qquad (1.47)$$

Die Gleichungen (1.44) und (1.47) stellen ein nichtlineares System zweier Differentialgleichungen für n_2 und $p(t)$ dar. Zur Lösung muß $v_0(n_2)$ z.B. nach (1.36) als Knickkennlinie oder anderweitig vorgegeben sein.

Wir wollen nun die Elektronendichte n_{2s} nach (1.40) an der Schwelle der Selbsterregung zur Normierung verwenden und folgende Größen einführen:

$$\tilde{P} = \frac{\tau_{sp}}{\tau_p}\,\frac{p}{n_{2s}} \qquad (1.48) \qquad\qquad \tilde{N} = n_2 / n_{2s} \qquad (1.49)$$

$$\tilde{I} = J_{nom} / J_{noms} \qquad (1.50) \qquad\qquad J_{noms} = e\,n_{2s}/\tau_{sp} \quad . \qquad (1.51)$$

Die Größen haben folgende Bedeutung: $\tilde{P}$ = normierte Photonendichte, $\tilde{N}$ = auf Schwellwert normierte Elektronendichte, $\tilde{I}$ = nominale Stromdichte normiert auf J_{nom} an der Schwelle, J_{noms} = nominale Schwellstromdichte. Mit diesen Normierungen erhalten wir aus (1.44) und (1.47) die normierten Bilanzgleichungen für einen axial und transversal einwelligen DH-Laser

$$\tau_{sp}\,\frac{d\tilde{N}}{dt} = \tilde{I} - \tilde{P}\,\tilde{V}(\tilde{N}) - \tilde{N} \qquad (1.52)$$

$$\tau_p\,\frac{d\tilde{P}}{dt} = -\tilde{P} + \tilde{P}\,\tilde{V}(\tilde{N}) + \alpha\tilde{N} \quad , \qquad (1.53)$$

wobei wir von der Knickkennlinie (1.36) mit $v > 0$ ausgehen und die Größe

$$\tilde{V}(\tilde{N}) = A\,\tilde{N} + (1 - A) > 0 \qquad (1.54)$$

mit

$$A = 1 - c_2 \cdot c\,\Gamma\,\tau_p = 1 - \frac{c_2\,\Gamma}{\alpha_a + \alpha_R} \qquad (1.55)$$

als Absorptionsparameter die normierte Verstärkung ist. Der Faktor

$$\alpha = B_p^*\,\tau_{sp} \qquad (1.56)$$

gibt nun in (1.53) gerade den Bruchteil der spontan emittierten Photonen
an, der in die Grundschwingung fällt. Bei einem homogen Feld ist $B_p = B_p^*$,
wobei nun allerdings in (1.23) das effektive Volumen V_k/Γ zu nehmen ist.
Bei einem Feld mit stark gekrümmten Phasenfronten in der Ebene der aktiven Zone (Verstärkungsführung) entfallen viel mehr Photonen in die betrachtete Welle und α wird größer ($B_p^* > B_p$). Im Grenzfall eines völlig
gekrümmten Feldes, das schließlich nach allen Seiten strahlt, geht α ge -
gen eins. Bei Brechzahlführung sind die Phasenfronten schwach gekrümmt,
und man erhält mit (1.19) und (1.23)

$$\alpha \; \gtrsim \; \alpha_h \; = \; \frac{\pi}{2} \; g(f_0) \; c^3 \; \Gamma \; / \; V_k \; \omega^2 \; . \tag{1.57}$$

Wir lösen jetzt die Bilanzgleichungen für den statischen Fall mit $d/dt=0$.
Aus (1.53) erhält man zunächst mit (1.54) (Index "o" für statisch)

$$\tilde{N}_0 \; = \; A \; \tilde{P}_0 \; / \; (A\tilde{P}_0 + \alpha) \tag{1.58}$$

und durch Einsetzen in (1.52)

$$\tilde{I}_0 \; = \; A \; \tilde{P}_0 \; \frac{1 + A \; \tilde{P}_0}{\alpha + A \; \tilde{P}_0} \; + \; (1 - A) \; \tilde{P}_0 \; . \tag{1.59}$$

Diese Gleichung stellt die Kennlinie $\tilde{P}_0(\tilde{I}_0)$, also die normierte Licht-
Strom-Kennlinie, als Umkehrfunktion dar. Gleichung (1.59) gilt aber wegen
$\tilde{V} > 0$ in (1.54) mit (1.54) und (1.58) nur oberhalb

$$\tilde{P}_{omin} \; = \; \alpha \; \frac{A - 1}{A} \qquad \text{bzw.} \qquad \tilde{I}_{omin} \; = \; \frac{A - 1}{A} \; . \tag{1.60}$$

Wir werden sehen, daß diese Grenze in der Praxis im LED-Betrieb des Lasers
liegt und für den Laserbetrieb keine Rolle spielt.

Zur Darstellung der Kennlinie $\tilde{P}_0(\tilde{I}_0)$ berechnen wir einen typischen Wert
für den Absorptionsparameter A nach (1.55). Nach (1.42) beträgt die Photonenlebensdauer bei einem Laser mit $L = 0,3$ mm, $\alpha_a = 32$/cm Absorptionsverluste und nach (1.38) $\alpha_R = 37$/cm Reflexionsverluste etwa $\tau_p = 1,7$ ps,
wobei $c=c_0/3,6$ gesetzt wurde. Für einen GaAlAs-Laser mit $x = 30$ % ist
nach Bild 14 b bei $d = 0,2$ µm $\Gamma = 0,6$, so daß mit $c_2 = -250$/cm nach

Bild 13 a ein Wert A=3 als typisch gelten kann. Zur Abschätzung von α berechnen wir die untere Grenze α_h und erhalten aus (1.57) mit $g(f_0)B_e = \dfrac{2}{\sqrt{\pi}}$ bei gaußförmiger Linie $g(f)$

$$\alpha_h = B_p^* \tau_{sp} = B_p \tau_{sp} = \sqrt{\pi}\ \frac{c_0^3\ \Gamma}{V_k\ \omega^2\ B_e n^3} \ , \qquad (1.61)$$

woraus sich mit B_e = 15 THz, f = 350 THz und V_k= b·d·L mit b = 5 µm, d = 0,2 µm und L = 0,3 mm ein Wert $\alpha_h \simeq 2\cdot10^{-5}$ errechnet. Bei Lasern mit Verstärkungsführung und schmaleren Streifen ist nun tatsächlich der Anteil α um etwa den Faktor 10 und mehr größer. Bei Lasern mit Brechzahlführung gilt letztlich $\alpha = 10^{-4}\ldots10^{-5}$ und bei Lasern mit Verstärkungs - führung $\alpha = 10^{-3}\ldots10^{-4}$.

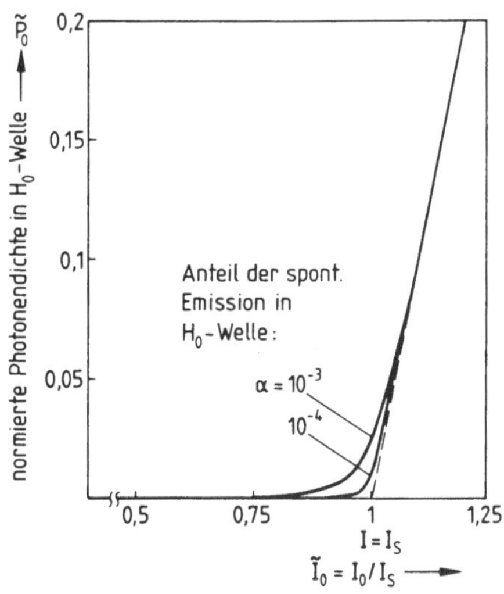

Bild 15 **Statische Laserkennlinie nach (1.59) mit A = 3**

Bild 15 zeigt die normierte Licht-Strom-Kennlinie für A=3 und $\alpha = 10^{-3}$ und 10^{-4}. Man erkennt, daß oberhalb $\tilde{I}_0=1$ die Kurve etwa linear verläuft. Wegen $\alpha \ll 1$ kann man in (1.59) den Nenner entwickeln und erhält mit $\alpha/A\tilde{P}_0 \ll 1$ die Gerade für diesen Bereich oberhalb $\tilde{I}_0=1$

$$\tilde{P}_0 = \tilde{I}_0 - 1 \qquad (1.62)$$

Diese Gerade schneidet bei $\tilde{I}_0=1$ die Achse. An dieser Stelle nimmt nach (1.50) J_{nom} den Wert J_{noms} an. Wegen (1.45) und (1.46) gilt nun $J_{nom} \sim J \sim I$, so daß die normierte Stromdichte $\tilde{I}$ auch in der Form

$$\tilde{I} = I / I_S = J / J_S \qquad (1.63)$$

geschrieben und durch die Stromstärke I bezogen auf einen Schwellstrom I_S oder die Stromdichte J bezogen auf die Schwellstromdichte J_S ausgedrückt werden kann. Mit (1.46),(1.50) und (1.51) folgt dann die Schwellstromdichte J_S bei $\tilde{I}_0=1$ aus $n_i J_S/d = e\, n_{2s}/\tau_{sp}$ oder mit (1.40) aus

$$n_i\, J_S/d = \left[(\alpha_a + \alpha_R)/\Gamma(d) - c_2\right] \frac{e}{c_1 \tau_{sp}} \qquad (1.64)$$

31

und der Schwellstrom aus

$$I_s = J_s \, b \, L \quad , \tag{1.65}$$

wobei b die Streifenbreite, L die Resonatorlänge, $c_{1,2}$ die Parameter der Verstärkungskennlinie in Bild 13, Γ der Führungsfaktor der aktiven Zone z.B. nach Bild 14 und $\alpha_{a,R}$ die Verluste durch Absorption und Leistungsabstrahlung bzw. Reflexion sind. Mit $c_1 = 2,3 \cdot 10^{-16}$ cm^2, $\tau_{sp} = 5 \,..2$ ns erhält man für obiges Zahlenbeispiel bei d=0,2 µm und $n_i=1$ für GaAlAs-DH-Laser eine typische Schwellstromdichte von $1...2,5 \cdot 10^3$ A/cm^2 und bei einem Streifen mit 5×300 µm Fläche einen Schwellstrom I_s im Bereich 15 bis 38 mA. Bei größerer Stromauffächerung wie in Bild 10 c steigt der Schwellstrom I_s über diesen Wert hinaus auf Werte von 100 bis 150 mA an.

Unterhalb dieser Schwelle arbeitet die Lichtquelle im LED-Betrieb. Die Kennlinie verläuft dabei in Bild 15 sehr flach, weil nur die geringe spontane Emission in der H_o-Grundwelle erfaßt wird. Wegen der Beschränkung $\tilde{V}_o>0$ gilt mit A=3 in (1.60) die Kennlinie erst ab $\tilde{I}_o=2/3$. Hier wird wegen $\alpha << 1$ nach (1.60) auch $\tilde{P}_{omin} << 1$. Man erhält in der Kennlinie (1.59) mit dieser Näherung dann die normierte Leistung $\tilde{P}_{omin} = \alpha \, \tilde{I}_{omin}$. Während im Laserbetrieb nach (1.62) die $\tilde{P}_o(\tilde{I}_o)$-Kennlinie die Steigung eins aufweist, erhält man im LED-Betrieb nur die Steigung α, denn es wird dort von den rekombinierenden Elektronen nur spontane Emission erzeugt, die mit dem Bruchteil α in die Grundwelle fällt, während im Laserbetrieb die von einem Wechselstrom gelieferten Elektronen bei $n_i=1$ hauptsächlich induzierte Obergänge hervorrufen, die aber alle auf die Grundwelle entfallen.

Die abgestrahlte Leistung P_{ab} folgt mit $\tilde{p}$ als Photonenzahl aus $P_{ab}=hf\tilde{p}/\tau_p'$, wobei τ_p' die Photonenlebensdauer allein aufgrund von Abstrahlung ist. Mit $\alpha_a=0$ in (1.42) wird

$$\tau_p' = 1 \, / \, c \, \alpha_R \quad . \tag{1.66}$$

Mit (1.42),(1.43),(1.40) und (1.50) können wir die abgestrahlte Leistung dann in der Form

$$P_{ab} = \frac{A \, hf \, V_k/\Gamma}{\tau_{sp} \, \tau_p' \, c_1 \, c} \cdot \tilde{P}_o (\tilde{I}_o) \tag{1.67}$$

als Kennlinie darstellen. Bei Wechselstromaussteuerung im Laserbetrieb mit
einem Strom $I_\sim(t)$ bzw. einem normierten Strom $\tilde{I}_\sim(t)$ erhalten wir bei hinreichend niederfrequenter Aussteuerung nach (1.62) eine normierte Leistung
$\tilde{P}_\sim(t) = \tilde{I}_\sim(t)$, denn die statische Kennlinie hat die Steigung eins. Für
einen Laser nach Bild 10 a ohne Stromauffächerung gilt etwa $I(t) = V_k J/d$,
so daß mit dem Übergang $\tilde{P}_0 \rightarrow \tilde{I}_\sim(t)$ sowie (1.63), (1.64) und (1.55) die
rechte Seite von (1.67) die abgestrahlte Wechselleistung

$$P_{ab\sim}(t) = \frac{\tau_p}{\tau_p'} \; \frac{hf\, n_i}{e} \; I_\sim(t) \tag{1.68}$$

ergibt. Bei $n_i=1$ gibt der zweite Faktor wie in (1.4) die Umsetzung von
injizierten Elektronen in Photonen an. Der erste Term $\tau_p/\tau_p' = \alpha_R/(\alpha_a+\alpha_R)$
berücksichtigt, daß ein gewisser Bruchteil durch Absorption verloren geht.
Man bezeichnet nun

$$n_d = n_i \frac{\tau_p}{\tau_p'} = n_i \frac{\alpha_R}{\alpha_a + \alpha_R} \tag{1.69}$$

als differentiellen Quantenwirkungsgrad. Für unser Zahlenbeispiel mit
$\alpha_a = 32/cm$ und $\alpha_R = 37/cm$ errechnet sich bei $n_i=1$ ein Wert $n_d = 54$ %.
Die Kennlinie verläuft dann mit einer Steigung von 0,76 mW/mA. Solche
Steigungen erreicht man bei Strukturen nach Bild 10 a in der Praxis dann
auch, weil dort die injizierten Ladungsträger tatsächlich nahezu vollständig genutzt werden können. Bei anderen Strukturen wie in Bild 10 b,c
tragen nicht alle Ladungsträger zur induzierten Emission bei. Ein gewisser Teil in den Randzonen verursacht dann nur spontane Emission oder
Superstrahlung. Die Kennlinie dieser Laser mit Verstärkungsführung verläuft in Bild 15 mit $n_d = 20 ..30$ % oberhalb des Schwellstromes flacher.
Gleichzeitig liegt der Schwellstrom auch gegenüber Strukturen mit Brechzahlführung deutlich höher.

Im folgenden Abschnitt wollen wir die nichtlinearen Verzerrungen behandeln.

1.2.9 Nichtlineare Verzerrungen bei DH-Laser

Nach Bild 15 ergibt sich oberhalb des Schwellstromes eine recht linear
verlaufende Kennlinie, so daß man durch Stromaussteuerung direkt die
Leistung der Lichtwelle analog modulieren kann. Da an der als Empfänger

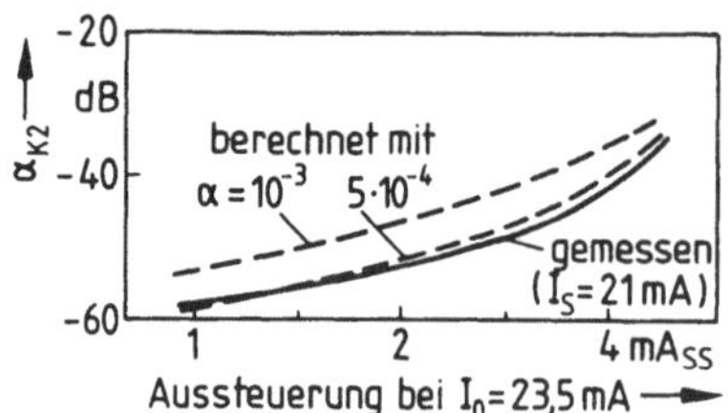

Bild 16 Klirrdämpfung der 2. Harmonischen bei BH-Laser

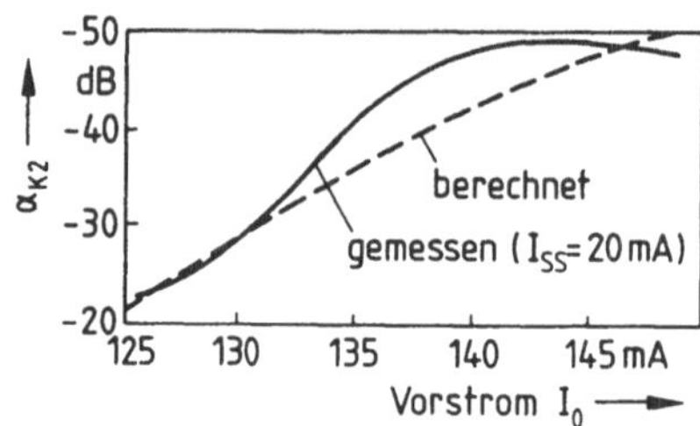

Bild 17 Klirrdämpfung der 2. Harmonischen bei V-Nut-Laser

dienenden Photodiode die Rückumsetzung in einen Photostrom hochlinear erfolgt, interessieren nun die Klirrdämpfungen $a_{k2,3}$ der 2. und 3. Harmonischen bezogen auf die Signalschwingung. Bei harmonischer Aussteuerung mit Frequenzen bis in den MHz-Bereich kann man einfach von der statischen Kennlinie ausgehen. Dabei wollen wir uns auf einen axial und transversal einwelligen Laser beschränken, denn nur dafür gelten unsere Gleichungen.

Tatsächlich können wir aber auch für diesen Fall nur von einer Abschätzung ausgehen, weil die Verstärkungskurve in Bild 13 approximiert wurde. Bei kleiner Aussteuerung macht sich aber der Fehler kaum bemerkbar. Aus diesem Grund stimmen auch die aus der Kennlinie (1.59) berechneten und in Bild 16 dargestellten Verläufe der Klirrdämpfung sehr gut mit experimentellen Ergebnissen bei BH-Lasern überein. Dazu muß allerdings der Emissionsfaktor α geeignet gewählt werden. Der Wert $\alpha = 5 \cdot 10^{-4}$, für den die Anpassung am besten ist, liegt dabei auch schon erheblich über dem Wert α_h nach (1.61), weil man bei der Messung nicht nur die spontane Emission in der Grundwelle erfaßt, sondern auch andere spontan emittierte Strahlung, nämlich einen Teil der LED-Strahlung. Dadurch wird formal der α-Wert größer und die Kurve im Bereich des Schwellstromes noch abgerundeter als in Bild 15. (vergl. Aufg. 1.7 und 1.8)

Bei Lasern mit Verstärkungsführung weicht in der Praxis das Meßergebnis weiter von der Theorie ab, denn bei diesen Lasern treten immer viele axiale Eigenschwingungen auf, während unsere Bilanzgleichungen nur für eine axiale Eigenschwingung gelten. Dennoch zeigt Bild 17 für den Extremfall eines V-Nut-Lasers noch eine einigermaßen gute Übereinstimmung, obwohl, wie wir sehen werden, dann sehr viele Eigenschwingungen vorkommen. Man erreicht zwar nicht ganz so geringe Verzerrungen wie bei BH-Lasern, aber dennoch beinahe - 50 dB. Durch optische Gegenkopplung kann man im Prinzip diese Werte unter allerdings erheblichem Aufwand verbessern.

34

1.2.10 Modulationsverhalten

Die Bilanzgleichungen (1.52) und (1.53) sollen nun für Kleinsignalaussteuerung um einen Arbeitspunkt gelöst werden. Wir erhalten dann anstelle von $\tilde{P}(t)$ und $\tilde{N}(t)$ die Phasoren oder Zeiger $\underline{P}(\omega)$ und $\underline{N}(\omega)$, wenn nur so schwache Aussteuerung zugelassen wird, daß eine Linearisierung möglich ist. Aufgrund der Ergebnisse des letzten Kapitels erscheint so etwas sinnvoll.

Mit dem Ansatz ("o" = Index für Gleichanteil bzw. Arbeitspunkt)

$$\tilde{N} = \tilde{N}_o + \underline{N}\, e^{j\omega t} \; ; \quad \tilde{I} = \tilde{I}_o + \underline{I}\, e^{j\omega t} \; ; \quad \tilde{P} = \tilde{P}_o + \underline{P}\, e^{j\omega t} \tag{1.70}$$

und unter der Voraussetzung $|\underline{N}|$, $|\underline{I}|$, $|\underline{P}| \ll 1$ für Kleinsignalbetrieb, erhält man aus (1.52) - (1.54) unter Vernachlässigung des auftretenden nichtlinearen Gliedes mit $\underline{P}\cdot\underline{N}$ die normierten Bilanzgleichungen für den eingeschwungenen Zustand zur Bestimmung von $\underline{N}$ und $\underline{P}$:

$$j\omega\tau_{sp}\, \underline{N} = \underline{I} - \underline{P}\,(1 - A + A\,\tilde{N}_o) - \underline{N}\,A\,\tilde{P}_o - \underline{N} \tag{1.71}$$

$$j\omega\tau_{p}\, \underline{P} = -\underline{P} + \underline{P}\,(1 - A + A\,\tilde{N}_o) + \underline{N}\,A\,\tilde{P}_o + \alpha\underline{N} \; . \tag{1.72}$$

Wenn man hieraus die Größe $\underline{N}$ eliminiert, mit (1.58) $\tilde{N}_o$ durch $\tilde{P}_o$ ausdrückt und nach (1.62) und (1.63) $\tilde{P}_o = I_o/I_s - 1$ setzt, folgt mit $\alpha/A\tilde{P}_o \ll 1$ die Lösung

$$\underline{P} = \frac{\underline{I}}{1 - (\omega/\omega_r)^2 + j\delta\, \omega/\omega_r} \tag{1.73} \quad \text{mit} \quad \omega_r^2 = \frac{A(I_o/I_s - 1)}{\tau_{sp}\, \tau_p} \tag{1.74}$$

und

$$\delta = \sqrt{\frac{\tau_{sp}}{\tau_p}}\; \frac{\alpha}{\sqrt{A}\,(I_o/I_s - 1)^{3/2}} + \sqrt{\frac{\tau_p}{\tau_{sp}}\,A}\; \frac{I_o/I_s + \dfrac{1-A}{A}}{\sqrt{I_o/I_s - 1}} \; . \tag{1.75}$$

Die Bedingung, die man auch in der Form $\alpha/A \ll I_o/I_s - 1$ schreiben kann, ist mit $\alpha < 10^{-3}$ und $A \approx 3$ in der Praxis immer erfüllt.

Bei kleiner Aussteuerung zeigt der Laser nach (1.73) eine Übertragungsfunktion $\underline{P}/\underline{I}$ wie bei einem gedämpften elektrischen Schwingkreis. Bei der

Resonanzfrequenz $f_r = \omega_r / 2\pi$ gerät das Wechselspiel zwischen Elektronen und
Photonen in Resonanz. Diese Frequenz ist maßgeblich durch das geometri -
sche Mittel aus Photonen- und Elektronenlebensdauer bestimmt. Der Faktor α
der spontanen Emission geht in dieser Näherung in die Resonanzfrequenz
nicht ein. Die Resonanzüberhöhung $1/\delta$ bei $f = f_r$ wird demgegenüber durch
diesen Faktor α stark beeinflußt. Mit steigendem α wird die Resonanzüberhöhung kleiner. Die spontane Emission bedämpft also die Anordnung. Eine
stärkere Bedämpfung geht nach Bild 15 mit einer stärkeren Verrundung der
Kennlinie einher, weil der α -Wert zunimmt. In Übereinstimmung mit praktischen Erfahrungen arbeiten solche Laser mit verrundeter Kennlinie stets
stabiler und neigen nicht so sehr zu Resonanzeffekten.

Bild 18 zeigt die Auswertung
von (1.73) und stellt den
Frequenzgang $|\underline{P}/\underline{I}|$ über
der normierten Frequenz
$\sqrt{\tau_{sp}\tau_p} \cdot f$ dar. Die Oberhöhung
nimmt mit steigender spon-
taner Emission (α) ab oder
bei Annäherung des Arbeitspunktes I_0 an die Schwelle I_s.
In beiden Fällen kommt eine
stärkere Verrundung der Kennlinie zum Tragen.

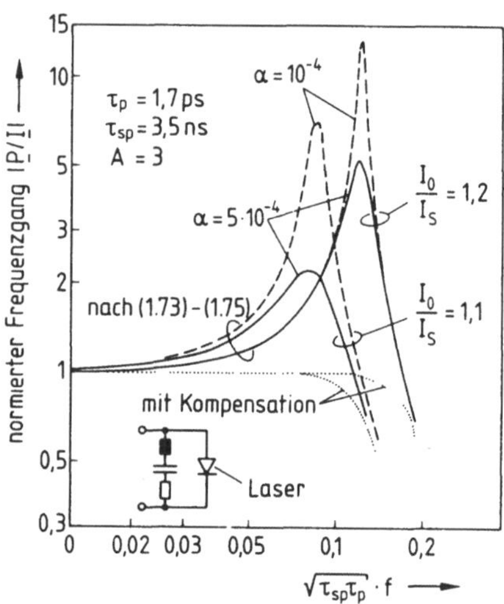

Bild 18 Kleinsignalverhalten von DH-Laser nach
(1.73) − (1.75)

Relativ unabhängig von der Größe der spontanen Emission kann man bei einem Arbeitspunkt mit $I_0/I_s - 1 \approx 0,2$ bei typischen Halbleiterlasern mindestens bis

$$f_{grenz} = \frac{0,035}{\sqrt{\tau_p \tau_{sp}}} \qquad (1.76)$$

modulieren, wenn der Frequenzgang um nicht mehr als 1 db ansteigen darf.
Hieraus ergibt sich bei den angegebenen Werten zunächst nur eine Grenzfrequenz von 450 MHz. Für Pulsmodulation kann man aber diese Grenze über-
schreiten, weil dann Verzerrungen keine große Rolle spielen. Bild 18
zeigt auch, wie man durch einen parallel zugeschalteten Resonanzkreis die
Resonanzüberhöhung u.U. vollständig unterdrücken kann und welche Kurven

sich qualitativ ergeben. Der Frequenzgang verläuft dann bis ca. 2 GHz
flach. Eine stärkere Bedämpfung ergibt sich insbesondere bei Lasern mit
merklicher seitlicher Diffusion der Ladungsträger (Bild 10 b,c). Die
besten Eigenschaften erzielt man dabei, wenn sich der Verstärkungsbereich
in transversaler Richtung etwa über die Diffusionslänge der Elektronen
erstreckt.

Bei manchen Anwendungen pulst man
den Laser entsprechend Bild 19
aus dem LED-Bereich über die
Schwelle hinweg, z.B. wenn der Laser nur kurzzeitig getastet werden soll. In diesem Fall schwingt
das System erst nach einer gewissen
Verzögerungszeit t_a an, die wir nun
aus den normierten Bilanzgleichungen
(1.52) und (1.53) bestimmen wollen.

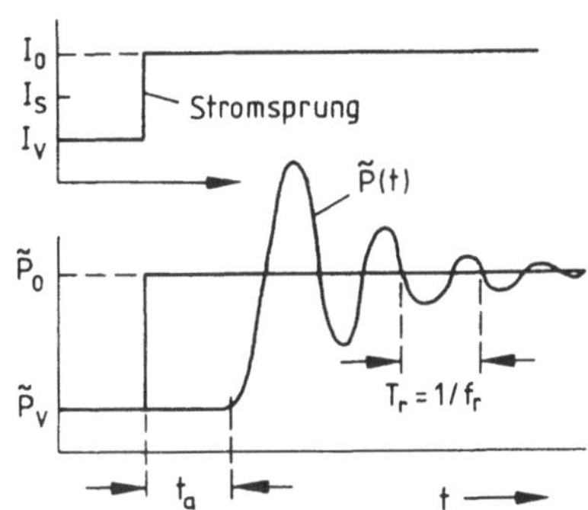

Bild 19 Anschwingen des Lasers bei Stromsprung

Im LED-Betrieb spielt die induzierte Emission, also der 2. Term in (1.52),
keine Rolle, weil die Photonenzahl zu klein ist. Zu lösen ist die Dgl.

$$\tilde{N}(t) + \tau_{sp}\frac{d\tilde{N}}{dt} = \tilde{I}(t) \; . \tag{1.77}$$

Wir fragen nun, wann $\tilde{N}(t)$ nach (1.49) den Wert eins für Selbsterregung an-
nimmt. Bei einem Stromsprung von I_v auf I_0 springt $\tilde{I}(t)$ von $\tilde{I}_v$ auf $\tilde{I}_0$, so
daß man in der allgemeinen Lösung

$$\tilde{N}(t) = k_1 e^{-t/\tau_{sp}} + k_2 \tag{1.78}$$

von (1.77) die Konstanten $k_{1,2}$ aus den Randbedingungen für $t=0,\infty$ bestimmen kann. Im LED-Betrieb gilt nach (1.52) mit $d/dt=0$ $\tilde{N}_v=\tilde{I}_v=I_v/I_s$. Mit
$t=0$ in (1.78) folgt $k_1+k_2=I_v/I_s$. Für $t \to \infty$ und $d/dt=0$ ergibt die Dgl. den
Endwert $\tilde{N}_0 = \tilde{I}_0 = I_0/I_s$, gegen den $\tilde{N}(t)$ zunächst zu laufen versucht. Mit
(1.78) erhalten wir die Konstante $k_2=\tilde{I}_0=I_0/I_s$. Tatsächlich schwingt der
Laser aber an, wenn die normierte Elektronendichte $\tilde{N}(t)$ erstmals den Wert
eins annimmt. Dies erkennt man auch an (1.58), denn mit $\alpha \ll A\tilde{P}_0$ gilt im
Laserbetrieb immer $\tilde{N}_0 \lesssim 1$. Setzt man $k_{1,2}$ in (1.78) ein, finden wir die
durch $N(t_a) = 1$ definierte Anschwingzeit

$$t_a = \tau_{sp} \cdot \ln \frac{I_0 - I_v}{I_0 - I_s} \quad . \tag{1.79}$$

Nach dieser Zeit treten in Bild 19 Relaxationsschwingungen auf, die schließlich etwa mit der Frequenz f_r nach (1.74) ausklingen. Diese einfache Formel ebenso wie die Formel für f_r deckt sich gut mit experimentellen Ergebnissen an Streifengeometrielasern. Man kann umgekehrt dann auch die Lebensdauer τ_{sp} bestimmen. Je nach Vorstrom hat man Werte von 1 bis 4 ns beobachtet. (vergl. hierzu Aufg. 1.9 und 1.1o)

Bild 20 zeigt nun das Einschwingverhalten, wie man es durch numerische Integration der Bilanzgleichungen (1.52) und (1.53) nach Runge-Kutta bestimmen kann. Im Fall 1 bei einem Stromsprung von $I_v/I_s = 0{,}8$ auf $I_0/I_s = 1{,}3$ ergibt sich nach (1.79) in Übereinstimmung mit Bild 20 eine Verzögerung $t_a/\tau_{sp} = 0{,}51$. Bei einer cos-förmigen Impulsflanke erhöht· sich die Verzögerungszeit etwa noch um die Zeitspanne,die vergeht, bis in Bild 20 a der Strom die Schwelle $\tilde{I} = 1$ erreicht. Im übrigen zeigt sich, daß die heftigen Relaxationsschwingungen für beide Stromverläufe abgesehen von der Verschiebung ähnlich verlaufen. Wenn der

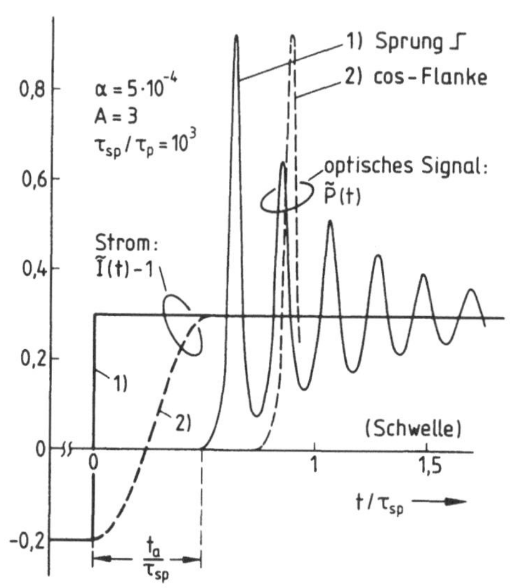

Bild 20 Einschwingverhalten von DH-Laser nach (1.52) – (1.54) für
1) Rechteck- und 2) cos-Stromanstiegsflanke
$\tilde{P}(t)$ = normierte Photonendichte
$\tilde{I}(t) - 1$ = relativer Strom oberhalb der Schwelle

Laser aus dem Bereich unterhalb der Schwelle in den Laserbereich gepulst wird, schießt die normierte Photonendichte $\tilde{N}$ in beiden Fällen über den stationären Endwert $\tilde{N}_0 \lesssim 1$ hinaus und verursacht damit dann ausgeprägte Relaxationsschwingungen. Die Frequenz der Relaxation läßt sich in sehr guter Näherung aus (1.74) bestimmen, wenn als Arbeitspunkt $I_0/I_s = 1{,}3$ eingesetzt wird. Wie wir schon festgestellt hatten, und wie es auch (1.75) andeutet, reduziert eine verstärkte spontane Emission α die Höhe der Oberschwinger. Denselben Effekt erzielt man aber auch bei Wahl eines Arbeitspunktes oberhalb der Schwelle. Die Verzögerung entfällt dann wegen $\tilde{N} \lesssim 1$.

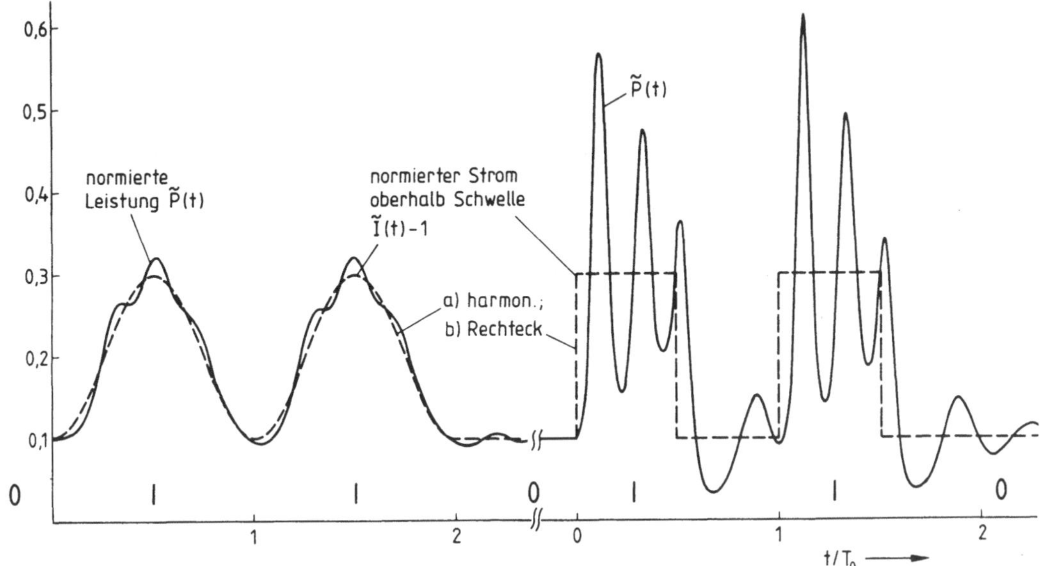

Bild 21 Binäre Modulation von DH-Laser mit 0II0-Wort Taktzeit $T_0 = \tau_{sp}$; Daten wie Bild 20

Bild 21 zeigt nun die Verhältnisse für eine Stromimpulsfolge oberhalb der Schwelle bei einem ..0II0...-RZ-Signal (RZ=return to zero). In der gezeigten Darstellung sind $\tilde{I}-1$ und $\tilde{P}$ aufgetragen. Beide Kurven müssen deckungsgleich sein, wenn die Dynamik des Lasers keine Rolle mehr spielt und das Verhalten durch die statische Kennlinie (1.62) beschrieben wird. Moduliert man aus dem Gleichstrombereich für t < 0 den Laser mit zwei einzelnen harmonisch verlaufenden Stromimpulsen, dann ändert sich die normierte Elektronendichte im Bereich um $\tilde{N} \approx 1$ nur schwach, und die Photonendichte $\tilde{P}$ folgt etwa, selbst wenn wie in Bild 21 die Taktzeit $T_0 = \tau_{sp}$ gewählt wird und man schon recht schnell moduliert. Im Fall b) mit einer sprunghaften Änderung des Stromes erzwingt man wieder $\tilde{N} > 1$ und regt damit heftige Relaxationsschwingungen an. Tatsächlich tritt dieser Fall aber nicht unbedingt auf, denn für die gezeigten Verhältnisse mit $T_0 = \tau_{sp}$ kann man wegen $\tau_{sp} = 1..4$ ns derart steile Anstiegsflanken kaum realisieren und wird dies wegen der Relaxation in Bild 21 b auch gar nicht versuchen. Im Fall a) mit mäßiger Stromänderung erreicht das optische Signal nach der Taktzeit etwa wieder den Anfangswert $\tilde{P} = 0,1$, und die Einzelimpulse eines beliebigen Wortes sehen nahezu gleich aus. Bei schnellerer Modulation erhalten der Folgeimpuls und alle weiteren Impulse jeweils andere Formen, weil das optische Signal nicht folgen kann. Das Bitmuster hängt dann von der Vorgeschichte ab (bit-pattern-Effekt). Wegen der möglichen Fehler bei der Regeneration ist derart schnelle Modulation unzulässig.

Wir wollen uns in diesem Kapitel mit den Abstrahleigenschaften beschäftigen, dabei allerdings nur grundsätzliche Eigenschaften nennen und die Diskussion qualitativ durchführen.

Bild 22 veranschaulicht die Strahldivergenz im Fernfeld der Grundwelle am Beispiel eines GaAs-Streifengeometrielasers. Bei einem Streifen mit einer Breite $b \gg \lambda_0$ beugt der Laser in der Ebene der aktiven Zone nicht so stark, während senkrecht dazu bei typischen Lasern ein voller Öffnungswinkel von 50^0 und mehr auftritt. Durch geeignete Abbildungsmethoden kann man aber ganz im Gegensatz zur LED wegen des sehr kleinen Produktes Leuchtfläche·Öffnungswinkel, das ein Maß für die "Leuchtdichte" ist, beinahe 100 % in eine vielwellige Faser mit typischen

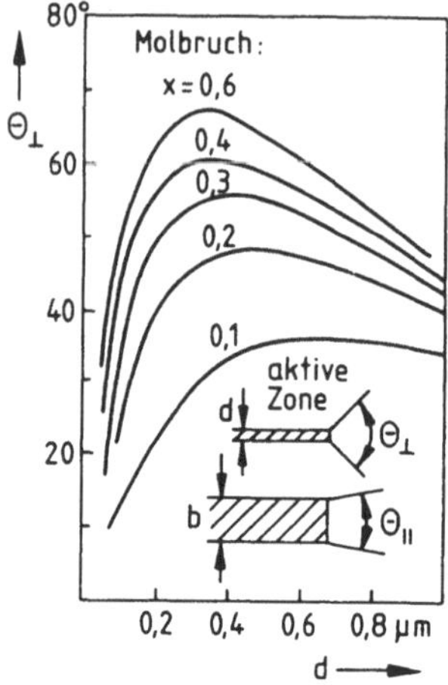

Bild 22 Strahldivergenz der Grundwelle bei GaAs-A1$_x$Ga$_{1-x}$As-Laser

Daten einkoppeln. Bei Lasern mit schmaleren Streifen beugt die Welle meist auch in der Ebene der aktiven Zone stark , und es gilt nicht mehr $\theta_{\parallel} \ll \theta_{\perp}$. Wegen der großen Leuchtdichte kann man dennoch immer gut in Glasfasern einkoppeln, ggf. mit Hilfe von Linsen etc.

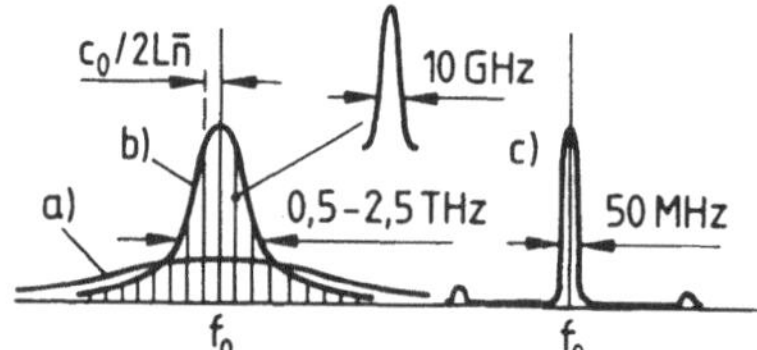

Bild 23
Emissionsspektrum: LED-Betrieb (a)
Laserbetrieb: Verstärkungsführung (b)
Brechzahlführung (c)

Wichtig ist auch das Emissionsspektrum von Halbleiterlasern. Bild 23 zeigt das Spektrum für LED-Betrieb und je nach Lasertyp oberhalb der Schwelle. Bemerkenswert ist das sehr breite Spektrum bei Lasern mit reiner Verstärkungsführung (V-Nut-Laser nach Bild 10 c). Die exponentielle frequenzabhängige Verstärkung schnürt hier das Emissionsspektrum von 10-20 THz im LED-Betrieb auf nicht viel weniger als ca. 1 THz im Laserbetrieb ein. Anders als in unseren Bilanzgleichungen angenommen, existieren hier viele axiale Eigenschwingungen der H_0-Grundwelle. In den Randzonen des Verstärkungsbereiches geht die Laserstrahlung in Superstrahlung und dann in

40

einfache spontane Emission über. Insgesamt gesehen ist die erzeugte Strahlung daher gar nicht so kohärent. Sie verkoppelt mit den axialen Eigenschwingungen des Laserresonators dabei so stark, daß sehr viele ausgeprägte Linien entstehen (Bild 23 b). Bei vorgegebenem Strom verteilen sich dann die durch induzierte Übergänge erzeugten Photonen auf viele Schwingungen, und die Einschnürung ist nicht extrem groß. Diese Situation tritt aber im Extremfall eines Lasers mit reiner Brechzahlführung und guter Stromführung auf. Bei einem BH-Laser entsteht in den Randzonen z.B. kaum spontane Emission und man liegt damit näher am minimalen Wert α_h nach (1.61) für den Bruchteil der in die Grundwelle fallenden spontanen Emission. Wegen der stärkeren induzierten Emssion wird die bei f_0 angefachte Welle dann zunehmend verstärkt. Da die Zahl der Übergänge proportional zur Photonenzahl der induzierenden Welle ist, begünstigt sich diese Schwingung immer mehr auf Kosten der anderen axialen Eigenschwingungen, die nun aus der induzierten Emission weniger Photonen erhalten. Schon wenig oberhalb der Schwelle bildet sich so bei BH-Lasern nahezu eine Einzellinie geringer Breite aus (Bild 23 c).

Einerseits stellt die große Emissionsbandbreite verstärkungsgeführter Laser bei Betriebswellenlängen von 0,85 µm und 1,55 µm einen gewissen Nachteil dar, denn in diesen Bereichen stört oft die chromatische Dispersion (Materialdispersion) der Faser, die durch die Frequenzabhängigkeit der Brechzahl gegeben ist. Bei etwa 1,3 µm entfällt aber dieser Effekt, wie wir sehen werden. Andererseits hatten wir aber festgestellt, daß sich eine größere spontane Emission auch vorteilhaft auswirkt, weil dadurch Resonanzüberhöhungen bedämpft und allgemein das Stabilitätsverhalten verbessert werden. Der größere Vorteil verstärkungsgeführter Laser ergibt sich aber beim Rauschen, das wir nun diskutieren wollen.

1.2.12 Rauschen

Laser rauschen immer wegen der spontanen Emssion von Photonen regelloser Phase in die betrachtete Eigenschwingung. Dieser Anteil wird durch S_R in (1.27) oder den letzten Term in (1.52) und (1.53) beschrieben. Solange nun aber keine Amplituden- Frequenz- oder Phasenmodulation der Lichtwelle durchgeführt wird, sondern Intensitätsmodulation (IM), stört dieses Phasenrauschen nicht. Aus diesem Grunde eignen sich überhaupt LED, bei denen nur spontane Emission vorkommt, für die Nachrichtenübertragung.

Wir wollen all unsere Betrachtungen auf Intensitätsmodulation der Lichtwelle beschränken, dabei aber gleich anmerken, daß die Intensität nur im
einfachsten Fall direkt entsprechend der Signalspannung schwankt. In der
Regel wird man in der elektrischen Ebene noch einmal kodieren und der
Lichtquelle einen Modulator vorschalten. Nach dem Empfang mit einer Photodiode muß man dann wieder demodulieren. Im Falle eines PCM-Modulators
wird in diesem Sinne dann eine Doppelmodulation PCM(IM) durchgeführt.

Scheinbar trägt nun der Laser nicht mehr zum Rauschen bei. Aufgrund einer
Vielzahl von komplizierten Effekten ist leider das Gegenteil der Fall. Zu
unterscheiden hat man einmal zwischen Rückwirkungseffekten zwischen Laser
und angeschlossener Glasfaser und Erscheinungen, die ihre Ursache im Laser
selbst haben. Den Begriff "Rauschen" faßt man bei Halbleiterlasern insofern oft weiter, als man auch Interferenz- und Fluktuationserscheinungen
mit einbezieht. Solche Effekte wollen wir jetzt diskutieren.

Aufgrund von Temperaturschwan-
kungen und durch Modulation des
Lasers fluktuiert in Bild 24 a
die Lage und damit die Stärke
der axialen Eigenschwingungen
innerhalb der Einhüllenden. Bei
einem Laser mit Verstärkungsführung existieren nun sehr viele

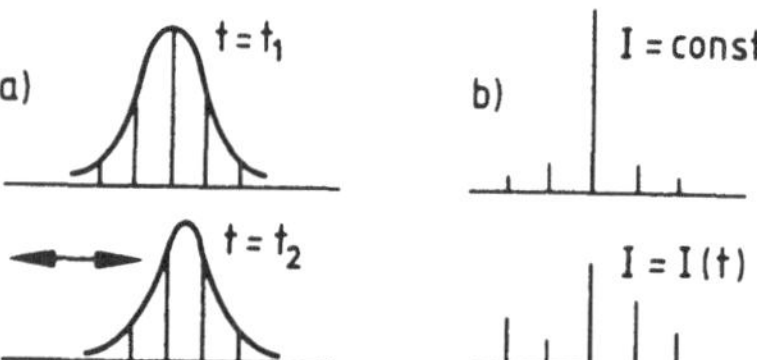

Bild 24 Rauschen des Lasers durch a) Fluktuation innerhalb der Linienform   b) Modulation

Linien und die regellose Intensitätsschwankung hebt sich bei Messung der
Gesamtleistung durch die Photodiode zum großen Teil weg. Dies ist allerdings nur möglich, wenn die axialen Eigenschwingungen durch Materialdispersion in der Faser zeitlich nicht zu weit auseinander laufen. Diese
Fluktuation spielt kaum eine Rolle bei einem Laser mit einem Spektrum
nach Bild 23 c (Brechzahlführung), weil sich dann nur die Lage der Linie
etwas ändert. Diese Laser neigen aber dazu, bei Modulation ein gegenüber
dem Gleichstromfall verändertes Spektrum zu zeigen. Es entstehen dann einige wenige zusätzliche axiale Eigenschwingungen. Dieser Fall weniger,
aber fluktuierender Linien ist nun recht unangenehm, weil dann die Leistung zwischen wenigen Wellen getauscht wird und eine statistische Ausmittelung bei Bildung der Gesamtleistung erschwert wird. Insbesondere der
V-Nut-Laser nach Bild 10 c zeigt diesbezüglich ein ähnlich unkritisches
Verhalten wie eine LED. Bei BH-Lasern tritt dagegen merkliches Rauschen

auf. Bild 25 zeigt das Signal-Rausch -
Verhältnis in der elektrischen Ebene,
nachdem die optische Leistung in einen entsprechenden Photostrom umge-
setzt wurde, für ein Band der Breite
Δf bei 50 MHz. Für den Gleichstromfall gibt S/N das Gleichstrom zu Rausch-
verhältnis an, bei Modulation mit
einer HF-Schwingung von 50 MHz und
einem Modulationsindex m=0,5 gilt
die rechte Skala S/N'.

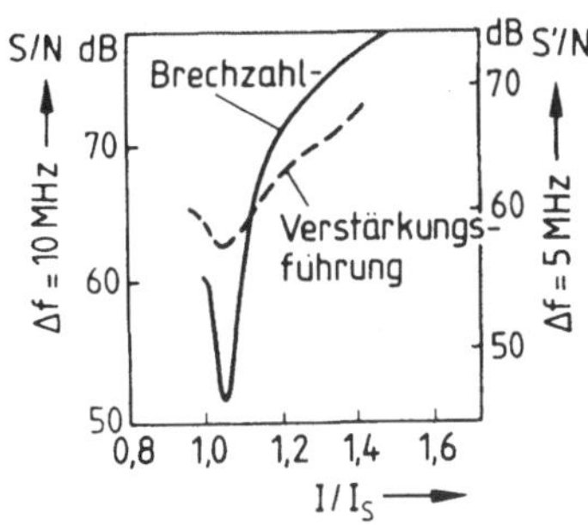

Bild 25 Störabstand S/N von DH-Laser bei
50 MHz;
rechte Skala: Modulationsindex m = 0,5
linke Skala: ohne Modulation, Bezug auf
Gleichstromwert

Bei Brechzahlführung ergibt sich nun in der Nähe der Schwelle I_S ein
deutlicher Einbruch, und man erhält insgesamt ein stark vom Arbeitspunkt
abhängiges Ergebnis. Bei Verstärkungsführung verläuft die Kurve ausge-
glichener, so daß man auch in der Nähe des Schwellstromes I_S arbeiten
kann.

Weitere Störungen entstehen,
wenn an den Laser eine Glasfaser angeschlossen wird,
aus der ein gewisser Teil des
eingekoppelten Lichtes zurück in den Laser reflek -
tiert. Im Prinzip koppelt man

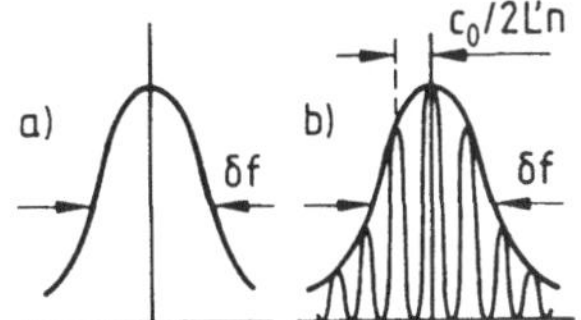

Bild 26 Spektrum axial einwelligen Lasers
a) ohne   b) mit Reflexionen aus Faser der Länge L'

dann nämlich einen zweiten Resonator der Länge L' >> L mit axialen Eigenschwingungen im Abstand $c_0/2L'n$ an. Mit n=1,5 für Glas errechnen sich für
Reflexionen aus dem Nahbereich mit L'= 1...10 cm Frequenzabstände von
10 ... 1 GHz, verglichen mit etwa 100 GHz für die Abstände der axialen Eigenschwingungen des Lasers. In diesem Fall verschieben sich nur die Linien.
Bei Reflexionen aber aus z.B. 10m Entfernung reduzieren sich die Frequenzabstände auf 10 MHz. Das Spektrum eines Lasers nach Bild 21 c (Brechzahlführung) spaltet dann wie in Bild 26 dargestellt auf. Bei phasenstar-
rer Verkopplung kann auch Selbstpulsation auftreten, wobei sich im 10 MHz-
takt $1/\delta f$ breite Impulse einstellen. Bei verstärkungsgeführten Lasern treten diese Probleme nicht auf. Die diskutierten Rausch-und Interferenzeffek-
te spielen hauptsächlich bei analogen Systemen eine Rolle. Diese Phänomene
können aber so stark auftreten, daß selbst digitale Systeme versagen.

1.3 Lichtempfänger

1.3.1 Funktionsweise und Aufgaben von Photodioden (PIN und APD)

Zum Empfang intensitätsmodulierter optischer Signale benötigt man eine Anordnung, die die empfangene optische Leistung wieder in einen dazu proportionalen Strom umwandelt. Bei Lichtquellen machten wir von der strahlenden Rekombination von Ladungsträgern in einem in Flußrichtung betriebenen pn-Übergang Gebrauch. Bei dem umgekehrten Vorgang nutzen wir nun die
durch Beleuchtung hervorgerufene Generation von Ladungsträgern in oder in
der Nähe eines pn-Überganges aus. Diese Diode wird jetzt aber in Sperr-
richtung betrieben, weil die Ladungsträger dann einerseits schnell abtrans-
portiert werden, andererseits aber vor allem, weil die Elektronen und
Löcher in dieser Verarmungsschicht dann nicht mit freien Ladungsträgern
rekombinieren können. Eine solche Anordnung bezeichnet man als Photodiode.

Die Frequenz f des eingestrahlten Lichtes muß nun bei Photodioden so groß
sein, daß die Energie hf der Photonen mindestens den Bandabstand W_{LV} zwischen Leitungs- und Valenzband überwiegt. Da unterhalb dieser Frequenz-
grenze $f_a = W_{LV}/h$ die Generation von Elektron-Loch-Paaren und damit die
Absorption von Photonen wegen der genau definierten Bandkanten abrupt aufhört, bezeichnet man diese Grenze als Absorptionskante. Diese Kante ist
im übrigen auch im Bild 12 b bei dem dort betrachteten Halbleiter ohne
Injektion (J=0, keine Sperrspannung) zu erkennen, denn erst ab hf > W_{LV}
setzt Absorption ein. Diese Absorptionskante ist wegen des temperaturab-
hängigen Bandabstandes ebenfalls etwas von T abhängig.

Bild 27 zeigt nun, welche Verluste bei der
Generation von Ladungsträgern auftreten.
Zunächst reflektiert die Oberfläche des
Halbleiters den Bruchteil r^2 nach (1.34)
der einfallenden Leistung P_o. Die in den
Halbleiter eintretenden Photonen werden
im Mittel aber auch erst allmählich absorbiert. Die Intensität der Strahlung
nimmt daher in Bild 27 von der Oberfläche
bei x=0 exponentiell $\sim \exp(-x/w)$ ins Innere hin ab. Bei einer endlichen Dicke d_D
der Absorptionszone geht der An -

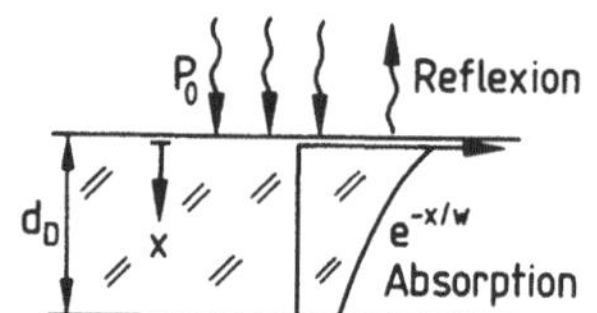

Bild 27 Reflexions- und Absorptionsverluste bei Photodiode

44

teil $1 - e^{-d_D/w}$ verloren. Die Eindringtiefe w und der Absorptionskoeffizient $\alpha_A = 1/w$ sind im Bild 28 für verschiedene Materialien aufgetragen. Man erkennt deutlich die ausgeprägte Absorptionskante bei

$$\lambda_a = \frac{c}{f_a} = \frac{hc}{W_{LV}} \quad . \tag{1.80}$$

Der entstehende Photostrom folgt nun einfach aus der Umkehrung der Be - ziehung (1.4), die für Rekombination oder Generation die Umsetzung eines Stromes in optische Leistung bzw. umgekehrt angibt. Die einfallende Leistung P_0 erzeugt aus P_0/hf Photonen pro Zeiteinheit den Photostrom

$$I_0 = \eta_p \, e \, \frac{P_0}{hf} \quad . \tag{1.81}$$

Die Größe

$$\eta_p = (1 - r^2)(1 - e^{-\alpha_A d_D}) \tag{1.82}$$

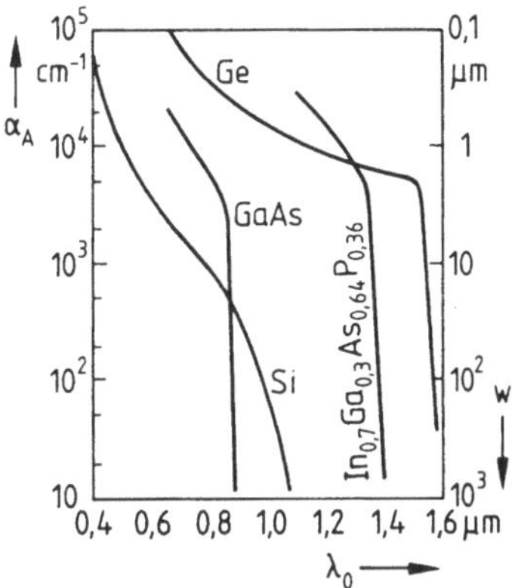

Bild 28 Absorptionskoeffizient α_A und Eindringtiefe $w = 1/\alpha_A$ einiger Halbleiter

bezeichnet man als Quantenwirkungsgrad. Der erste Faktor in (1.82) gibt die Reflexionsverluste, der zweite Faktor die unvollständige Absorption an. Letztlich wird η_p experimentell bestimmt, denn in der Praxis spielen auch noch andere Effekte eine Rolle. Die Größe

$$E = \eta_p \, \frac{e}{hf} \tag{1.83}$$

heißt Empfindlichkeit, und sie ist wegen $\alpha_A=\alpha_A(\lambda)$ in (1.82) und des Fak - tors hf in (1.83) immer frequenzabhängig. Beseitigt man durch Vergütung die Reflexion und sorgt für eine hinreichende Dicke d_D der Absorptions- schicht in Bild 27, dann kann man in der Praxis beinahe $\eta_p = 1$ erreichen. Daß eine solche Dimensionierung meist auf Kosten der Ansprechzeit geht, soll uns im Moment nicht kümmern. Die maximale Empfindlichkeit beträgt nach (1.83) dann $e/hf = \lambda/\mu m \cdot 0,81$ mA/mW und hängt nach wie vor von der Wellenlänge ab. Beim Systementwurf ergibt sich aber aus dieser Sicht dennoch kein Vorteil bei höherer Wellenlänge, weil die größere Empfind-

lichkeit durch die entsprechend flachere
Licht-Strom-Kennlinie des Senders gerade
kompensiert wird. Die Auswahl der Wellenlänge muß beim Systementwurf unter anderen
Gesichtspunkten wie Dämpfung und Dispersion erfolgen.

Bild 29 zeigt nun die prinzipielle
Funktionsweise einer Photodiode, die
von der p-Seite her beleuchtet wird. Aufgrund der negativen Vorspannung entsteht
eine relativ weite Sperrschicht, in die
die Photonen eindringen. Die erzeugten
Ladungsträgerpaare beschleunigt das elektrische Feld in der Praxis dann so stark,
daß nach kurzer Strecke die Sättigungs-

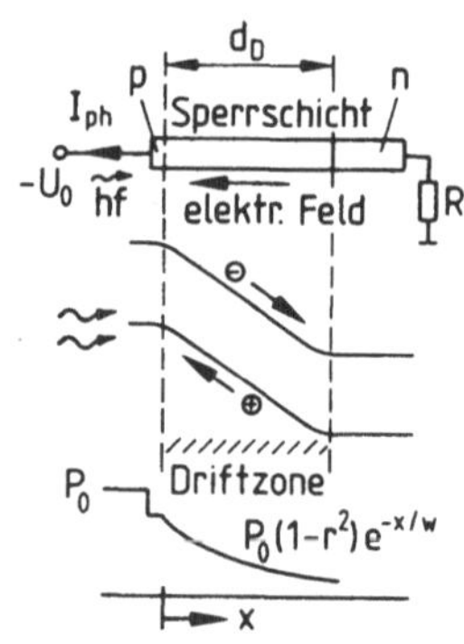

Bild 29 Prinzipieller Aufbau einer Photodiode

driftgeschwindigkeit v_s erreicht wird. Damit erzielt man im Prinzip kurze
Schaltzeiten. Bei weiterer Steigerung der Vorspannung bis nahe an den
Durchbruch multiplizieren sich nun auch noch die erzeugten Ladungsträger
durch Stoßionisation. Wir erzielen damit eine Verstärkung, und anstelle
des <u>Photostromes</u> I_0 nach (1.81) durch Primärladungsträger messen wir im
äußeren Kreis den <u>multiplizierten Photostrom</u> I_{ph} der Größe

$$I_{ph} = M_0 I_0 \tag{1.84}$$

mit M_0 als Multiplikationsfaktor bei Gleichstrom (Index "o" für Gleichstrom). Der Strom I_{ph} geht im Spezialfall einer nicht verstärkenden Diode
mit $M_0=1$ in den Strom I_0 nach (1.81) über. Der Multiplikationsfaktor beschreibt ganz ähnlich wie bei Zenerdioden die Vervielfachung von Ladungsträgern. In vielen Fällen kann man schreiben

$$M = M_0 = \frac{1}{1 - (U/U_B)^r} . \tag{1.85}$$

Bei einer Sperrspannung U, die die Durchbruchspannung U_B erreicht, wird
die Multiplikation formal ∞. Der Exponent r ist vom Material und Aufbau
der Diode abhängig und liegt bei praktisch ausgeführten Dioden aus Silizium bei 0,2 - 0,5. Eine solche Photodiode mit Verstärkung heißt Lawinenphotodiode (Avalanche photo diode = APD).

Tatsächlich vervielfachen sich nicht nur die durch Lichteinstrahlung erzeugten Ladungsträger, sondern auch diejenigen, die zum normalen Sperrstrom der Diode beitragen. Dieser Dunkelstrom sollte daher möglichst klein sein. Für Anwendungen in der optischen Nachrichtentechnik muß man für rauscharme Detektion von Impulsen im ns-Bereich auch eine möglichst kleine Sperrschichtkapazität fordern. Letztlich schwächt diese Kapazität nämlich zu höheren Modulationsfrequenzen hin das Signal gegenüber dem Rauschen durch Nebenschluß ab, wodurch sich der Störabstand verschlechtert. Schließlich spielen auch Frequenzgang und nichtlineare Verzerrungen eine Rolle. Mit diesen Fragen werden wir uns in den folgenden Kapiteln beschäftigen.

Die genaueren Bauformen tragen nun all diesen Forderungen, die auf ihre Realisierbarkeit erst in den folgenden Abschnitten geprüft werden, weitgehend Rechnung. Aus diesem Grunde besprechen wir erst zuletzt die Ausführungsformen. Hier sei nur schon vorab erwähnt, daß man meist bei nichtverstärkenden Dioden in Bild 29 die mittlere Zone als i-Zone (eigenleitend) ausbildet. Diese Diode heißt PIN-Diode. Anstelle einer Sperrschicht der Weite d_D hat man dann eine i-Zone mit konstanter Dicke, die insbesondere nicht von der Spannung beeinflußt wird. Für hohe Quantenausbeute wählt man die Dicke so groß, wie es die zulässigen Laufzeitverzögerungen der Ladungsträger durch diese Zone gerade erlauben. Daneben benutzt man bei höheren Wellenlängen $\lambda_0 = 1,3 - 1,6$ μm noch andere Bauformen.

Wir gehen nun im folgenden Abschnitt zunächst auf das Rauschen bei dem Lichtempfang ein und beschreiben den Beitrag von verstärkenden und nicht verstärkenden Dioden gemeinsam, weil nichtverstärkende Dioden (z.B PIN-Diode) nur einen Sonderfall mit $M_0 = 1$ darstellen.

1.3.2 Rauschen

In jedem Empfänger muß sich das Signal mehr oder weniger stark aus dem Rauschen herausheben. Unter sonst gleichen Bedingungen benötigen die verschiedenen Übertragungsverfahren dabei ganz unterschiedlich viel Empfangsleistung. Bei Pulscodemodulation (PCM) benötigt man z.B. weit weniger Leistung als bei Frequenzmodulation. Die höchste Signalleistung erfordert in der optischen Nachrichtentechnik die direkte analoge Übertragung des Signals, wenn also die Licht-Strom-Kennlinie unmittelbar durch das Signal

ausgesteuert wird. Der Photostrom ist dann bis auf einen Faktor und bis
auf das überlagerte Rauschen mit der Signalspannung identisch. In diesem
Fall kann man daher relativ einfach das Verhältnis

$$\frac{S}{N} \quad = \quad \frac{\text{Signalleistung}}{\text{Rauschleistung}} \quad = \quad \text{Störabstand}, \qquad (1.86)$$

das mit eine der wichtigsten Systemkenngrößen darstellt, bestimmen. Wir
haben nämlich nur alle Rauschströme mit dem ggf. multiplizierten Photostrom zu vergleichen. Mit diesem Problem wollen wir uns hier insofern beschäftigen, als wir die wichtigsten Rauschbeiträge aufzählen. Im Kap.2.2
können wir auf diesen Ergebnissen aufbauend dann das Verstärkerrauschen
hinzunehmen und den Störabstand nach (1.86) für einfache Intensitätsmodulation angeben. Die komplizierteren Verhältnisse bei zusätzlicher
elektrischer Modulation kommen dann erst ausführlich ab Kap. 2.3 zur Sprache.

Grundsätzlich entsteht Wärmerauschen in der elektrischen und optischen
Ebene (Johnsonrauschen), Quantenrauschen bei den Elektronen, das wir hier
wie sonst üblich Schrotrauschen nennen, und Quantenrauschen bei den Photonen, das wir hier kurz Quantenrauschen nennen.

allgemeines Wärmerauschen

Wir hatten im Kapitel 1.2.5 gesagt, daß jede Fourierkomponente eines
Strahlungsfeldes mit $\tilde{p}$ Photonen in dieser Komponente die Energie $hf(\tilde{p}+1/2)$
führt. Wir hatten weiter angegeben, daß im Falle des thermodynamischen
Gleichgewichts (natürliche Wärmestrahlung) jede Komponente im Mittel mit
$\overline{m}$ Photonen der Energie hf besetzt ist. Die von den natürlich vorkommenden
Photonen über die Nullpunktsenergie $hf/2$ hinaus getragene Energie beträgt
dann $W = \overline{m} \, hf$ mit $\overline{m}$ nach (1.17). Im Sonderfall kleiner Frequenzen nimmt
mit $hf/KT \ll 1$ diese verfügbare Energie den Wert $W = \overline{m} \, hf = KT$ an. Die ver-
fügbare Leistung P_r des Wärmerauschens im Band B ist im Sonderfall tiefer
Frequenzen dann mit $W = KT$ durch $P_r = W\,B = KT\,B$ gegeben. Im allgemeinen
Fall mit $W = hf/(\exp(hf/KT) - 1)$ gilt aber für die verfügbare Leistung

$$P_r \quad = \quad \frac{hf}{e^{hf/KT} - 1} \cdot B \quad . \qquad (1.87)$$

Wie man am Beispiel zweier parallel geschalteter Widerstände zeigen kann,
strömt diese verfügbare Leistung durch jeden Querschnitt zweier aneinan -
der liegender Räume, sofern diese angepaßt sind (bei Widerständen: $R_1=R_2$).
Bei Fehlanpassung ist die ausgetauschte Leistung kleiner aber jeweils
gleich.

Bei tiefen Frequenzen drückt man das verfügbare Wärmerauschen $P_r = KT\,B$
eines Widerstandes R durch eine in Reihe liegende Spannungsquelle

$$\overline{U_r^2} \quad = \quad 4 \quad K\,T\,B \cdot R \tag{1.88}$$

aus, die bei Anpassung (daher der Faktor 4) an einen gleich großen Widerstand R gerade die verfügbare Leistung KTB abgibt. Dieses Wärmerauschen
tritt bei Widerständen auf, die im elektrischen Kreis der Photodiode vorkommen, und wird später berücksichtigt werden.

Darüber hinaus überlagert sich schon bei dem Photoempfang den einfallenden Signalphotonen die natürliche Wärmestrahlung als Wärmerauschen. Dieses Rauschen ist wegen hf = 1 - 2 eV in diesem Fall mit KT = 25 meV bei
Raumtemperatur nach der allgemeineren Formel (1.87) zu bestimmen, denn es
gilt nicht mehr hf/KT << 1. Wir werden aber sehen, daß gerade aus diesem
Grunde dieses Wärmerauschen im optischen Bereich immer viel kleiner als
das im folgenden zu beschreibende Quantenrauschen ist, und deswegen vernachlässigt werden kann.

Quanten- und Schrotrauschen

Auf eine Eigenschwingung mit $\tilde{p}$ Signalphotonen der Energie $hf\tilde{p}$ entfallen
im Mittel $\overline{m}$ Photonen der Energie $hf\,\overline{m}$ durch Wärmerauschen. Der "Störabstand" wird dann beim Wärmerauschen

$$S/N_{\text{Wärme}} \quad = \quad \frac{\tilde{p}\;hf}{\overline{m}\;hf} \cdot \tag{1.89}$$

Selbst ohne Wärmerauschen wird allein aufgrund der quantenhaften Natur der
Strahlung die Detektion ganz schwacher Signale mit nur wenigen Photonen
immer unsicherer. Bei dem Empfang nur eines Photons steht man an der Entscheidungsschwelle. Mit

$$S/N_{\text{Quanten}} \quad = \quad \frac{\tilde{p}\;hf}{1 \cdot hf} \tag{1.90}$$

führen wir zur Abschätzung einen "Störabstand" für Quantenrauschen ein, der
die Energie der Schwingung mit dem Minimalwert vergleicht. Durch Division
von (1.89) und (1.90) folgt mit (1.17)

$$\frac{S/N_{Wärme}}{S/N_{Quanten}} = e^{hf/KT} - 1 . \tag{1.91}$$

Im Bereich optischer Frequenzen mit hf = 1,5 eV und KT = 25 meV nimmt die
rechte Seite von (1.91) den Wert e^{60} an. Der Störabstand durch Wärmerauschen ist also soviel besser als der durch Quantenrauschen, daß im optischen Bereich nur dieses Quantenrauschen zu berücksichtigen ist. Bei
elektrotechnischen Frequenzen nimmt umgekehrt mit hf/KT << 1 die rechte
Seite diesen sehr kleinen Wert hf/KT an. Bei tiefen Frequenzen ist die
Energiequantelung also so klein, daß nur das Wärmerauschen der Widerstände in bekannter Weise zu berücksichtigen ist. Selbstverständlich gibt es
bei tiefen Frequenzen auch noch andere Rauscheinflüsse.

Nun erhebt sich die Frage, wie sich dieses noch verbleibende Quantenrauschen aus dem optischen Bereich in der Photodiode in ein Rauschen in der
elektrischen Ebene fortsetzt.

Von Glühkatoden oder z.B. in Flußrichtung betriebenen Dioden ist bekannt,
daß ein Ladungsstrom mit einem Schrotrauschen behaftet ist, wenn einzelne
Ladungsträger durch Glühemission oder Injektion bei einem pn-Übergang erzeugt werden. Bei einem Widerstand gibt es z.B. kein Schrotrauschen. Wenn
nun, wie bei der Photodiode, durch Absorption von einzelnen Photonen von
jedem Quant ein Elektron erzeugt wird, dann kommt diese Generation von
Ladungsträgern einer Glühemission im gesperrten pn-Übergang gleich. Der
durch die Diode in Rückwärtsrichtung fließende Gleichstrom I ist dann mit
einem Schrotrauschen

$$\overline{I_s^2} = 2 e I B \tag{1.92}$$

behaftet, was ohne Herleitung angegeben sei. Die quantenhafte Natur der
Strahlung drückt sich also bei Strahlungsempfang mit Photodioden als
Schrotrauschen aus. Das Quantenrauschen in der optischen Ebene setzt sich
so als Schrotrauschen in der elektrischen Ebene fort

Diese Aussage gilt aber nur, solange wir entsprechend all unseren Überlegungen die Lichtwelle in der Intensität modulieren. Bei Amplituden- oder
Winkelmodulation der Lichtwelle wirkt sich das Quantenrauschen wegen der
anderen Art der Detektion (Überlagerungsempfang mit Lokaloszillator z.B.)
dann ganz anders aus. Gleichung (1.92) für das Schrotrauschen gilt im
übrigen nur, solange die Laufzeit T_r der Ladungsträger gegenüber der Anstiegszeit der Lichtimpulse oder der Systemanstiegszeit keine Rolle spielt.
Sonst ergibt sich ein Rauschspektrum mit einem Abfall zu höheren Frequenzen hin.

Zum Schrotrauschen trägt nun nicht nur der u.U. multiplizierte Photostrom
bei, sondern auch der Dunkelstrom I_D und ggf. Streulicht, das wir vernachlässigen wollen. Das Schrotrauschen führt dann nach (1.92) zu einem quadratischen Mittelwert des Rauschstromes von $\sqrt{2e(I_0+I_D)B}$, wenn mit M=1 keine Multiplikation vorliegt. Im Idealfall rauschfreier Lawinenmultiplikation erhöht sich dieser Wert um den Faktor M; im realen Fall ist aber
noch ein Zusatzrauschen zu berücksichtigen. Insgesamt lautet dann das
Rauschstromquadrat im hochfrequenten Band B_H der elektrischen Ebene

$$\overline{I_s^2} \quad = \quad 2\,e\,(\,I_0 + I_D\,)\,B_H\,M^2\,F_e(M) \quad , \tag{1.93}$$

wobei der Zusatzrauschfaktor im einfachsten Fall durch

$$F_e(M) \quad = \quad k\,M \quad + \quad (\,2 - \frac{1}{M}\,)\,(\,1 - k\,) \tag{1.94}$$

mit

$$k \quad = \quad \alpha_L\,/\,\alpha_E \tag{1.95}$$

als Verhältnis der Ionisierungsraten von Löchern zu der von Elektronen ge-
gegeben ist. Gleichung (1.94) gilt aber nur, wenn die Ionisierungsraten,
wie z.B. bei Silizium, entsprechend k << 1 stark voneinander abweichen,
und wenn man wie in Bild 29 tatsächlich von der p-Seite her einstrahlt,
so daß Elektronen in die Sperrschicht injiziert werden. Bei Löcherin -
jektion müßte das Material $k' = \alpha_E/\alpha_L$ << 1 erfüllen; in diesem selten auftretenden Fall gilt (1.95) wieder mit der Substitution $k \rightarrow k'$. Bei Elektroneninjektion läuft nun in Bild 29 die Lawine im wesentlichen vor, und
nur wenige zurücklaufende Löcher ionisieren. Statistische Schwankungen
treten bei gleicher Gesamtmultiplikation hier viel weniger auf als bei

einem Material mit k = 1, bei dem beide Ladungsträger gleich stark ionisieren. Dann läuft nicht nur eine Elektronenlawine vor, sondern auch eine
merkliche Löcherlawine zurück, die auch wieder Elektronen vorlaufen läßt.
Statistisch verläuft dieser Prozeß einmal viel ungeordneter und gleichzeitig auch langsamer. Bei kleinem k erhält man daher eine rauscharme Verstärkung mit kurzer Ansprechzeit. Dazu ist ganz allgemein mit der stärker
ionisierenden Trägersorte zu injizieren, bei Silizium mit Elektronen.
Für Silizium ist k = 0,01 - 0,05, bei Ge dagegen k = 0,5, so daß diese
Diode immer großes Zusatzrauschen und größere Anstiegszeiten aufweist als
eine vergleichbare Si-Diode.

Neben diesen Rauscheffekten ist an sich noch die spontane Emission zu nennen. Für Intensitätsmodulation der Lichtwelle spielt aber die regellose
Phase der spontan emittierten Photonen bei der Generation von Ladungsträ -
gern keine Rolle. Die spontane Emission wirkt sich aber indirekt bei der
Lichterzeugung auf die Rauscheigenschaften des Lasers aus und beeinflußt
diese nach Kap. 1.2.12 oft günstig.

Bei dem Anschluß der Photodiode an einen Verstärker trägt nun neben obigen
Rauscheffekten auch dessen Rauschen zum Gesamtrauschen bei. Dabei spielt
die Dioden- und Verstärkerkapazität eine entscheidende Rolle, wie wir
noch sehen werden. All diese im Bild 30
noch einmal schematisch dargestellten
Rauscheinflüsse sollen erst im Kap. 2.3
zusammengefaßt werden.

Neben den Rauscheigenschaften interessiert auch das Verhalten bezüglich
schneller Signalschwankungen und bei
großer Aussteuerung. Diese Fragen
sind Gegenstand der folgenden Abschnit-
te.

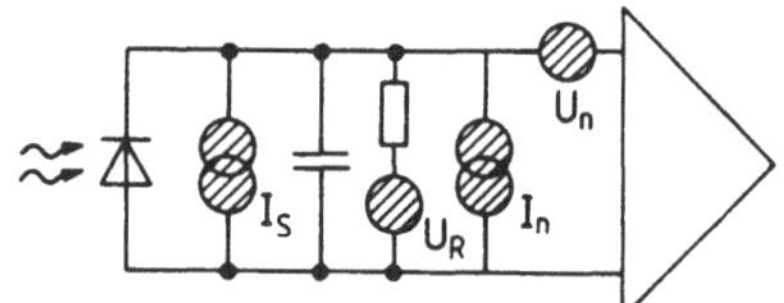

Bild 30 Rauschen bei Vorverstärker
U_n, I_n: Verstärkerrauschquellen
I_s: Schrot- und Multiplikationsrauschen
U_R: Wärmerauschen

1.3.3 Frequenzgang

Die Ansprechzeit von Photodioden hängt im wesentlichen von drei Faktoren
ab. Einmal begrenzt die Sperrschichtkapazität C in Verbindung mit der jeweiligen Eingangskapazität des Verstärkers und dem Lastwiderstand R_L ent-

sprechend der Zeitkonstanten $R_L C_{ges}$ die Impulsanstiegszeit. Die Sperrschichtkapazität liegt bei hinreichend hoher Sperrspannung (> 50 V) und
Diodenflächen mit 100 - 300 μm im Durchmesser im Bereich um 1 pF. Selbst
bei kapazitätsfreiem Verstärker muß man immer noch mit einer Grenzfrequenz

$$f_{RC} \quad = \quad 1 \; / \; 2\pi \; R_L C \tag{1.96}$$

rechnen, woraus sich mit R_L = 500 - 50 Ω und C = 1 pF ein Wert f_{RC} = 0,3
bis 3 GHz errechnet.

Die beiden anderen bandbegrenzenden Einflüsse beruhen auf Laufzeit- und
Diffusionseffekten, die aber nur zu verstehen sind, wenn die Entstehung
der Ladungsträger etwas genauer untersucht wird.

Bei Beleuchtung entstehen in Bild 29 die Ladungsträger im p- und n-Gebiet
sowie in der Sperrschicht. Im p-Gebiet z.B. können die Minoritätselektronen dann im Dichtegradienten zur Sperrschichtgrenze diffundieren, wo sie
im starken elektrischen Feld dann enorm beschleunigt werden. Diese La-
dungsträgerdiffusion ist im p- und ebenso im n-Gebiet sehr träge und führt
bei Photodioden oft zu einem Impulsnachläufer. Die Fläche dieses Nachläu-
fers wird umso kleiner, je weniger Ladungsträger anteilig im p- oder n -
gebiet,verglichen mit der Generation in der Sperrschicht,erzeugt werden.
Bei Beleuchtung von der p-Seite spielt hauptsächlich die Elektronendiffu-
sion im p-Gebiet eine Rolle, denn bis zum n-Gebiet ist die Lichtintensität schon stark abgefallen, so daß dort weniger Ladungsträger entstehen.
Mit W_p als Dicke der p- Diffusionszone und D_n als Diffusionskonstante der
dort diffundierenden Elektronen ergibt sich allein aufgrund dieses Effek-
tes eine Grenzfrequenz

$$f_{Diff.} = \quad \frac{\pi^2}{24} \; \frac{D_n}{W_p^2} \quad . \tag{1.97}$$

In der Praxis wählt man daher für steile Impulsrückflanken ein möglichst
dünnes p-Gebiet mit einer Dicke $W_p \simeq 1$ μm.

Schließlich spielt auch die Laufzeit t_d der Ladungsträger durch die Sperrschicht eine Rolle. Betrachtet man Elektronen bzw. Löcher, die unmittelbar

an der Sperrschichtgrenze entstanden sind und kaum durch Diffusion verzö-
gert wurden, dann induziert ein Elektron bzw. Loch im äußeren Kreis einen
Rechteckimpuls der Fläche q = e und der Breite t_d, so daß die Rückflanke
eines jeden Stromimpulses erst nach der Zeit t_d erscheint, wobei t_d die
Gesamtlaufzeit durch die Sperrschicht ist. Wegen der voneinander abwei-
chenden Sättigungsdriftgeschwindigkeiten für Elektronen und Löcher (bei
Elektronen größer) erhält man für beide Trägersorten unterschiedliche
Laufzeiten t_d. Wenn nun die Lichtintensität zunächst sehr langsam schwankt
und wir der Einfachheit halber nur einmal von driftenden Elektronen ausgehen, dann wird der erzeugte Wechselstrom direkt das Abbild der Lichtschwankungen sein. Ändert sich nun die Lichtintensität abrupt, dann klingt
erst nach der Zeit t_d der Photostrom ab, wobei t_d nun die Elektronenlauf-
zeit sein soll. Bei sin-förmiger Modulation entstehen so bei hohen Frequenzen ω der Intensitätsschwankungen eine Schwächung und Phasenverzöge -
rung des Wechselstromes entsprechend dem Übertragungsfaktor $(1-e^{-j\omega t_d})$ /
$j\omega t_d$. Der Betrag dieser bei derartigen Laufzeitverzögerungen immer ent-
stehenden Übertragungsfunktion ist der Spaltfaktor $(\sin\omega t_d/2)/(\omega t_d/2)$. Für
die Löcher und Elektronen aus dem p- und n-Gebiet in Bild 29 gilt wegen
der unterschiedlichen Laufzeiten ein anderer Übertragungsfaktor. Hinzu
kommt, daß u.U. nicht alle Ladungsträger die Sättigungsdriftgeschwindigkeit erreichen. Die meisten Paare entstehen aber in Bild 29 bei x=0, so
daß tatsächlich die Driftgeschwindigkeit der Elektronen die größte Rolle
spielt. Wir berücksichtigen daher nur diesen Spaltfaktor und stellen deren Laufzeit

$$t_d \quad = \quad d_D / v_s \tag{1.98}$$

mit d_D als Weite der Driftzone und v_s als Sättigungsdriftgeschwindigkeit
der Elektronen in Rechnung. Der Spaltfaktor ist dann gerade bei $\omega_{Dr} t_d/2$ =
1,4 auf $1/\sqrt{2}$ abgefallen, so daß sich mit (1.98) eine Grenzfrequenz durch
Ladungsträgerdriftverzögerung in der Sperrschicht von

$$f_{Dr} \quad = \quad 0{,}445 \; v_s \; / \; d_D \tag{1.99}$$

ergibt. Mit $v_s = 10^7$ cm/s für Silizium und d_D = 15 - 25 µm wird f_{Dr} = 1,8
bis 3 GHz.

Diese begrenzenden Effekte durch die Diodenkapazität, sowie Drift- und
Diffusionseinflüsse kommen sowohl bei Lawinenphotodioden als auch

bei den nicht verstärkenden PIN-Dioden vor, bei denen in Bild 29 anstelle
einer Sperrschicht eine i-Zone angeordnet ist, wodurch sich an den obigen
Mechanismen nichts ändert.

Bei Lawinendioden macht sich nun noch zusätzlich die Laufzeitverzögerung
der sekundär erzeugten Ladungsträger bemerkbar. Im Falle einer PIN-Diode
ist die Laufzeitverzögerung z.B. eines Elektrons immer auf t_d nach (1.98)
begrenzt. In der Lawinendiode erzeugt aber dieses driftende Elektron auf
dem gesamten Laufweg $0 < x < d_D$ in Bild 29 bis zum Zeitpunkt $t=t_d$ Sekun-
därelektronen und damit einen entgegengerichteten Löcherstrom, der über
diesen Zeitpunkt hinaus seinerseits wieder Elektronen freisetzt, die
wiederum die Strecke bis zur n-Zone überwinden müssen. Bei größerer Verstärkung M durch Multiplikation tragen die primären Ladungsträger zum
äußeren Strom schließlich immer weniger bei, so daß auch deren Verzög-
rungszeit t_d bald nicht mehr maßgebend ist. Jetzt ist die Steilheit der
Impulsflanke bei abrupter Intensitätsänderung dadurch bestimmt, wie dicht
die durch Lawinenbildung erzeugten Ladungsträger auf der Zeitachse beiein-
ander liegen. Bei größerer Verstärkung dehnt sich diese Spanne wegen der
immer wieder neu zu überwindenden Wegstrecken bzw. der endlichen Stoß -
zeit zwischen zwei Stößen. Die Streuung der Laufzeiten wird nun bei vor-
wiegend vorlaufender Lawine wegen der kurzen Wegstrecken besonders klein.
Bei kleinem Ionisierungsverhältnis k nach (1.95) und Elektroneninjektion
läuft nun nach Kap. 1.3.2 die Lawine im wesentlichen vor, und die mittlere
Weglänge bzw. die Stoßzeit τ_s ist kurz; es gilt dabei $\tau_s \sim k$, und man
findet insgesamt eine einfache Tiefpaßcharakteristik für die Frequenzabhängigkeit des Multiplikationsfaktors entsprechend

$$M(\omega) \quad = \quad \frac{M_0}{1 \; + \; j\omega(M_0-1) \; \tau_s} \quad . \tag{1.100}$$

Dabei ist M_0 der Multiplikationsfaktor bei Gleichstrom nach (1.85). Bei
PIN-Dioden mit $M_0=1$ entfällt mit M=1 die Frequenzabhängigkeit. Bei praktisch ausgeführten Lawinendioden hat man anders als in Bild 29 neben einer
schmalen Sperrschichtzone (hier $0<x<d_D$) noch eine Driftzone. Daher ist
einmal die Grenzfrequenz f_{Dr} nach (1.99) und mit $\omega_L (M_0-1)\tau_s = 1$ in (1.100)
die Grenzfrequenz durch Lawinenverzögerung

$$f_L \quad = \quad 1 \, / \, 2\pi \; (M_0-1) \; \tau_s \tag{1.101}$$

zu berücksichtigen. Das Bandbreite·Verstärkungsprodukt $f_L \cdot M_o$ beträgt für $M_o \gg 1$ bei guten Si-Dioden mit $k = 0,01$ und $\tau_s = 0,5$ ps etwa 300 GHz; bei Ge-Dioden liegt man wegen $k \approx 0,5$ und $\tau_s \sim k$ bei etwa 1/50 obigen Wertes. Gleichzeitig ist der Zusatzrauschfaktor F_e nach (1.94) viel größer.

1.3.4 Linearität

Neben den linearen Signalverzerrungen interessieren auch immer die nicht-linearen Verzerrungen, die sich nicht wie die linearen Signalverzerrungen durch Filter beseitigen lassen. Hier ergeben sich aber nun in der Praxis kaum Schwierigkeiten, wenn nicht mit zu hoher optischer Leistung einge-strahlt wird (mW - Bereich). Normalerweise kann dieser Fall überhaupt nur bei einem Empfänger entstehen, der für einen großen Dynamikbereich ausgelegt ist. Bei Übertragung über sehr kurze Entfernungen tritt bei La-sersystemen dieser Fall aber gelegentlich auf.

Während bei PIN-Dioden selbst bei etwa 1 mW Leistungseinstrahlung noch keine überhaupt nennenswerte Abweichung von der Licht-Strom-Kennlinie nach (1.81) auftritt, kann bei Lawinendioden die Verstärkung abschwächen, und zwar signalabhängig. Dabei gilt zwar nach wie vor die lineare Kennlinie (1.81) für den nicht multiplizierten Photostrom I_o, nur ergibt sich nach Bild 31 mit zunehmendem Photostrom $I_{ph} = M_o I_o$ an der APD eine Gleich-spannung U, die um den Spannungsab-fall $I_{ph}R_B$ am Vorwiderstand R_B re-duziert ist. Der Einfachheit halber nehmen wir jetzt nur Gleichlichtein-strahlung an. Mit $U = U_o - I_{ph}R_B$ und $I_{ph} = M_o I_o$ lautet der Multiplika-tionsfaktor im Gleichstromfall nach (1.85) dann

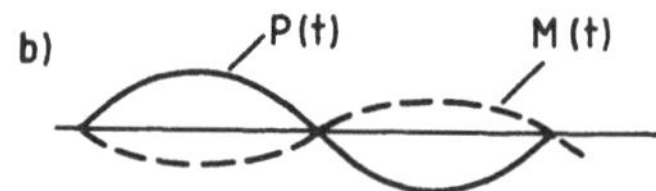

Bild 31 Vorspannung bei Photodiode (a) und dynamische Eigenschaften des Multiplikations-faktors bei Sättigung (b)

$$M_o = \frac{1}{1 - \left[\dfrac{U_o - M_o I_o R_B}{U_B}\right]^r}$$

$$(1.102)$$

56

Für einen Klammerausdruck nahe bei eins, d.h. APD-Betrieb, kann man den
Nenner entwickeln und erhält eine quadratische Gleichung für M_O. Unter der
Voraussetzung $I_O R_B/(U_B-U_O) \gg 1$ lautet dann der Multiplikationsfaktor
$M_O = (U_B/r I_O R_B)^{1/2}$ und der Photostrom nach Multiplikation

$$I_{ph} = M_O (I_O) \cdot I_O = \sqrt{\frac{U_B}{r \, R_B}} \, I_O \quad . \qquad (1.102)$$

Bei sehr hoher Lichtleistung mit großem Strom I_O nimmt der Multiplika -
tionsfaktor entsprechend $M_O \sim 1/\sqrt{I_O}$ ab und der multiplizierte Photostrom
I_{ph} nur noch $\sim \sqrt{I_O}$ bzw. $\sim \sqrt{P_O}$ zu. Der Grund liegt einfach darin, daß in
Bild 31 mit zunehmender optischer Leistung P_O der Strom I_{ph} einen immer
höheren Spannungsabfall an R_B erzeugt und der Lawinendiode gegenüber der
ursprünglichen Vorspannung $U=U_O$ bei noch schwacher Einstrahlung immer mehr
Vorspannung entzieht, so daß die Multiplikation schwächer wird.

Überlagert man nun dieser Gleichleistung P_O einen Wechselanteil, dann erhält auch der Photostrom eine Wechselkomponente, die bei einem niederohmigen Verstärker am Verstärkereingang eine Wechselspannungskomponente
hervorruft, die den Multiplikationsfaktor zeitabhängig werden läßt. Nach
Bild 31 b schwingt dann M(t) gerade gegenphasig zu P(t), denn mit wachsender Leistung nimmt M ab und umgekehrt. Die dann auftretenden Verzerrungen
wollen wir aber nicht berechnen, denn Lawinendioden nimmt man in der
Praxis aus später zu diskutierenden Gründen hauptsächlich bei Pulsmodulation. In diesem Fall stören selbst starke Verzerrungen kaum. Bei hoher
optischer Leistung ist ohnehin die Multiplikation überflüssig und, wie wir
noch sehen werden, vom Standpunkt des Rauschens auch nachteilig. Dann
nimmt man immer PIN-Dioden,die keine Linearitätsprobleme aufwerfen.

Zusammenfassend kann man feststellen, daß sich PIN- und Lawinen- Photodioden dazu eignen, Lichtschwankungen bis in den GHz-Bereich mit der jeweils
erforderlichen Linearität in entsprechende Stromschwankungen umzusetzen.

Im folgenden Abschnitt sollen nun die Ausführungsformen zur Sprache kom -
men.

1.3.5 Ausführungsformen

Je nach Wellenlängenbereich hat man nun das Photodiodenmaterial so aus-
zuwählen, daß die Absorptionskante oberhalb der Betriebswellenlänge liegt.
Silizium eignet sich wegen des kleinen Ionisierungsverhältnisses k und
des geringen Dunkelstromes vom Material her sehr gut und findet für Anwendungen im Bereich der Wellenlänge von AlGaAs-Lasern überall Anwendung.
Germanium zeigt demgegenüber weniger gute Eigenschaften. Die Dunkelströme
liegen um den Faktor 100 und mehr höher als die von Silizium; auch das
um bis zu 50 mal höhere Ionisierungsverhältnis k nach (1.95) erhöht das
Zusatzrauschen und verringert das Verstärkungs-Bandbreite-Produkt entsprechend. Viel günstigere Eigenschaften weisen $Ga_x In_{1-x} As$- Verbindungen
auf, deren Bandabstand mit 1-y=0 % Phosphoranteil qualitativ Bild 4 b entnommen werden kann. Bei Detektion im Bereich λ_0 = 1,3 µm wählt man z.B.
x = 0,6 , für größere Wellenlängen λ_0 = 1,5 - 1,6 µm dagegen nur x ≈ 0,47,
da der Bandabstand kleiner sein muß. Für Gitteranpassung an das Substrat
besteht dabei ein fester Zusammenhang y(x).

Bei PIN-Dioden spielt nun das Ionisierungsverhältnis k keine Rolle;
dann kommt es hauptsächlich auf den
Dunkelstrom I_D an, der für diese Verbindungen ähnlich wie bei Silizium
bei nicht zu großer Sperrspannung im
Bereich um 1 nA liegen kann. Der
minimale Dunkelstrom = Rückwärtsstrom
hängt mit n_i als Eigenleitungsdichte
entsprechend $I_D \sim n_i^2 \sim \exp(-W_{LV}/KT)$
vom Bandabstand des gewählten Mate-
rials und der Temperatur ab. Bild 32

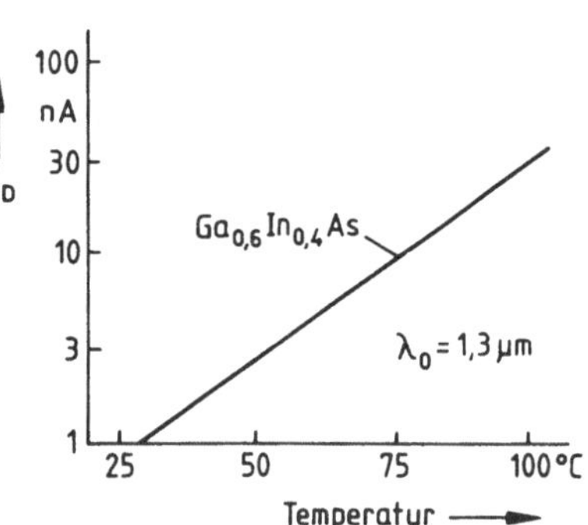

Bild 32 Gemessener Dunkelstrom bei PIN-
Photodiode

zeigt einen typischen Verlauf des Dunkelstromes als Funktion der Temperatur. Für kleines Schrotrauschen des Dunkelstromes ist in (1.93) für kleine Ströme I_D zu sorgen. Wegen des geringen Bandabstandes bei Silizium erreicht man dort mit die günstigsten Werte.

Bild 33 a zeigt eine PIN-Diode, wie man sie in Si-Technologie herstellt.
Das Licht strahlt von der p^+-Seite reflexionsarm ein und erzeugt in der
p^+ und in der relativ weiten i-Zone Ladungsträger. Für Empfang langwel-

ligen Lichtes hat man Strukturen nach
Bild 33 b,c gebaut. Die Anpaßschicht
im Bild 33 b sorgt für eine Anpassung
der Gitterkonstanten des GaAs-Substra-
tes und der GaInAs-Schicht. Man er -
reicht bei Si- und InGaAs-Dioden ab
ca 20 V Vorspannung je nach Dioden-
fläche eine Kapazität bis unter 0,2 pF
und ohne Vergütung bei InGaAs-Dioden
Quantenwirkungsgrade über 60 %. Bei den
ausgereifteren Si-Dioden erzielt man im
Bereich um λ_0 = 0,85 µm mit η_p=80-90 %
noch bessere Werte.

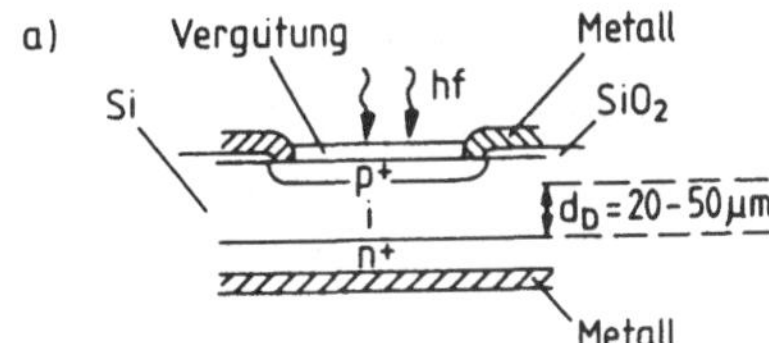

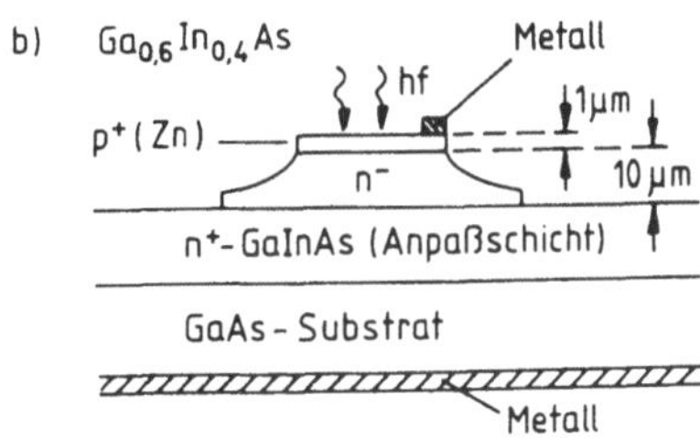

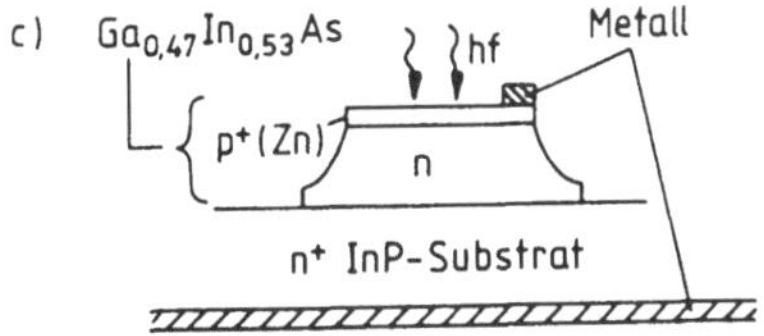

Bild 33
PIN-Photodioden aus
a) Si für λ_0 = 0,85 µm (mit Vergügung)
b) GaInAs für λ_0 = 1,3 µm
c) GaInAs für λ_0 = 1,5 − 1,6 µm

Für Si-Lawinenphotodioden hat sich die reach-through-Struktur nach Bild 34
bewährt. Bei kleiner Sperrspannung U fällt in Bild 34 a in der $p^+\pi pn^+$ -
Struktur die Spannung zunächst nur über dem pn^+-Übergang ab. Wegen der

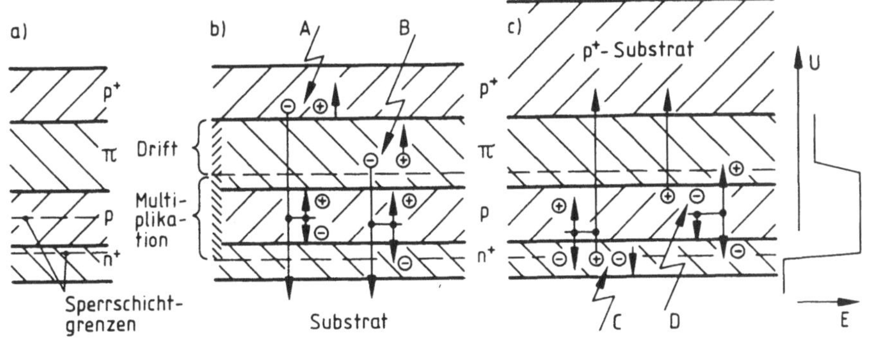

Bild 34 Reach-Through-Struktur bei Lawinenphotodiode mit
a) geringer Vorspannung
b) Elektroneninjektion bei Beleuchtung von der p⁺-Seite
c) gemischter Injektion bei Beleuchtung von der n⁺-Seite

hohen Dotierung des n-Gebietes weitet sich aber bei Erhöhung der Spannung
die Sperrschicht hauptsächlich in die p-Zone aus und reicht ab Spannungen
von etwa   U = 5 ..10 V bis zur π-Zone durch (reach through). Bei typischen Sperrspannungen von 150 - 200 V fällt dann genug Spannung über der
sehr weiten π-Zone ab, so daß sich der eingezeichnete Feldstärkeverlauf
mit einem schmalen Multiplikationsgebiet und einer sehr weiten Driftzone
mit hinreichender Feldstärke zur Erreichung der Sättigungsdriftgeschwindigkeit ergibt. Bei Einstrahlung von der p^+-Seite entstehen im Bild 34 b
Trägerpaare hauptsächlich im p^+-und π-Gebiet (A,B). Wegen der dicken π -
Zone sind bis zur Multiplikationszone praktisch alle Photonen absorbiert.
Die primär erzeugten Löcher laufen dann zur p^+-Zone zurück, während die
Elektronen zur Multiplikationszone driften und in diese injiziert werden.
Man injiziert also nur eine Sorte von Ladungsträgern, und zwar die sich
wegen $\alpha_E \gg \alpha_L$ schnell vermehrenden Elektronen. Für diesen günstigen Fall
gilt (1.94) für das Zusatzrauschen. Mit k = 0,01 erreicht man bei großer
Verstärkung M einen Zusatzrauschfaktor $F_e \approx 2 + M_0/100$, bei $M_0 = 50 - 100$
also Werte im Bereich F_e = 2,5 bis 4. Obwohl die Anordnung nach Bild 34 b
mit Einstrahlung von der p^+-Seite an sich nahezu ideale Verhältnisse bie-
tet, strahlt man oft auch von der n^+-Seite ein und baut die Struktur in-
vers auf. Dann hat man die Möglichkeit, auf p^+-Substrat die π-p-n^+-Schich-
ten aufzuwachsen. Im Bild 34 b eignet sich nämlich die p^+-Schicht weniger
gut als Substrat, weil diese Schicht für geringe Absorption dünn sein
muß. Anderenfalls erhielte man einen hohen Anteil langsam diffundierender
Ladungsträger aus der p^+-Schicht.

Im Bild 34 c mit grundsätzlich gleicher Struktur wie Bild b erzeugt das
bis zum Rand der Sperrschicht eingedrungene Photon D ein Elektron - Loch-
Paar und injiziert so wieder ein Elektron in die Multiplikationszone,
während das Loch durch die π-Zone wegdriftet. Gleichzeitig werden aber,an-
ders als im Bild b,auch Löcher in die Verstärkungszone injiziert, wenn
nämlich ein Photon C schon in der n^+-Schicht für primäre Paarbildung sorgt.
Bei dieser gemischten Injektion sind die Verhältnisse im Prinzip weniger
günstig als im Bild 34 b. Dann gilt auch nicht mehr die einfache Gleichung
(1.94) für den Zusatzrauschfaktor. Letztlich erreicht man in der Praxis
durch spezielle Maßnahmen aber nur wenig größere Werte für F_e. Die technische Ausführung nach Bild 35 zeigt als Besonderheit noch einen n-dotier-
ten Schutzring, der Feldstärkedurchbrüche verhindert und Feldplatten, die

den Dunkelstrom zum Teil ableiten.

Bei InGaAsP- APD für λ_0 = 1,3 -
1,6 µm Wellenlänge kann man die
Multiplikation nicht in diesem
Material vornehmen, da oft Mikro-
plasmen und Tunneleffekte zu einem
vorzeitigen, weichen Durchbruch mit
sehr großen Dunkelströmen führen.
Deshalb vervielfacht man die Ladungsträger in einem separaten
InP-pn-Übergang, der diese Eigenschaft nicht aufweist. Bild 36
zeigt eine solche Heterostruktur,
bei der das einfallende Licht
(λ_0 = 1,5 - 1,65 µm) zunächst im
InGaAs die Ladungsträger erzeugt.
Durch Zn-Diffusion bis in das n-InP
invertiert man eine schmale Zone
auf p-InP und erzeugt damit einen
pn-Übergang, in dem die Ladungsträger vervielfacht werden. Bei etwa
1 nA Dunkelstrom erreicht man so
Verstärkungen M = 500 - 1000.

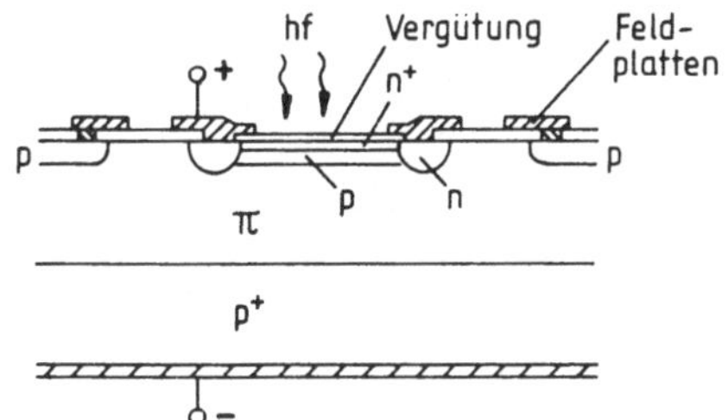

Bild 35 Si-Lawinen-reach-through-Photodiode
mit Einstrahlung von der n^+-Seite nach Bild 34c)

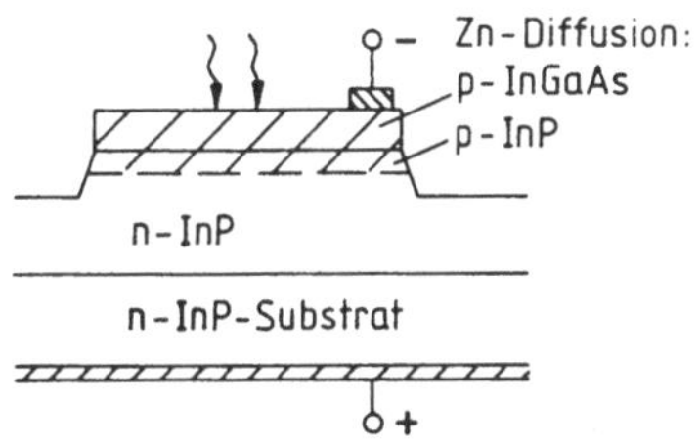

Bild 36 Hetero- $In_{0,53}Ga_{0,47}P - InP$ Lawinenphotodiode für λ_0 = 1,5 − 1,65 µm

1.4 Lichtwellenleiter

1.4.1 Funktionsweise und Aufbau von Lichtwellenleitern

Zur Verbindung von Lichtquelle und Lichtempfänger benutzt man dielektrische Wellenleiter aus Quarz oder Quarzglas. Bei diesen Lichtwellenleitern (Glasfasern) wird nach Bild 37 a das Licht im Prinzip durch Totalreflexion völlig verlustfrei zum Empfänger geleitet. Mit $\varepsilon_{r1,2}$ als Dielektrizitätszahlen des Kern- und Mantelstoffes bei der betrachteten Lichtfrequenz und

$$n_{1,2} = \sqrt{\varepsilon_{r1,2}} \qquad\qquad (1.103)$$

als jeweilige Brechzahl werden die Lichtstrahlen bis zum Grenzwinkel θ_c der Totalreflexion vollständig reflektiert.

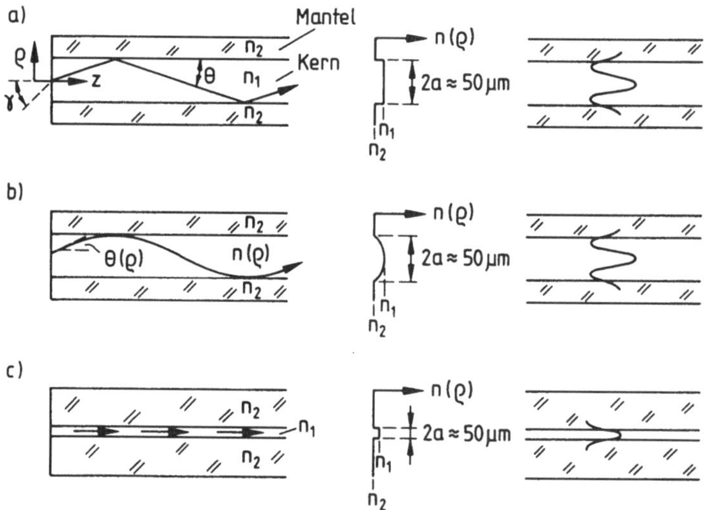

Bild 37 Wellenausbreitung, Brechzahlprofil und Beispiel für transversales Feld bei
a) vielwelliger Stufenprofilfaser   b) vielwelliger Gradientenfaser   c) einwelliger Stufenprofilfaser

Dieser Winkel $\theta_1 = \theta_c$ folgt aus dem Brechungsgesetz von Snellius, das in Bild 38 a entsprechend

$$n_1 \cos \theta_1 = n_2 \cos \theta_2 \qquad\qquad (1.104)$$

die Brechung an einer Grenzschicht beschreibt. Bei $n_1 > n_2$ ergibt sich aus (1.104) für

$$\theta_1 = \theta_c = \text{arc} \cos(n_2/n_1) \tag{1.105}$$

ein gebrochener Strahl mit $\theta_2 = 0$. Für $0 < \theta_1 < \theta_c$ wird die Welle total reflektiert. Bei einem relativen Brechzahlunterschied

$$\Delta_n = \frac{n_1 - n_2}{n_1} \tag{1.106}$$

von typischerweise $\Delta_n = 1\ \%$ breiten sich die Strahlen mit $\Delta_n \ll 1$ nach (1.105) und (1.106) nur bis

$$\sin \theta_c \approx \theta_c \approx \sqrt{2\,\Delta_n} \tag{1.107}$$

aus, woraus sich für obiges Δ_n ein Winkel von $\theta_c = 5,7^{\,\circ}$ errechnet.

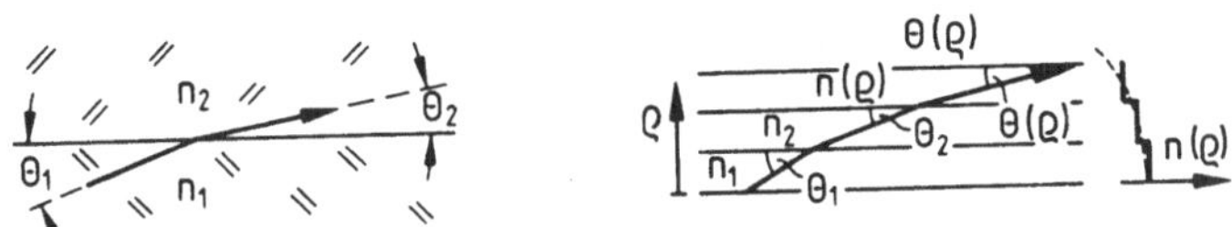

Bild 38 a) Brechungsgesetz von Snellius   b) gekrümmter Strahlverlauf bei Gradientenfaser durch kontinuierliche Brechung

Wendet man das Brechungsgesetz (1.104) in Bild 37 a auf den Glas-Luft-Übergang an der Faserstirnfläche an, erhält man wegen der anders gezählten Winkel mit $\cos \to \sin$ und (1.105) sofort den maximalen Auffangwinkel γ_c außerhalb der Faser aus

$$NA = \sin \gamma_c = \sqrt{n_1^2 - n_2^2} \approx n_1 \sqrt{2\Delta_n} \ . \tag{1.108}$$

Die durch $\sin \gamma_c$ definierte numerische Apertur ist also ein Maß für den Auffangwinkel γ_c der Faser und stellt eine wichtige Kenngröße dar. Für geringe Koppelverluste an die Lichtquelle soll NA möglichst groß sein; die Verluste für Ankopplung an LED wurden schon in (1.15) angegeben. Technologisch erreicht man Werte NA = 0,1 bis 0,35. Wie wir noch sehen werden, nehmen die Verzerrungen in der Faser mit steigender NA allerdings zu. Für Zahlenrechnungen gilt im übrigen stets $n \approx n_1 \approx n_2 \approx 1,5$.

Bild 37 b zeigt eine Faser mit graduellem Abfall des Brechzahlverlaufes
von n_1 auf der Faserachse auf n_2 an der Kern-Mantel-Grenzschicht. Im Gegensatz zur Stufenprofilfaser,bei der sich die Brechzahländerung und entsprechend die Strahlumkehr auf die Stelle an der Kern-Mantel-Grenzschicht
konzentriert, ist nun bei der Gradientenfaser der Brechzahlabfall von n_1
auf n_2 kontinuierlich über den Kernbereich verteilt. Damit verteilt sich
auch die Strahlumkehr über diesen Bereich, und wir erhalten einen geschwungenen Strahlverlauf. Dies erkennt man anhand von Bild 38 b, bei dem
der Verlauf $n(\rho)$ durch einen Schichtenfolge n_1, n_2 ... ersetzt wurde. Nach
dem Brechungsgesetz von Snellius ist

$$n_1 \cos \theta_1 \;=\; n_2 \cos \theta_2 \;=\; \dots \;=\; n(\rho) \cos \theta(\rho) \; . \qquad (1.109)$$

Aus dieser Gleichung kann man für infinitesimale Abstufung einen geschwungenen Bahnverlauf errechnen, der für vorgegebenen Startwinkel θ_1 und vorgegebenes Profil $n(\rho)$ festgelegt ist. Man erkennt im übrigen, daß aus der
Bedingung $\theta(\rho=a) = 0$, also der Bedingung für Strahlumkehr an der Kern-Mantel-Grenzschicht, wieder ein maximaler Winkel θ_c folgt, unter dem der
Strahl höchstens starten darf. Mit n_1 als Brechzahl und $\theta_1 = \theta_c$ als Winkel bei $\rho = 0$ und $n(\rho=a) = n_2$ sowie $\theta(\rho=a) = 0$ folgt aus (1.109) wieder
die Beziehung (1.107). Für Strahlumkehr bei $\rho=a$ ist also nur der relative
Brechzahlunterschied maßgebend und nicht der Brechzahlverlauf selbst. Dies
drückt auch das Brechungsgesetz (1.109) aus.

Bei Stufenprofilfasern ist wegen des homogenen Kerns der geometrische Umweg der verschiedenen Lichtstrahlen untereinander direkt ein Maß dafür,
wie weit die von diesen Strahlen getragene Leistung entlang der Faser
zeitlich auseinander läuft. Bei Gradientenfasern durchlaufen dagegen
Strahlen mit großem Startwinkel θ_1 zur Achse die äußeren Bereiche geringerer Brechzahl, wenn wir uns hierbei auf Strahlen durch die Achse beschränken. Obwohl diese Strahlen einen geometrischen Umweg erfahren, können sie
durch die kleinere Brechzahl im Außenbereich letztlich sogar schneller
sein als der Bezugsstrahl entlang der Achse. Durch geeignete Profilgebung kann man dann die Flugzeiten aller Strahlen nahezu aneinander an -
gleichen und erreicht so ganz geringe Laufzeitunterschiede zwischen den
Strahlen oder Wellen. Bei extrem genauer Einstellung des Profil reduziert
man in der Praxis diese Streuungen um beinahe drei Größenordnungen!

Diese Laufzeitstreuung zwischen den Wellen fällt ganz weg, wenn nach
Bild 37 c der Kerndurchmesser 2a in die Größenordnung der Lichtwellenlän-
ge kommt. Bei den vielwelligen Fasern nach Bild 37 a,b konnten sich noch
Lichtstrahlen unter verschiedenen Winkeln ausbreiten; im wellenoptischen
Bild ergeben sich so bei $\lambda_0 \ll 2a$ in transversaler Richtung viele Möglichkeiten für stehende Wellen. Bei kleinem Kerndurchmesser kann sich im
Bild c in radialer Richtung aber schließlich nur noch ein Schwingungsbauch
ausbilden, und die Faser führt nur noch die sogenannte Grundwelle.
Je höher die Frequenz und um so kürzer dann die Wellenlänge ist, um so besser paßt diese stehende Welle in den Kern. Ebenso wie bei dem Führungsfaktor Γ nach Bild 14 spielt hier für das Führungsvermögen neben der Frequenz oder Wellenlänge im Verhältnis zum Durchmesser 2a auch der relative
Brechzahlunterschied Δ_n eine Rolle, der wegen (1.108) auch durch die NA
ausgedrückt werden kann. Ein wichtiger Betriebsparameter ist daher die
normierte Frequenz

$$V = 2 \pi \, NA \, a / \lambda_0 \tag{1.110}$$

mit

$$NA = \sqrt{n_1^2 - n_2^2} = n_1 \sqrt{2 \Delta_n} \quad , \tag{1.111}$$

die in universeller Form diese Größen zusammenfaßt.

Man kann nun zeigen, daß eine Stufenprofilfaser im Bereich $V < 2,405$ einwellig ist. Bei einer typischen numerischen Apertur $NA = 0,2$ wird bei $\lambda_0 =$
$0,85 \, \mu m$ die Faser für $2a < 3,25 \, \mu m$ und bei $\lambda_0 = 1,55 \, \mu m$ für $2a < 5,9 \, \mu m$
einwellig. In Fasern mit nur einer Welle entstehen nur noch insofern Laufzeitunterschiede, als die verschiedenen Spektralkomponenten des von der
Lichtquelle abgestrahlten Lichtes auch etwas unterschiedlich schnell laufen. Mit diesen Fragen beschäftigen wir uns dann im Kap. 1.4.2. Zur Orientierung soll allerdings schon vorab angegeben werden, daß die Laufzeitunterschiede bei Lichtwellenleitern im Bereich einiger ps bis ns bezogen
auf einen Kilometer Kabellänge liegen.

Bild 39 zeigt den Dämpfungsverlauf einer Quarzglasfaser, die zur Einstellung des Brechzahlprofils mit GeO_2 dotiert ist. Im Wellenlängenbereich
$0,8 - 1,6 \, \mu m$ stellt die untere erreichbare Grenze die Rayleighstreuung
dar, die ihre Ursache in der Streuung an eingefrorenen Inhomogenitäten
der amorphen Struktur des Glases hat und nicht mit irgendwelchen Verun-

reinigungseffekten zu verwechseln
ist. Diese Grenzkurve erreicht man
also bestenfalls, selbst bei absolut reinen Stoffen. Bei höheren
Wellenlängen nähert man sich zunehmend einer Resonanzabsorptions-
stelle des Materials, wodurch die
Dämpfung ansteigt. In der Praxis
spielen je nach technologischem
Aufwand, der bei der Faserherstel-
lung getrieben wird, u.U. auch
Verunreinigungen durch OH^--Ionen
eine Rolle, die eine Resonanzab-

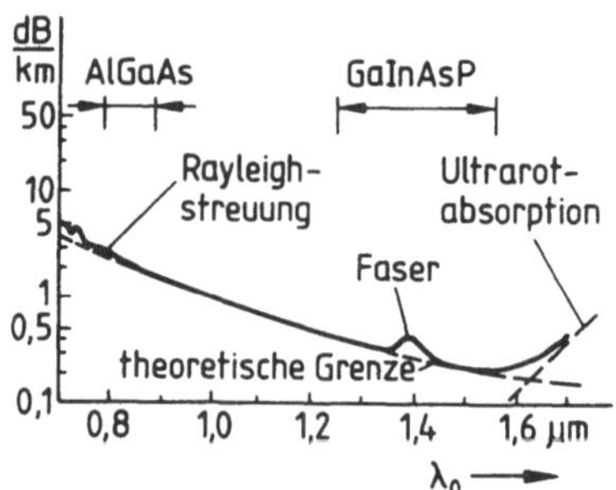

Bild 39 theoretische und gemessene Dämpfung einer GeO_2-dotierten Quarzfaser

sorption bei 2,7 µm aufweisen, von denen verschiedene Subharmonische bei
0,9 bis 0,95 µm, bei 1,25 µm und bei etwa 1,39 µm Wellenlänge auftauchen.
Von der Dämpfung her gesehen erhält man bei λ_0 = 1,55 µm mit etwa 0,2 $\frac{dB}{km}$
die günstigste Betriebswellenlänge. Bei λ_0 = 1,3 µm ergibt sich, wie wir
sehen werden, von der Laufzeitverzerrung gesehen auch eine günstige
Situation, aber auch bei λ_0 = 0,85 µm arbeitet man nicht ungünstig, weil
bereits eine ausgereifte Technologie bei den Lichtquellen und Lichtempfängern zur Verfügung steht.

Im folgenden ist nun die Wellenausbreitung und die Verzerrung von Licht-
impulsen genauer zu untersuchen. Dabei ist es zweckmäßig, zunächst einmal
die Ausbreitung ebener Wellen zu besprechen.

1.4.2 Wellenausbreitung ebener Wellen in Glas

Bei Lichtwellenleitern nimmt in der Praxis der Brechzahlverlauf her-
stellungsbedingt oft mehr oder weniger kontinuierlich ab, wobei die Abnahme wegen Δ_n << 1 gering ist. Wegen der schwachen Brechzahländerung in
radialer Richtung kann man daher die Wellenausbreitung für den gemäß $e^{j\omega t}$
eingeschwungenen Zustand durch die skalare Wellengleichung

$$\Delta \vec{\underline{E}} + \omega^2 \mu\varepsilon \vec{\underline{E}} = 0 \qquad (1.112)$$

beschreiben, wobei $\vec{\underline{E}}$ der Phasor des elektrischen Feldes ist. Dabei gilt
$\mu = \mu_0$ und $\varepsilon = \varepsilon_0 \varepsilon_r$, und Δ ist der Laplaceoperator, der in rechtwinkli-

66

gen Koordinaten durch

$$\Delta = \partial^2/\partial x^2 + \partial^2/\partial y^2 + \partial^2/\partial z^2 \qquad (1.113)$$

gegeben ist. Das elektrische Feld folgt selbst aus

$$\vec{E} = \sqrt{2} \; \text{Re} \, (\underline{\vec{E}} \, e^{j\omega t}) \qquad (1.114)$$

wobei man

$$\underline{\vec{E}}(x,y,z) = \underline{\vec{E}}_0(x,y) \, e^{-j\beta z} \qquad (1.115)$$

in einen Term mit transversaler und einen Teil mit z-Abhängigkeit aufspalten kann. Die Größe β heißt Phasenkonstante oder Ausbreitungskonstante und
ist zunächst unbekannt. Bislang ist im übrigen nicht zu erkennen bzw.
nicht festgelegt, in welcher Anordnung sich die Wellen ausbreiten sollen.
In einem unendlich ausgedehnten Medium mit ε = const. werden wir ebene
Wellen erhalten, unter Berücksichtigung der Ortsabhängigkeit der Dielektrizitätszahl $\varepsilon = n^2$ bei Glasfasern dagegen die Eigenwellen des Lichtwellen-
leiters.

Setzt man (1.115) in (1.112) ein, folgt

$$(\partial^2/\partial x^2 + \partial^2/\partial y^2) \, \underline{\vec{E}}_0 + (\omega^2\mu\varepsilon - \beta^2) \, \underline{\vec{E}}_0 = 0 \qquad (1.116)$$

Diese Dgl. für die transversale Abhängigkeit ist für rechteckige Wellenleiter günstig. Bei der zylindrischen Struktur der Glasfaser eignen sich
anstelle der rechtwinkligen Koordinaten dann besser Zylinderkoordinaten ρ,
φ,z. Dann ist die erste Klammer in (1.116) durch $\frac{1}{\rho^2} \cdot (\rho \frac{\partial}{\partial\rho} \rho \frac{\partial}{\partial\rho} + \frac{\partial^2}{\partial\varphi^2})$
zu ersetzen.

Wir wollen hier aber zunächst den Fall ebener Wellen diskutieren, die sich
in z-Richtung ausbreiten und bei denen sich das Feld in Querrichtung x,y
dann nicht ändert. In diesem Fall verschwindet in (1.116) die erste Klammer, und wir erhalten sofort die unbekannte Phasenkonstante ebener Wellen

$$\beta = \omega \sqrt{\mu\varepsilon} = k_{00} \, n \qquad (1.117)$$

mit

$$k_{00} = \omega \sqrt{\mu_0 \varepsilon_0} \qquad (1.118)$$

als Wellenzahl. Das Feld breitet sich mit $\vec{\underline{E}}_0$ = const. nach (1.115) entsprechend $\vec{\underline{E}}(z) = \vec{\underline{E}}(z=0)\, e^{-j\beta z}$ in z-Richtung aus, und βL gibt die Phasendrehung über die Länge z = L an. Ebenso wie bei einem elektrischen Vierpol berechnet sich aus der Ableitung des Phasenmaßes βL nach ω die Gruppenlaufzeit τ, die innerhalb des Emissionsspektrums benachbarte Spektralkomponenten erfahren:

$$\tau = L\, d\beta / d\omega \ . \qquad (1.119)$$

Mit $c_0 = 1/\sqrt{\mu_0 \epsilon_0}$ als Lichtgeschwindigkeit in Vakuum lautet nach (1.117) und (1.119) die Gruppenlaufzeit ebener Wellen

$$\tau_0(f) = \frac{L}{c_0}\, N\,(f) \qquad (1.120)$$

mit

$$N\,(f) = \frac{d(f \cdot n(f))}{df} \ . \qquad (1.121)$$

Wir haben hierbei berücksichtigt, daß die Brechzahl n von Glas im optischen Frequenzbereich aufgrund der frequenzabhängigen (elektronischen) Polarisierbarkeit von der Frequenz f bzw. von der Wellenlänge λ_0 abhängt. Dieser Effekt ist vom Prisma her bekannt, das die verschiedenen Spektralkomponenten von weißem Licht unterschiedlich stark bricht. Die Größe N in (1.120) heißt Gruppenindex. Man erkennt, daß die ebene Welle wegen der Frequenzabhängigkeit N(f) eine frequenzabhängige Verzögerung $\tau(f)$ erfährt. Weil Lichtimpulse auseinander laufen, spricht man von Dispersion, in diesem Fall von Materialdispersion, denn verantwortlich ist hier nur das Material mit seiner Abhängigkeit n = n(f).

Wir approximieren nun die Laufzeit $\tau(f)$ linear durch die Taylorreihe $\tau(f) - \tau(f_0) = \frac{d\tau}{df}(f - f_0)$. Innerhalb eines Spektrums $\pm \Delta f/2$ um die Mittenfrequenz f_0 entstehen dann nach (1.120) und (1.121) Laufzeitunterschiede

$$\Delta\tau_M = M\, \Delta f\, L \qquad (1.122)$$

mit

$$M = \frac{1}{c_0}\, \frac{d^2(f \cdot n)}{df^2} \ . \qquad (1.123)$$

Die Größe M ist der Materialdispersionsfaktor 1. Ordnung. Für $d\tau/df = 0$

muß wegen M=0 in (1.122) das
quadratische Glied der Taylorreihe mitgenommen werden.
Bild 40 zeigt einen typischen
Verlauf für Dotierung mit GeO_2.
Tatsächlich verschwindet bei
etwa $\lambda_0 = 1,3$ µm die Materialdispersion in 1. Näherung. Anstelle von etwa 0,3 ns/THz km
bei 0,85 µm verbleiben dann nur
Effekte im Bereich 1 ps/THz^2km,
die man mit unseren Gleichungen
aber nicht mehr erfaßt. Derart
kleine Einflüsse wollen wir hier
vernachlässigen.

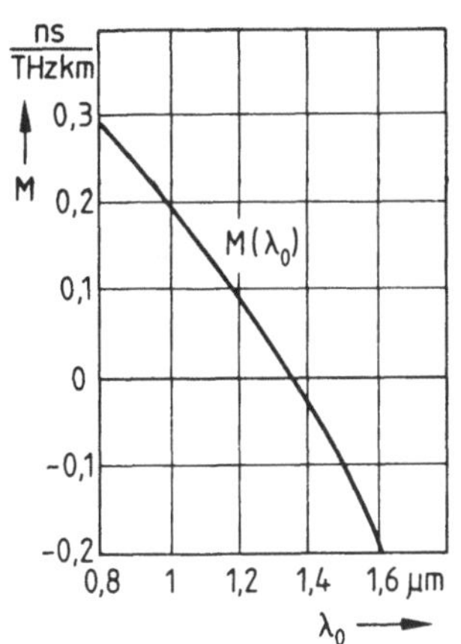

Bild 40 Materialdispersionsfaktor 1. Ordnung für GeO_2-dotiertes Quarz (typischer Verlauf)

Bei Glasfasern spielt nun in vielen Fällen die Materialdispersion eine
große Rolle. Insbesondere bei LED mit $\Delta f \approx B_e \approx 10$ THz ergeben sich bei
$\lambda_0 = 0,85$ µm mit $\Delta\tau_M/L = 0,3$ ns/km recht große Laufzeitunterschiede zwischen den Spektralkomponenten. Bei Lasern mit Verstärkungsführung ist $B_e \approx$
1 THz und bei Brechzahlführung $\lesssim 0,1$ THz. In diesen Fällen reduziert sich
$\Delta\tau_M$ auf 1/10 bzw. mindestens 1/100 obigen Wertes.

Die Übertragungseigenschaften des Kabels hängen also unmittelbar von der
Art der Lichtquelle ab. Wir werden sehen, daß nicht nur deren Emissionsbandbreite, sondern auch deren Abstrahleigenschaften Einfluß auf die Kabelübertragungseigenschaften nehmen. Dabei spielt die Geometrie und das
Brechzahlprofil des Wellenleiters eine Rolle. Mit der Dispersion des Wellenleiters wollen wir uns daher jetzt beschäftigen.

1.4.3 Wellenausbreitung in Glasfasern

Bei Glasfasern mit schwachem Brechzahlunterschied laufen die Wellen oder
Strahlen beinahe wie ebene Wellen entlang der Achse. Bei $n_1=n_2$ liegt dieser Fall exakt vor und wurde im vorigen Abschnitt diskutiert. Die Felder
der ebenen Wellen änderten sich dabei in Querrichtung nicht, und die Phasenfronten der Wellen standen senkrecht auf der z-Ausbreitungsrichtung.

Bei Glasfasern mit $n_1 \gtrless n_2$ ändert sich in der Faser das Feld nun in Querrichtung; dies berücksichtigt die erste Klammer in (1.116), die jetzt nicht mehr verschwindet. Damit gilt für $\beta(\omega)$ nicht mehr die einfache Beziehung (1.117), sondern ein im allgemeinen sehr komplizierter Zusammenhang, für den sich in aller Regel nicht einmal ein geschlossener Ausdruck finden läßt. Zur Berechnung ist dabei immer der Verlauf $\varepsilon(\rho)$ für (1.116) vorzugeben, also das Brechzahlprofil.

Bei der Lösung des Problems kann man sich nun zunutze machen, daß die Wellen in der Glasfaser ähnlich wie ebene Wellen im gesamten Querschnitt einheitliche Orientierung aufweisen. Für $n_1=n_2$ gilt dies exakt, für $n_1 \gtrsim n_2$ stellt diese Annahme wegen $\Delta_n \approx 1\,\%$ eine sehr gute Näherung dar. Diese Wellen nennt man daher EP-oder LP-Wellen (einheitlich oder linear polarisiert). Nimmt man an, daß die Wellen $\underline{E}_x$ - Polarisation aufweisen, gilt für diese Komponente die Wellengleichung (1.116), wobei allerdings die erste Klammer in Zylinderkoordinaten zu schreiben ist. Wir wollen für die Stufenprofilfaser gleich die Lösung

$$\underline{E}_{ox}^{(1)} = \underline{A}_1 \ J_\ell(U\rho/a) \begin{cases} \cos \ell\varphi \\ \sin \ell\varphi \end{cases} \qquad (1.124)$$

für den Kernbereich und

$$\underline{E}_{ox}^{(2)} = \underline{A}_2 \ K_\ell(W\rho/a) \begin{cases} \cos \ell\varphi \\ \sin \ell\varphi \end{cases} \qquad (1.125)$$

für den Mantelbereich angeben. Hier bedeuten J_ℓ und K_ℓ die Bessel- bzw. modifizierte Hankelfunktion ℓ-ter Ordnung. Die unbekannten Parameter U und W hängen dabei mit der normierten Frequenz V nach (1.110) über

$$V^2 = U^2 + W^2 \qquad (1.126)$$

zusammen. Mit der Definition der normierten Phasenkonstanten

$$B_N = \frac{(\beta/k_{oo})^2 - n_2^2}{n_1^2 - n_2^2} \approx \frac{\beta/k_{oo} - n_2}{n_1 - n_2} \qquad (1.127)$$

gilt außerdem

$$B_N = 1 - (U/V)^2 . \qquad (1.128)$$

70

Die Lösung (1.124),(1.125) gibt die transversale Abhängigkeit des Phasors
des elektrischen Feldes an. Die trigonometrischen Funktionen beschreiben
dabei die Umfangsabhängigkeit, wobei ℓ = 0,1,2... die Umfangsordnung der
Welle ist und die Zahl der Schwingungsbäuche in φ-Richtung angibt. In radialer Richtung oszilliert das Feld im Kern entsprechend der Besselfunk-
tion J_ℓ und fällt im Mantel nach der modifizierten Hankelfunktion K_ℓ etwa
exponentiell ab. Die Parameter U und W folgen nun aus der Stetigkeitsbe-
dingung des tangentialen elektrischen und magnetischen Feldes an der Kern-
Mantel-Grenzschicht. Für vorgegebene Umfangsordnung ℓ und normierte Frequenz V findet man dann im allgemeinen eine abzählbare Zahl von Lösungen,
die diese Stetigkeitsbedingungen erfüllen. Anschaulich handelt es sich um
Feldverteilungen, die nun auch in radialer Richtung stehende Wellen mit
p Schwingungsbäuchen bilden. Je nach radialer Ordnung p und Umfangsordnung ℓ erhält man für vorgegebenes V aus der Anpaßbedingung der Felder den
Wert U, aus dem dann mit (1.127) und (1.128) unmittelbar die normierte
Phasenkonstante B_N oder die Phasenkonstante β folgt. Die betrachtete Wel-
le heißt $EP_{\ell p}$- oder $LP_{\ell p}$-Welle, und ihr ist die Phasenkonstante $\beta_{\ell p}(\omega)$ zugeordnet, aus der wir mit (1.119) die Gruppenlaufzeit berechnen können.
Im folgenden wollen wir nun den qualitativen Verlauf $\beta(\omega)$ diskutieren. Die
quantitativen Herleitungen können /13/ entnommen werden; sie gehen über den
Rahmen dieses Buches hinaus.

Bei sehr kleiner normierter Frequenz ist das Führungsvermögen der Faser
schwach, und die jeweilige Welle hat sich noch gar nicht auf den Kern
konzentriert. Sie läuft ähnlich wie eine ebene Welle hauptsächlich im
Mantel mit $\beta = k_{oo} n_2$, denn in (1.117) ist für die Brechzahl $n=n_2$ zu
setzen. Erst für große V-Werte verbessert sich die Führung, so daß sich
für $V \rightarrow \infty$ die Welle schließlich mit $\beta = k_{oo} n_1$ auf den Kern konzentriert.
Wegen der Materialdispersion $n_{1,2}(f)$ erhält man daher nach Bild 41 krumm-
linige Begrenzungslinien, zwischen denen die $\beta_{\ell p}(\omega)$-Kurven liegen. Die
Zeichnung zeigt die Verhältnisse ganz extrem übertrieben, denn wegen $n_1 \approx n_2$
decken sich praktisch diese Kurven. Die Steigungsunterschiede müssen nun
aber zwischen den Kurven genau untersucht werden, wenn Laufzeitunterschiede der Wellen untereinander im ps bis ns-Bereich bezogen auf 1 km Länge
erfaßt werden sollen. Anhand von Bild 41 sollen nun die auftretenden Di-
spersionseffekte im einzelnen qualitativ diskutiert werden.

Man erkennt, daß bei fester Frequenz $\omega = \omega_1$ oder festem V-Wert die Stei-

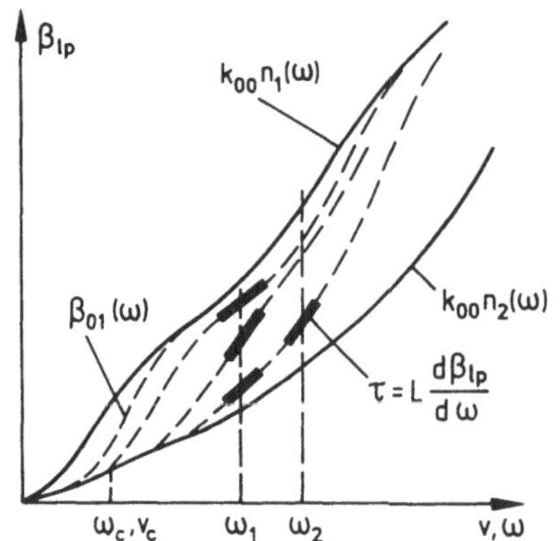

Bild 41
Prinzipieller Verlauf der Phasenkonstanten $\beta_{\varrho p}(\omega)$ zwischen den durch Materialdispersion krummlinigen Grenzkurven $k_{00}n_{1,2}(\omega)$; tatsächlich ist $n_1 \simeq n_2$ Laufzeitunterschiede durch:
a) unterschiedliche Steigung bei festem $\omega = \omega_1$ (Laufzeitstreuung *zwischen* den Wellen)
b) unterschiedliche Steigung innerhalb $\omega_1 < \omega < \omega_2$ (Wellenleiter- und Materialdispersion *in* einer Welle)

gung und damit die Gruppenlaufzeit von Welle zu Welle variiert. Verglichen mit der Laufzeit $L \cdot N/c_0$ nach (1.120) einer ebenen Welle entlang der Achse entsteht so eine kleine Laufzeitstreuung

$$\Delta\tau_s = \tau_{max} - \tau_{min} \tag{1.129}$$

zwischen den Wellen. Mit $N \simeq 1,5$ wird $\tau_0/L = 5$ µs/km, während $\dfrac{\Delta\tau_s}{L}$ im Bereich von ns/km liegen wird. Auch innerhalb jeder Welle variiert die Steigung, weil die anregende Lichtquelle innerhalb einer endlichen Bandbreite B_e die Leistung abstrahlt. Diese Steigungsunterschiede innerhalb $B_e \simeq (\omega_1 - \omega_2)/2\pi$ haben ihre Ursache in der Dispersion des Materials, das die Grenzkurven festlegt und in der Dispersion des Wellenleiters, der den verbindenden Übergang zwischen den Kurven bestimmt. Ohne Materialdispersion würde der Übergang durch die Geraden $k_{00}n_{1,2} \sim \dfrac{1}{\lambda_0} \sim f$ begrenzt. Die dann aber immer noch vorhandenen Steigungsunterschiede bzw. Laufzeitänderung in einer Welle bei Erhöhung der Frequenz von z.B. ω_1 auf ω_2 bedeuten strahlenoptisch, daß die Welle bei veränderter Frequenz mit geändeter Neigung des Poyntingvektors läuft. Dies ist verständlich, denn der Ausbreitungswinkel für konstruktive Interferenz reflektierender Wellen ist frequenzabhängig und geht im übrigen für $f \to \infty$ gegen null. Bei Glasfasern überlagert sich diesem Effekt, der z.B. bei metallischen Hohlleitern allein vorkommt, immer noch die durch die Frequenzabhängigkeit der Brechzahl verursachte Materialdispersion, die die Begrenzungskurven in Bild 41 verbiegt. Da bislang nirgends nach ω differenziert wurde, kann diese Frequenzabhängigkeit $n_{1,2}(\omega)$ aber in (1.127) und dann in (1.119) jederzeit berücksichtigt werden. Zu beachten ist auch, daß in (1.110) und (1.111) dann nicht $V \sim f$ gilt.

Unterhalb eines bestimmten Wertes $V = V_c$ breitet sich nun nur die LP_{01}-
Grundwelle aus. In diesem Fall tritt keine Laufzeitstreuung auf. Bei Stufenprofilfasern gilt $V_c = 2,405$. Solche einwelligen Fasern sind ganz
besonders verzerrungsarm. Hierbei kann die Verbiegung der Grenzkurven u.U.
sogar so gestaltet werden, daß sich in einem gewissen Bereich ein linearer
Anstieg $\beta \sim \omega$ ergibt. Die Glasfaser ist dann nahezu dispersionsfrei, wie
wir noch sehen werden.

Im folgenden Kapitel diskutieren wir quantitative Ergebnisse, die ohne
Herleitung angegeben werden.

1.4.4 Dispersion und Pulsverzerrung in Glasfasern

Glasfasern werden entweder als vielwellige Faser mit $V \gg 1$ ausgelegt,
oder als einwellige Faser mit $V < 2,405$ im Falle des Stufenprofils. Bei
anderen Profilen ergibt sich eine andere Grenze.

Da wir uns für Pulsverzerrungen interessieren, sind zunächst die Laufzeit-
änderungen $\frac{1}{L}\, d\tau/df$ pro df und pro Kabellänge L von Interesse. Wegen
(1.119) ist also (1.127) mit der enthaltenen Größe β zweimal implizit nach
ω zu differenzieren. Dabei taucht der Ausdruck $d\beta/d\omega$, also im Prinzip die
Gruppenlaufzeit,auf. Unter der Annahme, daß der Kern und Mantel etwa gleiche Materialdispersionsfaktoren M haben und daß die zu berücksichtigende
Frequenzabhängigkeit $\Delta_n(f)$ in (1.106) keine Rolle spielt, ergibt diese
Rechnung mit $d\Delta_n/df = 0$,womit wir die sogenannte Profildispersion vernachlässigen,

$$\frac{1}{L}\,\frac{d\tau}{df} = M + \frac{N_1\,\Delta_n}{c_0\,f}\,G(V) \tag{1.130}$$

mit

$$G(V) = V\,d^2(V\cdot B_N)\,/\,dV^2 \tag{1.131}$$

In (1.130) ist M der Materialdispersionsfaktor nach (1.123), N_1 der Gruppenindex des Kerns mit $n=n_1(f)$ in (1.121) und G(V) eine Funktion, die
entsprechend (1.131) durch Differentiation aus $B_N(V)$ folgt, wenn U(V) in
(1.128) bekannt ist. Die Werte U wiederum folgen für vorgegebenes V nur
aus der sehr komplizierten Anpaßbedingung.

Bild 42 zeigt für eine Stufenprofilfaser U(V),G(V) mit einer Wertetabelle.

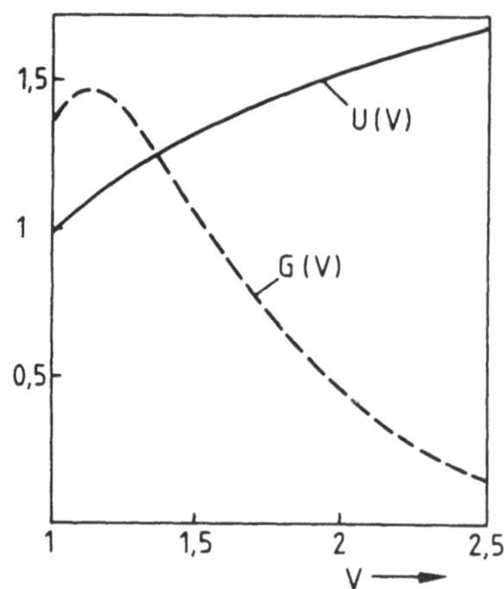

V	U(V)	G(V)
1,0	0,97931	1,34
1,1	1,06031	1,46
1,2	1,13413	1,44
1,3	1,20110	1,34
1,4	1,26181	1,21
1,5	1,31689	1,06
1,6	1,36698	0,919
1,7	1,41267	0,785
1,8	1,45448	0,664
1,9	1,49285	0,556
2,0	1,52818	0,462
2,1	1,56082	0,380
2,2	1,59106	0,309
2,3	1,61915	0,247
2,4	1,64531	0,195

Bild 42 Parameter U und G bei Stufenprofilfaser im einwelligen Bereich mit Wertetabelle

Nach (1.130) ergibt sich für Δ_n = 0 wieder die Formel (1.122) für alleini-
ge Materialdispersion. Jetzt überlagert sich noch ein Wellenleiteranteil,
der z.B. für N_1=1,5 , Δ_n=0,5 %, f = 350 THz und eine typische normierte
Frequenz V=2 bei 33 ps/THzkm liegt. Vergleicht man diesen Wert mit dem
ersten Term in (1.130), dann kann man nach Bild 40 diesen Wellenleiteranteil außer in der Umgebung λ_0=1,3 µm vernachlässigen. In diesem Bereich
kann die Ableitung $d\tau/df$ sogar ganz verschwinden, wenn in (1.130) nämlich

$$M = - \frac{N_1 \Delta_n}{c_0 \cdot f} \, G(V) \qquad (1.132)$$

erfüllt ist. Dann ist die Faser nahezu verzerrungsfrei, weil sich Material-
und Wellenleiterdispersion so weit gegenseitig kompensieren, daß nur noch
Effekte 2.Ordnung mit $d^2\tau/df^2 \neq 0$ verbleiben. In der Praxis mißt man in
diesem Idealfall dann Werte von einigen ps/THz^2km. Um allerdings in
Bild 39 das Dämpfungsminimum bei 1,55 µm gleichzeitig zu erreichen, ist
ein kleinerer V-Wert erforderlich, denn die größere Materialdispersion ist
durch entsprechend größere Wellenleiterdispersion auszugleichen.

In der Praxis weisen einwellige Fasern meist nicht ein einfaches Stufenprofil auf, weil man mit anderen Strukturen geringere Abstrahlungsver-
luste bei Faserkrümmungen erreicht. Die Dimensionierung ist dann nicht so
einfach wie bei der Stufenprofilfaser, da diese Krümmungen in die Überlegungen mit einzubeziehen sind.

74

Bei vielwelligen Fasern spielt nun der durch G(V) beschriebene Wellenleiteranteil der Dispersion kaum eine Rolle. Die Steigungsunterschiede innerhalb jeder Welle sind dann einfach durch $\frac{1}{L}$ dτ/df = M gegeben, also durch
die Materialdispersion. Hier macht sich jetzt aber auch sehr stark bemerkbar, daß in Bild 41 bei fester Frequenz $\omega = \omega_1$ die Steigung von Welle zu Welle variiert. Die Laufzeitstreuung hängt dabei hauptsächlich ab vom
Profil, wobei die Orts- und Frequenzabhängigkeit n(ρ,f) gleichzeitig zu
berücksichtigen ist. Dies wird verständlich, wenn man die Wellen als lo-
kale ebene Wellen auffaßt und mit (1.120) die Flugzeit dτ = N(f) dL/c$_0$
über eine kurze Strecke dL betrachtet. Wegen der Frequenz- und Ortsabhängigkeit des Gruppenindex N hängt auch dτ von ρ und f ab.

In jedem Fall findet man aber immer ein solches Profil, bei dem die Laufzeitstreuung minimal wird. Bei Profilen mit

$$
n = \begin{cases} n_1 \left(1 - 2\Delta_n \,(\rho/a)^\alpha \right)^{1/2} & \rho \leq a \\ n_2 & \rho \geq a \end{cases} \tag{1.133}
$$

liegt der Exponent α_{opt} je nach Material und Wellenlänge bei etwa 1,8 -
bis 2,2, und man erhält eine minimale Laufzeitstreuung

$$
\Delta\tau_{smin} = \tau_0 \, \Delta_n^2 \, / \, 8 \; , \tag{1.134}
$$

die bei typischen Faserdaten über L=1 km zu einer Laufzeitstreuung von ca.
60 ps führt. Zur Erreichung dieses Wertes ist aber α_{opt} bis auf 2 Dezimal-
stellen genau zu realisieren. Ab etwa $\pm$ 0,1 Abweichung von α_{opt} kann
man in vielen Fällen die Laufzeitstreuung aus

$$
\Delta\tau_s = \frac{\alpha - 2}{\alpha + 2} \, \Delta_n \, \tau_0 \qquad (\, \alpha \neq 2 \,) \tag{1.135}
$$

berechnen. Diese Formel setzt dΔ_n/df = 0 voraus und ist für $\alpha \to 2$ ungültig.
Im Bereich $\alpha > 2$ beinhaltet (1.135) den relativen Fehler - 1/(1+υ) mit
$\upsilon = 2(\alpha-2)/\Delta_n(3\alpha-2)$. Der optimale Exponent lautet $\alpha_{opt}= 2(1 - \Delta_n)$. Im Sonderfall $\alpha= 2$ erhält man $\frac{\Delta\tau_s}{\tau_0} = \Delta_n^2/2$; für das Stufenprofil ist im Potenzprofil (1.133) $\alpha \to \infty$ zu setzen, womit sich aus (1.135) $\frac{\Delta\tau_s}{\tau_0} = \Delta_n$ errechnet.
Bei $\Delta_n = 1\%$ erhält man mit $\Delta\tau_s/L = 50$ ns/km eine um etwa den Faktor 10^3
höhere Laufzeitstreuung als im Optimalfall. Bei Profildispersion mit

$d\Delta_n/df \neq 0$ ändert sich (1.135) und α_{opt}, aber $\Delta\tau_{smin}$ bleibt unverändert. Profildispersion wirkt sich nur im Bereich $\alpha \approx \alpha_{opt}$ aus, nicht dagegen bei der Stufenprofilfaser.

Tatsächlich streuen die Laufzeiten bei Stufenprofilfasern nicht ganz so stark, wie hier berechnet, weil in Bild 37 a die langsamen Wellen mit steilem Strahlwinkel viel stärker gedämpft werden als paraxiale Strahlen. Man erreicht in der Praxis Laufzeitstreuungen von 10 .. 30 ns/km. Außerdem läßt sich auch nicht immer ganz das optimale Profil realisieren, so daß bei Gradientenfasern $\Delta\tau_S/L$ = 0,2 bis 2 ns/km als typisch gelten kann.

In der Praxis spielt nun auch die Anregung der Faser eine Rolle, denn wenn im Grenzfall nur eine Welle angeregt wird, entfällt ganz und gar die Laufzeitstreuung zwischen verschiedenen Wellen. Unter praktischen Gesichtspunkten läßt sich dieser Fall aber kaum realisieren, vom Einwelligkeitsbereich abgesehen, weil die Lichtquellen doch immer in einem breiten Winkel abstrahlen und damit grundsätzlich Wellen höherer Ordnung anregen. Eine gleichmäßige Anregung der Wellen erreicht man im übrigen mit LED.

Für die Laufzeitstreuung in der Faser sind nun Störungen im Wellenleiter durch Krümmungen oder gewisse Streueffekte auch von Bedeutung. Sie wirken sich insofern oft sogar günstig aus, als durch die geänderte Strahlrichtung die Wellen vermischen und untereinander verkoppeln. Bei regelloser Störung holen durch diese Strahländerung langsame Wellen im Mittel auf und schnellere Wellen werden langsamer, so daß ab der sogenannten Koppellänge L_c die Laufzeitstreuung nicht mehr so stark mit der Länge L zunimmt. Ab $L=L_c$ gilt $\Delta\tau_S \sim \sqrt{L}$ anstelle der Abhängigkeit $\sim L$, wie sie mit $\tau_0 = N \cdot L/c_0$ aus (1.134) oder (1.135) folgt. Diesen Effekt kann man näherungsweise dadurch berücksichtigen, daß in der Formel für die Laufzeitstreuung die Grundlaufzeit τ_0 formal aus $\tau_0 = N \sqrt{LL_c} /c_0$ errechnet wird.

Man erkennt, daß es durch die Wahl der Wellenlänge, die den Materialdispersionsfaktor M festlegt, und durch die Art der Lichtquelle, die hauptsächlich die Bandbreite B_e bestimmt, eine Fülle von Kombinationsmöglichkeiten mit ein- und vielwelligen Fasern gibt, wobei bei vielwelligen Fasern noch das Profil von entscheidender Bedeutung für die Dispersion ist.

Wir müssen allerdings die Kombination LED-einwellige Faser ausschließen,
da LED solche Fasern nicht wirkungsvoll anregen können.

Abschließend wollen wir noch angeben, wie man die Pulsbreite am Ausgang
für gegebene 1/e-Eingangsimpulsbreite T_1 und 1/e-Emissionsbandbreite B_e
grob abschätzen kann. Wenn alle Verläufe gaußförmig sind, gilt für die
1/e-Ausgangsimpulsbreite etwa

$$T_2 = \sqrt{T_1^2 + (\frac{d\tau}{df} B_e)^2 + \Delta\tau_s^2} \;. \tag{1.136}$$

Bei einwelligen Fasern ist $\Delta\tau_s = 0$ und $d\tau/df$ nach (1.130) einzusetzen ;
bei vielwelligen Fasern kann man in $d\tau/df$ nach (1.130) den zweiten Term
immer vernachlässigen. Wenn für $\lambda_0 \simeq 1,3$ µm die Materialdispersion M auch
noch verschwindet, entfällt der ganze zweite Term in (1.136) gegenüber
der Laufzeitstreuung, die derart kleine Werte nicht annehmen kann.

Genaueren Aufschluß über die Übertragungseigenschaften der Faser in Verbindung mit der gewählten Lichtquelle gibt die Übertragungsfunktion, die
sich vor allem recht einfach messen läßt.

1.4.5 Übertragungsfunktion

Die Ausführungen des letzten Kapitels haben gezeigt, daß die Übertragungseigenschaften der Faser von der Art der Lichtquelle abhängen und damit
immer an die vorhergehende Stufe gebunden sind.

Unter der Voraussetzung, daß wir nicht mit allzu kohärentem Licht arbeiten,
ist für die in den verschiedenen Eigenwellen der Faser transportierte
Leistung das Überlagerungsgesetz erfüllt. Mißt man mit einer idealen Pho-
todiode am Ein- und Ausgang der Faser die zeitlichen Verläufe $s_{1,2}(t)$ des
Photostromes, dann läßt sich aus den Fouriertransformierten $\underline{S}_{1,2}(j\omega)$ durch
Division die Übertragungsfunktion der Faser bestimmen:

$$\underline{F}_{el} = |F_{el}| \; e^{j\phi_F} = \frac{\underline{S}_2(j\omega)}{\underline{S}_1(j\omega)} \;. \tag{1.137}$$

Diese Größe ist insbesondere dann von Interesse, wenn man mit dem Signal
direkt die Licht-Strom-Kennlinie aussteuert (einfache IM) und nun anhand

der Frequenzgänge von Betrag und Phase der Übertragungsfunktion die
linearen Verzerrungen durch die Faser in Verbindung mit der Lichtquelle
beurteilen möchte. Dabei geht in $\underline{F}_{el}$ nur das Emissionsspektrum und die
räumliche Abstrahlcharakteristik ein, nicht dagegen die Dynamik der Lichterzeugung, wie sie für Laser durch (1.73) beschrieben wird.

Da die Übertragungsfunktion die Fouriertransformierte der Impulsantwort
ist, mißt man in der Praxis $\underline{F}_{el}$, indem man mit sehr kurzen Lichtblitzen
einstrahlt und im Meßsystem sofort die Fouriertransformierte des gemesse-
nen Ausgangsimpulses $s_2(t)$ bestimmt, die dann schon $\underline{F}_{el}$ angibt. Falls sich
nicht hinreichend kurze Impulse erzeugen lassen, muß man im Meßgerät auch
$s_1(t)$ messen und $\underline{S}_1(j\omega)$ berechnen und durch Division $\underline{F}_{el}$ ermitteln. Der
Aufwand ist größer, die Meßauflösung steigt dafür aber entsprechend. Die
Verläufe von Betrag und Phase zeigt man dann gleich auf dem Bildschirm an.

Eine etwas einfachere, dafür aber auch unsichere Methode geht von der
Kleinsignalaussteuerung der Lichtquelle aus. Wobbelt man über den Frequenzbereich durch, kann man auch Betrag und Phase darstellen. Dieses Verfahren ist aber nur anwendbar, wenn die Dynamik der Lichterzeugung keine
Rolle spielt, was in der Praxis selten gegeben ist.

Zur Charakterisierung der Kabelübertragungseigenschaften gibt man nun oft
die durch $|F_{el}(\omega_g)| = 1/4$ definierte Grenzfrequenz f_g an, bei der die
elektrische Leistung des Photostromes an einem Lastwiderstand um 6 dB
und die optische Leistung wegen $I_{ph} \sim P_0$ um 3 dB abgefallen ist.
Bild 43 zeigt den gemessenen Verlauf für eine 7 km lange Gradientenfaser
bei λ_0 = 1,3 µm Wellenlänge, bei der wegen der sehr geringen Materialdispersion nur noch Laufzeitstreuung auftritt. Da die Pulsbreite T_2 nach
(1.136) für $T_1 \rightarrow 0$ und ohne Eigenwellenmischung linear mit der Länge L
zunimmt, gilt dann $\frac{1}{T_2} \sim f_g \sim \frac{1}{L}$. Man gibt daher die Bandbreite in der Form

f_gL mit der Einheit GHz·km an. Aus
Bild 43 entnimmt man mit L = 7 km
$f_g \cdot L$ = 3,4 GHz·km. Da man bei einem
System mit der Grenzfrequenz f_g
etwa die Anstiegszeit·$1/3f_g$ erhält,
belaufen sich die Anstiegszeiten
auf L = 1 km bezogen auf etwa
100 ps. Man liegt hier also nahe

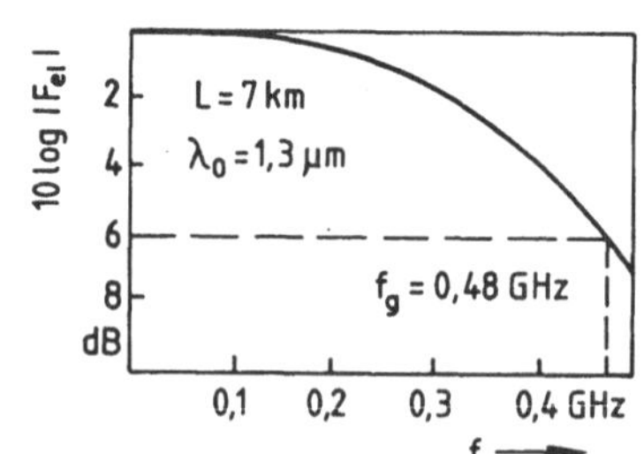

Bild 43 Übertragungsfunktion einer Gradientenfaser mit 0,5 dB/km (gemessener Verlauf)

bei der minimalen Laufzeitstreuung
nach (1.134). Gleichzeitig tritt eine
Dämpfung von nur 0,5 dB/km auf.

Bild 44 zeigt die gemessenen Übertra-
gungsfunktionen einer einwelligen
Faser. Bei λ_0 = 1,3 µm mit L = 50 km
entnimmt man f_g = 800 MHz und ein
Bandbreiten·Länge-Produkt f_g·L =
40 GHz·km. Bei λ_0 = 1,55 µm mißt
man über 100 km f_g= 40 MHz, so
daß f_g·L auf nur 4 GHz·km abfällt.
Die Kompensation ist in (1.131)
nämlich zunächst nur bei einer
Wellenlänge möglich, so daß sich
geringste Abweichungen sehr stark
bemerkbar machen. Bei speziellen
Profilen ist aber sogar eine Kompensation bei zwei Wellenlängen
$\lambda_{o1,2}$ denkbar, und man erhält nach
Bild 45 extreme Bandbreiten in einem sehr weiten Wellenlängenbereich.
Durch geeignete Profilgebung gelingt
es nach Bild 46 auch, Gradientenfasern
mit hoher Bandbreite über einen breiten Spektralbereich herzustellen.

Die gleichzeitig ausgezeichneten Däm-
pfungseigenschaften nach Bild 39 gestatten nun, die Übertragung extrem
breitbandiger Signale über große Entfernungen ohne Zwischenverstärker vorzunehmen.

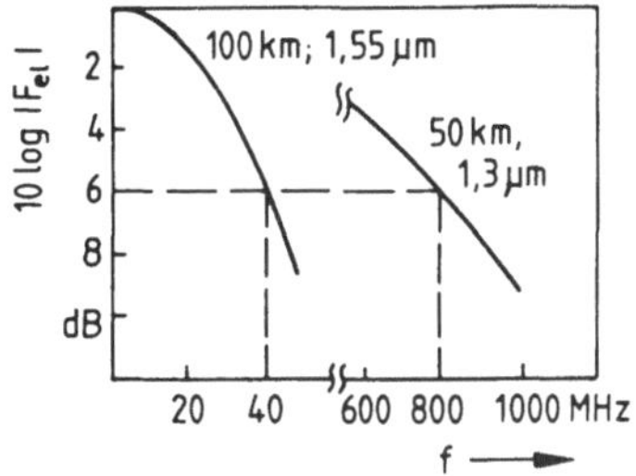

Bild 44 Gemessene Übertragungsfunktion
zweier einwelliger Fasern
a) L = 100 km; λ_0 = 1,55 µm; 0,3 dB/km
b) L = 50 km; λ_0 = 1,3 µm; 0,5 dB/km

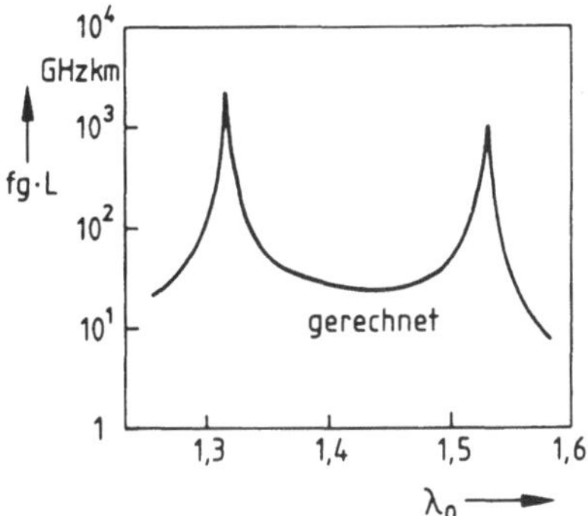

Bild 45 Bandbreite bei einwelliger Faser mit
verschwindender Dispersion bei zwei Wellenlängen; Laser mit $B_e \cong$ 1 THz

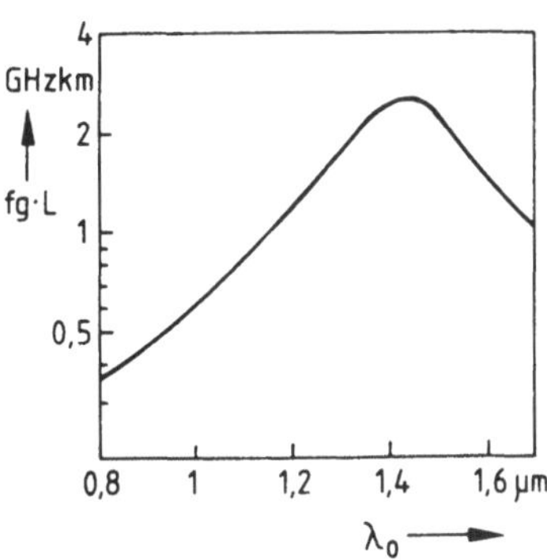

Bild 46 Gemessene Bandbreite einer Gradientenfaser

Im Kapitel 1.2.12 wurde schon im Zusammenhang mit Lichtquellen gezeigt, daß Glasfasern durch fluktuierende Interferenzerscheinungen zum Rauschen beitragen können. Bei Messung der Gesamtleistung wird nämlich die Ausmittelung der innerhalb der Emissionslinie der Breite B_e fluktuierenden axialen Eigenschwingungen gestört, wenn die Wellen in der Faser frequenzabhängige Verzögerungen erfahren. Diese Verzögerungen nach (1.130) sind außer bei $\lambda_0 = 1,3$ µm hauptsächlich auf Materialdispersion (1.Term) zurückzuführen. Wie in 1.2.12 erläutert, haben aber auch Reflexionen aus der Faser Rauscheffekte zur Folge.

Nicht nur durch die Ankopplung einer Faser an eine Lichtquelle entsteht Rauschen, sondern auch dann, wenn zwei Fasern z.B. durch einen Faserstekker miteinander verbunden werden. Mit diesem Problem wollen wir uns hier beschäftigen.

Geht man von zwei gleichen Fasern A,B aus, deren Kernbereiche an der Stoßstelle aufgrund von lateralem Versatz nur unvollständig überlappen, stellt sich ein mittlerer Koppelwirkungsgrad

$$\overline{\eta}_F \;=\; P_B \,/\, P_A \;\leq\; 1 \tag{1.138}$$

ein. Rauschen entsteht nun deshalb, weil sich an der Faserstirnfläche der ankommenden Faser A ein fluktuierendes Interferenzmuster ausbildet, wobei die Fluktuation durch geringste Kabelkrümmungen, Druck oder Frequenzänderungen in der Lichtquelle und die damit bewirkten Phasendrehungen bei den Lichtwellen verursacht werden. Dieses Interferenzmuster beinhaltet viele Flecken, deren Zahl für $V \gg 1$ groß ist. Die abgehende Faser B entnimmt diesen Flecken je nach Oberlappung eine Stichprobe. Nur für $\overline{\eta}_F = 1$ entsteht dabei keine Unsicherheit und damit kein Rauschen in der Gesamtleistung der abgehenden Faser B. Rauschen tritt aber für $\overline{\eta}_F < 1$ auf, insbesondere dann, wenn Faser A nur eine geringe Zahl N_F von Wellen führt, denn dann ergeben sich nur wenige Flecken. Je weniger Flecken vorkommen und je größer der Versatz bzw. der Steckerverlust ist, um so störender macht sich nämlich bemerkbar, wenn die örtliche Lage der Flecken fluktuiert. Im hypothetischen Fall nur eines Fleckens, der gleichzeitig klein

ist im Vergleich zur Kernfläche, würde die Leistung in Faser B ständig
zwischen 0 und $P_B = P_A$ springen.

Bei einer monochromatischen Lichtquelle der Kreisfrequenz ω_0 ändert sich
nun der mittlere Koppelwirkungsgrad $\bar{\eta}_F$ nach (1.138) bei Verstimmung um einen gewissen Betrag $\Delta\omega_0$, weil sich die Phase ϕ jeder Welle in der Faser
und damit das Interferenzbild längs der Faser wandelt. Wir greifen die
Phase $\phi_\upsilon(\omega_0)$ der υ-ten Welle am Faserende A heraus und entwickeln entsprechend $\phi_\upsilon(\omega_0) = \phi_{\upsilon 0} + (d\beta L/d\omega)\Delta\omega_0 = \phi_{\upsilon 0} + \tau\,\Delta\omega_0$ bis zum linearen Glied. Man
kann also die Größe der Phasendrehungen längs z letztlich durch die Gruppenlaufzeit τ und Phasendifferenzen, die für Interferenz und Oberkopplung
maßgebend sind, durch Gruppenlaufzeitdifferenzen ausdrücken. Diese Gruppenlaufzeitdifferenzen beschrieben wir bislang durch die Laufzeitstreuung;
in diesem Fall rechnet man mit dem quadratischen Mittelwert τ_{rms} der Impulsbreite am Ausgang von Faser A. Dieser Mittelwert ist von der Pulsform
abhängig. Bei einem Rechteckimpuls der Breite T_2 gilt $\tau_{rms} = T_2/\sqrt{12}$, bei
einem Gaußimpuls der 1/e-Breite T_2 dagegen $\tau_{rms} = T_2/2\sqrt{2}$.

Der mittlere Koppelwirkungsgrad $\bar{\eta}_F$ hängt nun praktisch nur vom Produkt
$\Delta\omega_0\cdot\tau_{rms}$ ab und schwankt in dem Beispiel nach Bild 47 ungefähr harmonisch
zwischen einem Maximal- und einem Minimalwert. Es entsteht also eine
Schwebung, die bei nur zwei beteiligten Wellen genau harmonisch verliefe.

Bei der Gradientenfaser für dieses
Beispiel mit τ_{rms} = 1 ns bedeutet
$\Delta\omega_0\,\tau_{rms}$ = 8 den Übergang von maximaler zu minimaler Oberkopplung,
wobei $\bar{\eta}_F$ = 0,8 als Mittelwert vorgegeben wurde. Die entsprechende
Frequenzverstimmung $\Delta f_0 = 8/2\pi\tau_{rms}$
= 1,3 GHz ist äußerst gering und
tritt bei axial einwelligen Lasern
durch Temperaturdrift leicht auf.
Ein solcher Laser kann wegen der
dann am Stecker auftretenden Fluktuationen nur bedingt an vielwellige Fasern angeschlossen werden.

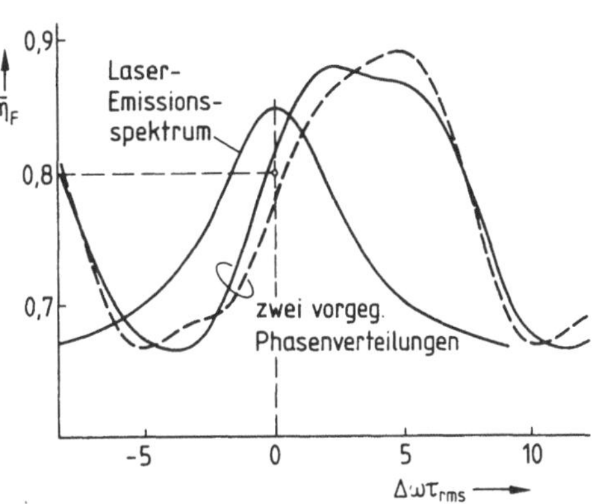

Bild 47 Frequenzabhängigkeit des mittleren
Koppelwirkungsgrades $\bar{\eta}_F$ bei Faserstecker;
V = 21, α = 2,3

Günstigere Verhältnisse stellen sich bei Lasern mit Verstärkungsführung wegen der vielen axialen Eigenschwingungen ein. Jetzt kommt nicht eine schmale Linie bei ω_0 zum Tragen, sondern ein breites Spektrum um ω_0, das für Ausmittelung der Flukuationen sorgt.

Bei N_L axialen Eigenschwingungen des Lasers, von denen jede die Breite δf hat, und N_F Eigenwellen, die in der Faser ausbreitungsfähig sind, stellt sich eine Varianz des fluktuierenden Koppelwirkungsgrades n_F von etwa

$$\sqrt{\overline{n_F^2} - \overline{n_F}^2} = \overline{n_F}\left[\frac{1 - \overline{n_F}}{\overline{n_F}\, N_F\, N_L}\right]^{1/2} \qquad (N_F N_L \gg 1) \qquad (1.139)$$

ein. Bei einer Gradientenfaser mit $\alpha \simeq 2$ gilt $N_F = V^2/4$, bei dem Potenzprofil nach (1.133) im allgemeineren Fall $N_F = V^2\,\alpha/(\alpha+2)$. Gleichung (1.139) ist etwa gültig für $\overline{n_F} > 0{,}8$ und $\delta f\,\tau_{rms} \ll 1$. Eine genauere Kurve zeigt

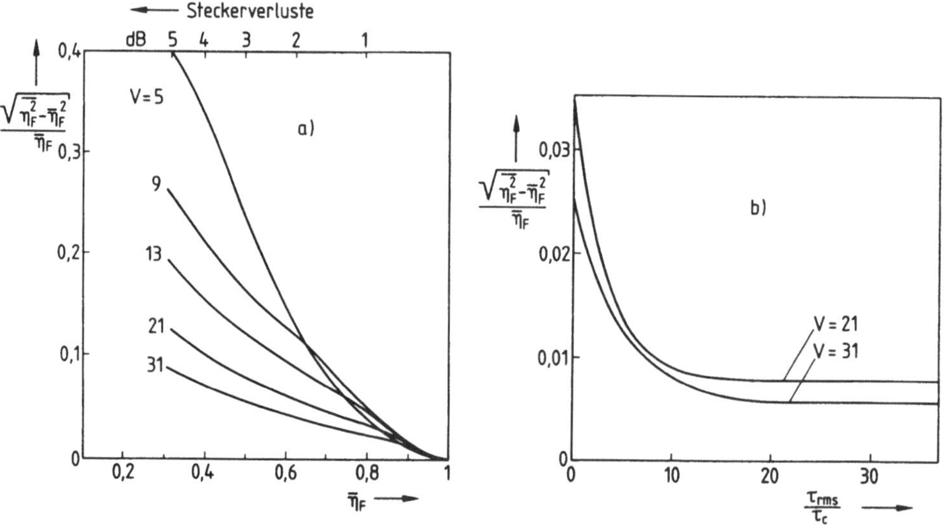

Bild 48 Varianz des Koppelwirkungsgrades n_F normiert auf mittleren Wert $\overline{n}_F$ bei Gradientenfaser
a) $\tau_{rms} \to 0$; $\alpha = 2{,}05$ b) als Funktion von τ_{rms}/τ_c für $\overline{n}_F = 0{,}8$ und $\alpha = 2{,}3$

für N_L = 1 Bild 48 a. Mit der Definition der Kohärenzzeit τ_c = 2/π δf erhält man für steigendes τ_{rms}/τ_c nach Bild 48 b immer günstigere Verhältnisse. Je weiter also der Stecker von der Quelle entfernt angeordnet ist, um so geringeres Rauschen erhält man. Den Einfluß der außer der Länge L noch wichtigen Parameter ist in der universellen Größe τ_{rms}/τ_c zusammengefaßt. Für axial vielwellige Laser muß man in Bild 48 a,b wie in (1.139) noch durch $\sqrt{N_L}$ dividieren. Um diesen Faktor wird das Rauschen dann reduziert.

Für die Praxis ist das relative Intensitätsrauschen (= Störabstand gegenüber dem Gleichstromsignal)

$$RIN_{Stecker} = \frac{\overline{n_F^2} - \overline{n_F}^2}{\overline{n_F}^2} \tag{1.140}$$

von großer Bedeutung. Für V > 21 und $\overline{n_F}$ = 0,8 finden wir nach Bild 48 normierte Schwankungen im Bereich $5 \cdot 10^{-3}$ bis $3,5 \cdot 10^{-2}$ und nach Quadrieren dieser Werte Störabstände zwischen 29 bis 46 dB. Bei einem Laser mit Verstärkungsführung und N_L = 25 axialen Eigenschwingungen erhöht sich der Störabstand um 10 log 25 dB = 14 dB auf 43 bis 60 dB. Man erkennt deutlich, daß typische vielwellige Fasern in analogen Systemen am besten in Verbindung mit vielwelligen Lasern eingesetzt werden. Bei einwelligen Lasern entsteht sonst im allgemeinen ein viel zu großes Rauschen an den Steckverbindungen.

<u>1.5 Aufgaben</u>

<u>Aufgaben zum Kapitel "Lichtquellen"</u>

<u>Aufgabe 1.1</u>   Man berechne für die in Bild 6 gezeigte Anordnung die Strahlungscharakteristik $I_\Omega(\gamma)$, die sich aufgrund des Brechungsgesetzes ergibt (vergl. auch Kap. 1.4.1). Dabei ist die Leistungsreflexion nachträglich für senkrechten Einfall ebener Wellen zu berücksichtigen. Es soll $(n_2/n_1)^2 \ll 1$ gelten.

<u>Aufgabe 1.2</u>   In Aufgabe 1.1 kann das Licht nur bis zum Grenzwinkel der Totalreflexion austreten. Wie groß ist das Verhältnis P_a/P_i von äußerer zu innerer Gesamtleistung ? $(n_2/n_1)^2 \ll 1$

<u>Aufgabe 1.3</u>   Wie groß ist für die angegebenen Daten die von der LED in die Faser eingekoppelte Leistung?
Gradientenfaser: NA= 0,2 ;   Kern $\varnothing$ = 45 µm
LED : $\varnothing$ = 50 µm ; λ_0 = 0,85 µm ; n = 3,6
                     Leuchtdichte bei 150 mA :   40 W/Sr cm^2

<u>Aufgabe 1.4</u>   Wie man durch Abzählen der stehenden Wellen herausfinden kann, gibt es in einem Volumen der Größe L^3 gerade $N_f = L^3 \omega^3/3\pi^2 c^3$ Eigenschwingungen im Frequenzbereich 0... f. Wie groß ist die Energiedichte $\sigma(f)$ pro Volumen- und Frequenzeinheit bei natürlicher Wärmestrahlung?

<u>Aufgabe 1.5</u>   Mit n_i als Brechzahl der aktiven Zone (GaAs) und n_a als Brechzahl des umgebenden $Al_xGa_{1-x}As$-Materials gilt für den Führungsfaktor der Grundwelle des Filmwellenleiters in guter Näherung

$$\Gamma(V_F) \;=\; \frac{2\,V_F^2}{1 + 2V_F^2} \quad \text{mit} \quad V_F = \frac{d\pi}{\lambda_0}\,(n_i^2 - n_a^2)^{1/2}\,.$$

a) Für welchen Wert V_F der aktiven Zone wird der Schwellstrom bei DH-Lasern minimal?

b) Welche Dicke d der aktiven Zone erhält man für x = 0,3 (siehe Bild 4), $\alpha_a + \alpha_R$ = 70/cm, λ_0 = 0,85 µm und c_2 = - 250 / cm ? Wie groß ist die minimale Schwellstromdichte für $n_i \tau_{sp}$ = 3 ns und $c_1 = 2,3 \cdot 10^{-16} cm^2$?

84

Aufgabe 1.6   Man übertrage Gleichung (1.35) auf den Fall eines dispersi-
ven Mediums, bei dem n = n(f) ist, und führe den Gruppenindex N nach (1.121) ein. Die Brechzahl des Mediums sei orts-
unabhängig. (in Verbindung mit Kap. 1.4.2)

Aufgabe 1.7   Die Geradennäherung nach (1.62) für die statische Laserkennlinie ist zu verbessern.
a) Welche Gleichung $\tilde{P}_0(\tilde{I}_0)$ ergibt sich für $\alpha/AP_0 \ll 1$ unter
Berücksichtigung des quadratischen Gliedes?
b) Man bestimme für Aussteuerung um einen Arbeitspunkt
$\tilde{I}_0 = \tilde{I}_A$ die Potenzreihe $\tilde{P}_0(\tilde{I}_0)$ bis zum quadratischen
Glied.

Aufgabe 1.8   Zu berechnen ist unter Berücksichtigung der ersten Oberwelle
der Klirrfaktor k_L bzw. die Klirrdämpfung 20 log k_L eines
axial und transversal einwelligen DH-Lasers durch Auswertung
der Potenzreihenentwicklung nach Aufgabe 1.7 , wie sie für
die statische Kennlinie hergeleitet wurde. Wie groß ist die
Klirrdämpfung für die Daten nach Bild 16 bei 2,5 mA_{ss} Aussteuerung für $\alpha = 5 \cdot 10^{-4}$ und A = 3 ?

Aufgabe 1.9   Die Anschwingzeit t_{an} eines DH-Lasers, definiert durch
$\tilde{N}(t_{an}) = 1$, ist bei einem Stromsprung durch $t_{an} = t_a$ nach
(1.79) gegeben. Man berechne die Anschwingzeit t_c, wenn entsprechend Bild 20 eine cos-förmige Stromanstiegsflanke

$$\tilde{I}(t) = \begin{cases} A_1 - A_2 \cos\pi x & (x \le 1) \\ \tilde{I}_0 & (x \ge 1) \end{cases} \quad \text{mit} \quad \begin{array}{l} A_1 = (\tilde{I}_0 + \tilde{I}_v)/2 \\ A_2 = (\tilde{I}_0 - \tilde{I}_v)/2 \end{array}$$

und

$$x = t / T_i$$

angesetzt wird. Dabei ist T_i die Stromanstiegszeit von 0 auf
100 %. Die Lösung soll erst für den Fall $t_c \ge T_i$, und zum
Schluß auch für $t_c \le T_i$ betrachtet werden. Die speziellen
Verhältnisse nach Bild 20 sind dann zu diskutieren.

Aufgabe 1.10   Durch Messungen hat man bei einem DH-Laser τ_{sp} = 1,2 ns bestimmt. Nach welcher Zeit schwingt der Laser an, wenn man
einen cos-förmigen Stromimpuls von 10 % unterhalb der Schwelle bis 30 % oberhalb der Schwelle verwendet und die Stromanstiegszeit von 0 auf 100 % T_i = 2 ns beträgt? Wie ändert sich
das Ergebnis ohne Vorstrom? Man vergleiche die Ergebnisse
mit den entsprechenden Werten für einen Rechtecksprung.

Aufgabe 1.11   Bei einem DH-Laser hat man aus der Anschwingzeit bei Pulsbe-
trieb durch Messungen einen Wert τ_{sp} = 2,5 ns ermittelt. Aus
der statischen Kennlinie läßt sich auf $\alpha = 3 \cdot 10^{-4}$ schließen.
Bei Kleinsignalaussteuerung werden nun die Resonanzfrequenz
f_r und die Resonanzüberhöhung $1/\delta$ gemessen. Man bestimme aus
den angegebenen Daten den Parameter A und τ_p.
Daten:
$$f_r \; = \; 1,5 \text{ GHz}; \quad I_o = 23 \text{ mA}; \quad I_s = 20 \text{ mA}; \quad 1/\delta = 5,9$$

Aufgaben zum Kapitel "Lichtempfänger"

Aufgabe 1.12   Wie groß ist der Quantenwirkungsgrad einer vergüteten Sili-
zium- PIN-Photodiode mit einer 15 µm dicken i-Zone bei
0,82 µm?

Aufgabe 1.13   Der Zusatzrauschfaktor F_e von APD nach (1.94) wird manchmal
auch durch die Potenzfunktion $F_e = M^x$ angenähert. Man bestimme unter der Voraussetzung M >> 1 bei Anpassung an vorgege-
bener Stelle $M = M_o$ den Exponenten x für vorgegebenes k und
umgekehrt k für vorgegebenes x und untersuche die Näherung
für x = 0,3.

Aufgabe 1.14   Zu berechnen ist die Anstiegszeit t_r einer Si-Photodiode
aus der Faustformel t_r = 0,3/f_{gr}, wobei f_{gr} die Grenzfrequenz
der Diode darstellt und entsprechend $1/f_{gr}^2 = \Sigma \, 1/f_i^2$ aus den
Grenzfrequenzen f_i der verschiedenen Verzögerungseffekte bestimmt wird. Die Diffusionskonstante folgt aus der Einstein-
beziehung D_n = $KT\mu_n$/e mit μ_n als Elektronenbeweglichkeit.
(Daten umseitig)

$\underline{\text{Daten:}}$ 1) $v_s = 10^7$ cm/s ; $d_D = 20$ µm

2) $R_L = 50$ Ω ; $C = 2,5$ pF

3) $\mu_n = 1500$ cm^2/Vs ; $W_p = 1$ µm

4) bei APD : $\tau_s = 2$ ps

Aufgabe 1.15   Die Konstantspannungsquelle U_0 in Bild 31 soll durch eine Quelle ersetzt werden, die sich von Konstantspannungsbetrieb bei hoher Empfangsleistung selbsttätig auf Konstantstrombetrieb bei kleiner Empfangsleistung umschaltet.

a) Man realisiere die Knickkennlinie

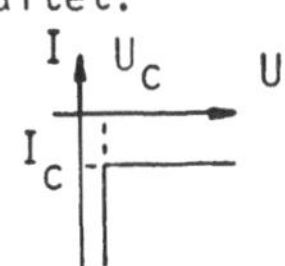

$$I = I_c \qquad \text{für} \qquad U \geq U_c$$
$$U = U_c \qquad \text{für} \qquad I \leq I_c$$

mit einer Stromquelle I_c, einer Spannungsquelle U_c und einer idealen Schaltdiode.

b) Wie verläuft M_0 als Funktion der Empfangsleistung P_0 bei schwachem Empfangspegel?

Aufgabe 1.16   Leiten Sie die Beziehung (1.102) her.

Aufgaben zum Kapitel "Lichtwellenleiter"

Aufgabe 1.17   Die numerische Apertur einer vielwelligen Faser beträgt NA = 0,22. Bis zu welchem Winkel breiten sich in der Faser die meridionalen Strahlen (=Strahlen durch die Achse) aus? Wie groß ist der Auffangwinkel der Faser? (n = 1,5)

Aufgabe 1.18   Für eine vielwellige Faser soll der Einkoppelwirkungsgrad berechnet werden, wenn sich am Faseranfang auf der Achse eine Punktquelle mit Lambertscher Strahlungscharakteristik befindet. Der Abstand zur Faser und die Reflexionsverluste am Luft-Glas-Übergang können vernachlässigt werden. Es sollen alle Strahlen bis zum kritischen Winkel θ_c mitgenommen werden. Die Brechung an der Faserstirnfläche kann unberücksichtigt bleiben.

Aufgabe 1.19 Betrachtet man bei der Stufenprofilfaser als Ersatzmodell
eine dielektrische Platte, dann kann man das Verhalten meri-
dionaler Strahlen der Faser bezüglich der Laufzeitunterschiede untersuchen. Wie groß ist die Laufzeitstreuung zwischen
den schnellsten und den langsamsten Strahlen? Es werden nur
Strahlen bis zum Grenzwinkel der Totalreflexion erfaßt, und
es gilt $\theta_c \ll 1$.

Aufgabe 1.20 Bei einem Glasfasersystem mit 4 Leitungen werden Daten
parallel übertragen und am Ende seriell verschachtelt. Jede
Leitung ist für $R = 34 \cdot 10^6$ Impulse/s ausgelegt. Durch einen Defekt muß auf eine Ersatzleitung mit einem um 0,1 %
kleineren Gruppenindex umgeschaltet werden. Was passiert
am Leitungsende, wenn $L = 10$ km und $N \approx 1,5$ gilt.

Aufgabe 1.21 Man stelle die Dgl. für die Wellenausbreitung in einer
dielektrischen Platte der Dicke 2a und den Brechzahlen n_1
(innen) und n_2 (außen) auf. Die Platte sei in y- und in z-
Richtung unendlich ausgedehnt. Die Brechzahl soll entsprechend

$$n(x) = n_1 \sqrt{1 - 2\Delta_n (x/a)^\alpha} \text{ für } x \le a, \quad n = n_2 \text{ für } x \ge a$$

in x-Richtung abfallen. Man zeige, daß die Dgl. neben dem
Exponenten α als Parameter nur die normierte Phasenkonstante
B_N nach (1.127) und den Frequenzparameter V nach (1.110)
enthält.

Aufgabe 1.22 Gegeben ist eine Stufenprofilfaser mit 2a = 5 µm Kern-Ø und
einer Materialdispersion gemäß Bild 40. Bei welcher Wellenlänge kompensieren sich Materialdispersion und Wellenleiterdispersion, wenn an dieser Stelle $N_1 = n_1 = 1,5$ und NA = 0,2
ist?

Aufgabe 1.23 Unter der Voraussetzung gaußförmiger Verläufe im Zeit- und
Frequenzbereich bzw. Spektralbereich ist für die Stufenpro-
filfaser mit den unten angegebenen Daten die Pulsbreite am
Ausgang zu bestimmen. Alle Breiten sind 1/e-Breiten.

(Daten umseitig)

88

Daten : LED: T_1 = 15 ns; λ_0 = 0,85 µm; B_e = 12 THz

Faser: L   =   3 km;   NA = 0,2;   M = 0,28 $\frac{\text{ns}}{\text{THz km}}$

keine Eigenwellenmischung

Aufgabe 1.24   Eine vielwellige Faser hat laut Datenblatt bei Anregung durch einen sehr kurzen Lichtimpuls von einem ganz schmalbandigen Halbleiterlaser nach L = 1 km Länge eine Pulsverbreiterung auf 1 ns gezeigt. Man schätze die Pulsbreite T_2 für Anregung mit LED ab, indem man obige Verbreiterung allein der Laufzeitstreuung zuordnet.

Daten: LED : T_1 = 15 ns; λ_0 = 0,85 µm; B_e = 12 THz

Faser: L =   3 km;   NA = 0,2   ;   M = 0,28 ns/THz km

kein Eigenwellenmischung.

Aufgabe 1.25   Man leite aus (1.135) mit dem entsprechenden Korrekturterm die relative Laufzeitstreuung (Bezug auf Grundlaufzeit) einer Gradientenfaser mit α = 2 ab.

Aufgabe 1.26   Wie groß ist die relative Laufzeitstreuung $\Delta\tau_s/\tau_0$ einer vielwelligen Gradientenfaser mit α = 2,2 und Δ_n = 1 % ?

Aufgabe 1.27   Man bestimme den Störabstand einer Trägerwelle, die mit $m = 1/\sqrt{2}$ durchmoduliert wird, aufgrund des Steckerrauschens bei der Verbindung zweier Gradientenfasern für folgende Daten:

Faser: NA = 0,21; α = 2,3 ; 2a = 50 µm; τ_{rms} = 1 ns

Laser: λ_0 = 1,3 µm;   15 Linien mit je 10 GHz   1/e- Breite

Stecker: 1 dB Verlust

2. Systeme

2.1. Allgemeines

Der Systementwickler steht vor der scheinbar leichten Aufgabe, aus der
Vielzahl der Komponenten nur die richtigen herauszusuchen, was bei der
enormen Bandbreite und der geringen Dämpfung der Faser und den kurzen
Schaltzeiten bei Lasern, LED und Photodioden keine Schwierigkeit zu sein
scheint. In der Praxis kann man aber aus Gründen wie Kosten, Gewicht,
Leistungsaufnahme der Geräte etc. nicht beliebigen Aufwand treiben und muß
sich für einen Kompromiß zwischen lauter gegensätzlichen Forderungen entscheiden. Hinzu kommt, daß sich aus technischer Sicht auch nicht alle Komponenten für den jeweiligen Anwendungsfall eignen. Neben der Komponenten-
auswahl ist außerdem noch ein geeignetes Modulationsverfahren festzulegen. Die Lösung dieser Aufgaben unter Beachtung der gegebenen Rahmenbedin-
gungen darf man getrost als äußerst schwierig bezeichnen.

Die vom Aufwand her einfachste Lösung stellt immer eine LED bei 0,85 μm
mit einer Stufenprofilfaser mit großem Kerndurchmesser dar, die u.U. auf-
wendigste dagegen ein sehr kohärenter Laser mit einer dispersionskom -
pensierten einwelligen Faser im Bereich 1,3 - 1,6 μm, wobei man dann auch
eine Lawinenphotodiode anstelle der einfach zu betreibenden PIN-Photodiode
vorsieht. Im ersten Fall würde man das Signal vielleicht direkt übertragen, bei aufwendigeren Verfahren dagegen mit einem elektrischen Modulator
kodieren. Wir wollen uns im folgenden zunächst mit dem Fall beschäftigen,
bei dem in der Übertragungsstrecke nach Bild 49 die Modulationseinrichtungen entfallen. Dann moduliert die Signalspannung direkt die Lichtintensi-

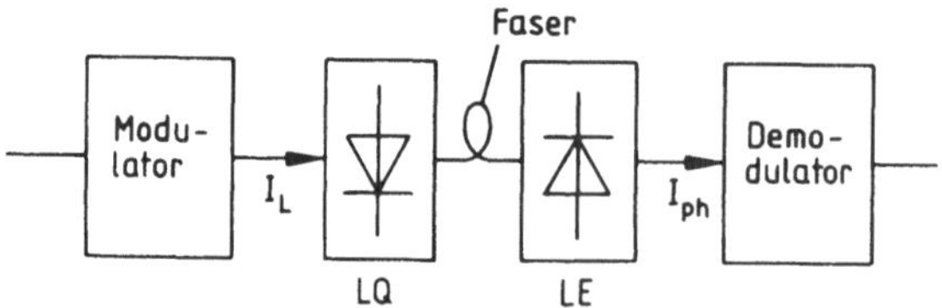

Bild 49 Glasfasersystem: LQ = Lichtquelle mit Verstärker   LE = Lichtempfänger mit Vorverstärker

tät, und man spricht von Intensitätsmodulation (IM). Dieser Begriff ist
nicht ganz glücklich, weil bei all unseren Verfahren nur die Lichtintensität moduliert wird. Wenn nun zusätzlich in Bild 49 z.B. ein PCM-Modula-
tor für Pulscodemodulation vorgeschaltet wird, heißt das Verfahren PCM(IM).
Andere wichtige Verfahren sind Frequenzmodulation oder Pulsfrequenzmodulation, also FM(IM) oder PFM(IM), sowie Pulsweiten- und Pulspositionsmodu-
lation PWM(IM) und PPM(IM). Entsprechend dem allgemeinen Brauch lassen
wir den Zusatz IM in Zukunft fort.

Da bei allen Systemen die einfache Grundverbindung Lichtquelle- Faser -
Lichtempfänger-Vorverstärker vorkommt, wollen wir im späteren Abschnitt
2.3 das Rauschen des Empfängers unter Einbeziehung des Vorverstärkers untersuchen. Im Falle von IM, so wollen wir jetzt das Basisbandverfahren
ohne Modulatoren bezeichnen, kennen wir dann direkt das Signal-Rausch-
Verhältnis S/N nach (1.86). Schwierig werden die Verhältnisse bei zusätzlichen Modulationseinrichtungen, weil zur Bestimmung des Störabstandes im
Signal das Rauschen über den Demodulator hinweg verfolgt werden muß. Bei
all diesen Überlegungen soll das Rauschen von Lichtquelle und Faser unberücksichtigt bleiben. Die Verfolgung des Rauschens über die Demodulatoren
hinweg gestaltet sich deshalb als besonders schwierig, weil die sehr breitbandigen Vorverstärker, wie sie hier benötigt werden, ein quadratisch ansteigendes Rauschspektrum aufweisen werden. Die übliche Annahme von weißem
Rauschen bei der Berechnung von Störabständen ist vollkommen unzulässig.

Die Entwicklung eines geeigneten Vorverstärkers stellt eine zentrale Aufgabe beim Systementwurf dar. Die hervorragendsten Eigenschaften der übrigen
Komponenten und deren Zusammenspiel können manchmal zunichte gemacht werden, wenn der Vorverstärker nicht extrem rauscharm aufgebaut wird. Die
technischen Möglichkeiten von Lichtwellenleitersystemen werden sonst nämlich gar nicht ausgeschöpft.

Im Kapitel 2.2 wird zunächst die Verstärkungstechnik erläutert und die
Frequenzgangentzerrung angesprochen. Sehr breiten Raum nimmt dann aber die
Beschreibung des Rauschens bei bipolaren Transistoren und FETs, sowie bei
Rückkopplung über ein oder mehrere Stufen und bei zusammengesetzten Schal-
tungen ein. Der Störabstand wird dann in Kapitel 2.3 für IM,AM,FM und PCM
unter Berücksichtigung eines quadratischen Rauschspektrums hergeleitet.

2.2 Vorverstärker

2.2.1 Verstärkung und Entzerrung bei Gegenkopplung über mehrere Stufen

Bei Vorverstärkern für Glasfasersysteme arbeitet man meist nach dem Prinzip der Spannungsgegenkopplung über ein oder mehrere Stufen, wobei die letztere Möglichkeit bei Verstärkerbandbreiten ab einigen hundert MHz nicht mehr anwendbar ist. Dieser Abschnitt behandelt zunächst nur den Fall der Gegenkopplung über viele Stufen, wobei die letzte Stufe rückwirkungsfrei ist.

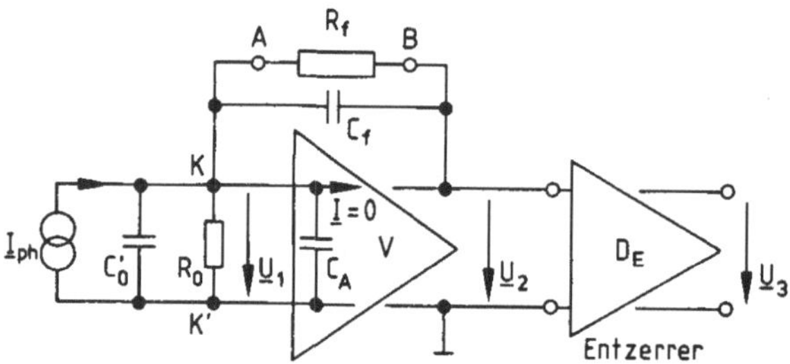

Bild 50 Transimpedanzverstärker (Gegenkopplung mit R_f über viele Stufen) mit nachgeschaltetem Entzerrer

Bild 50 zeigt einen Verstärker mit Gegenkopplung über R_f mit parasitäter Kapazität C_f, wobei

$$C_0 \;=\; C_0' + C_A \qquad mit \qquad C_0' = C_{ph} + C_s \qquad (2.1)$$

die Verstärkerkapazität C_A, Photodiodenkapizität C_{ph} und Streukapazität C_s erfaßt und R_0 die Widerstände des Gleichstromkreises und evt. den Realteil des Verstärkereingangsleitwertes in sich vereinigt. Der Eingangsstrom I des Verstärkers kann zu null gesetzt werden, denn die Eingangsimpedanz ist in R_0 und C_0 enthalten. Der Folgeverstärker hat nun die Aufgabe, den Frequenzgang durch geeignete Wahl von $D_E(j\omega)$ zu entzerren und auf die gewünschte Form zu bringen.

In allen folgenden Rechnungen dieses Kapitels kennzeichnen wir nun die Phasoren bzw. Zeiger in der komplexen Rechnung durch Unterstreichung; die komplexen Verstärkungen werden nicht besonders markiert.

Wir gehen jetzt von der Voraussetzung aus, daß der mehrstufige Verstärker
ohne Gegenkopplung über R_f,C_f die komplexe Verstärkung

$$\frac{-U_2}{U_1} = v\,(j\omega) = \frac{v_0}{1 + Q(j\omega)} \qquad (2.2)$$

hat, wobei $Q(j\omega)$ den Frequenzgang festlegt, und davon, daß sich diese Verstärkung durch die Gegenkopplung R_f,C_f nicht ändert. Dazu muß die letzte
Stufe des mehrstufigen Verstärkers rückwirkungsfrei ausgeführt sein, z.B.
durch Wahl eines Emitterfolgers.

Die Übertragungseigenschaften des Vorverstärkers ließen sich z.B. berechnen,
indem man in Bild 50 die Stromsumme am Knoten K bildet. Etwas eleganter
kommt man aber zum Ziel, wenn man die Parallelschaltung $Z_f = R_f||C_f$ nach
dem Millerschen Theorem um den Faktor $1/(1+v)$ reduziert und auf den
Eingang zwischen die Klemmen KK' transformiert. Der auf die Ausgangsklemmen noch zu transformierende Widerstand spielt am Emitterfolger keine
Rolle. Aus der Eingangsspannung $U_1 = I_{ph}\cdot R_0||C_0||Z_f/(1+v)$ ergibt sich mit
$U_2 = -v\,U_1$ dann die Ausgangsspannung. Hierbei ist die Verstärkung v immer komplex. Ohne jede weitere Einschränkung gelangt man nach einigen
Umformungen zu folgendem Zusammenhang zwischen Photostrom I_{ph} und Aus -
gangsspannung U_2:

$$A(j\omega) = \frac{v_0\,I_{ph}\,R'_{of}}{-U_2} = (1 + j\omega\tau_v) + Q(j\omega)\,\frac{R'_{of}}{R_{of}}\,(1 + j\omega\tau_{of})$$

mit
$$\qquad (2.3)$$

$$\tau_v = R'_{of}\,(C_0 + (1+v_0)C_f) \quad ; \quad R'_{of} = R_0\,||\,\frac{R_f}{1+v_0}\,,$$

$$\tau_{of} = R_{of}\,(C_0 + C_f) \quad ; \quad R_{of} = R_0\,||\,R_f\,,$$

wobei
$$f_v = 1\,/\,2\pi\,\tau_v \qquad (2.4)$$

den 3 dB-Abfall für $Q = 0$ charakterisiert.

$A(j\omega)$ ist die inverse normierte Übertragungsfunktion des Vorverstärkers
ohne Entzerrung. Der nachfolgende Entzerrerverstärker muß dann im Ideal-
fall die Übertragungscharakteristik $\underline{U}_3/\underline{U}_2 \sim A(j\omega)$ realisieren, um den
Frequenzgang $\frac{1}{A}(j\omega)$ des Vorverstärkers vollständig auszugleichen. In (2.3)
ist $Q(j\omega)$ die allgemeine Funktion, die den Frequenzgang v der inneren Verstärkerkette festlegt. Das recht allgemeine Ergebnis (2.3) wollen wir nun
für einige Sonderfälle diskutieren.

Bei einer Verstärkerkette mit hinreichend großer Grenzfrequenz können wir
$Q = 0$ setzen. Bei tiefen Frequenzen mit $A(\omega=0) = 1$ beträgt die Ausgangsspannung $v_o \underline{I}_{ph} R'_{of}$, denn wir erhalten als Eingangswiderstand R_o parallel
zum Millerwiderstand $R_f/(1+v_o)$, und als Eingangsspannung diesen Widerstand
multipliziert mit $\underline{I}_{ph}$. Die Verstärkung fällt dann $\sim 1/(1+j\omega\tau_v)$ zu höheren
Frequenzen hin ab und ist bei $f_v = 1/2\pi\tau_v$ um 3 dB geringer als bei $f = 0$.
Für $C_f=0$ und ohne Rückkopplung ($R_f \to \infty$) ergibt sich aus (2.4) eine relativ niedrige Grenzfrequenz f_v, weil die Zeitkonstante τ_v recht groß werden kann. Mit Gegenkopplung reduziert man nach (2.4) für $C_f=0$ die Zeitkonstante gerade um den Faktor $R'_{of}/R_o < 1$. Um den Kehrwert dieses Faktors
erhöht sich dann die Grenzfrequenz f_v bei Gegenkopplung.

Für ein Zahlenbeispiel wollen wir $R_f \leq R_o$ und $v_o \gg 1$ voraussetzen. Dann
ist $R'_{of} \approx R_f/v_o$, und die Grenzfrequenz steigt um den Faktor $v_o R_o/R_f$. Für
kleines Rauschen muß nun R_o groß sein, z.B. $R_o = 0{,}1 - 1$ MΩ, so daß
sich ohne Gegenkopplung bei einer Eingangskapazität $C_o = 1$ pF mit (2.4)
eine Grenzfrequenz $f_v = 0{,}16 - 1{,}6$ MHz ergibt. Erst durch Gegenkopplung
erreicht man die für Lichtwellenleitersysteme erforderlichen Bandbreiten.
Mit $R_f = 100$ KΩ und $v_o = 100$ wird die Grenze um den Faktor 10^2 bis 10^3
hinausgeschoben. Hierbei muß allerdings c_f so klein sein, daß selbst
$v_o C_f$ vernachlässigbar bleibt.

Wie man leicht anhand von (2.3) zeigen kann, reduziert die Gegenkopplung
in demselben Maße die Verstärkung wie sich die Bandbreite erhöht. Neben
anderen Vorteilen erkauft man sich generell durch Gegenkopplung eine er-
weiterte Bandbreite. Die Wahl der Widerstände muß nun vor allem auch unter
dem Gesichtspunkt des Rauschens erfolgen. Wir wollen hier schon ein Ergebnis der folgenden Kapitel vorwegnehmen und angeben, daß sich das Rauschen von R_f ebenso auswirkt, als läge dieser Widerstand parallel zu R_o.

Bezüglich der Frequenzabhängigkeit wirkt sich der Gegenkopplungswiderstand R_f aber so aus, als läge R_f/v_0 parallel zu R_0, zumindest in diesem einfachen Beispiel.

Bei einem realen Verstärker ist u.U. mit $Q \neq 0$ in (2.2) ein Frequenzgangabfall der Verstärkerkette zu berücksichtigen. Wie sich die Verhältnisse dann exakt ändern, ist (2.3) zu entnehmen. Als Beispiel nehmen wir hier mit $Q(j\omega) = j\omega\tau_A$ einen ganz einfachen Tiefpaß 1.Ordnung an, dessen Grenzfrequenz dann bei $f_A = 1/2\pi\tau_A$ liegt. Setzt man $Q(j\omega)$ in (2.3) ein, erhalten wir den normierten Frequenzgang

$$A(j\omega) = 1 - \left(\frac{\omega}{\omega_a}\right)^2 + j\omega \left(\tau_V + \frac{R'_{of}}{R_{of}}\tau_A\right) \tag{2.5}$$

mit

$$\omega_a^2 = \frac{R_{of} / R'_{of}}{\tau_A \tau_{of}} \quad .$$

Der Frequenzgang kann in diesem Fall so weit verändert werden, daß sich u.U. auch eine Resonanzüberhöhung einstellen kann. (vergl. Aufg. 2.1)

Der Entzerrerverstärker in Bild 50 hat nun die Aufgabe, mit der Spannungsdämpfungsfunktion (=Kehrwert der Übertragungsfunktion) $D_E = \underline{U}_2/\underline{U}_3$ die gewünschte Filtercharakteristik

$$D_{ges}(p) = \frac{v_0 \, \underline{I}_{ph} \, R'_{of}}{\underline{U}_3}(p) \tag{2.6}$$

zwischen Photostrom $\underline{I}_{ph}$ und Ausgangsspannung $\underline{U}_3$ einzustellen. Dabei ist $p = \sigma + j\Omega$ die komplexe normierte Frequenz mit der normierten Frequenz

$$\Omega = f / B_s = \omega / \omega_s \, , \tag{2.7}$$

wobei $B_s = \omega_s/2\pi$ die 3 dB-Systemgrenzfrequenz angibt, bei der $|\underline{U}_3|$ um $1/\sqrt{2}$ abgefallen ist. B_s ist damit die Bandbreite des Vorverstärkers nach Entzerrung. Mit $D_E = \underline{U}_2/\underline{U}_3$ sowie (2.3) und (2.6) muß der Entzerrer für gegebene Filtercharakteristik $D_{ges}(p)$ die Spannungsdämpfungsfunktion

$$D_E(p) = \frac{U_2}{U_3} = \frac{D_{ges}(p)}{A(p)} \qquad (2.8)$$

realisieren. Hierbei ist A(p) nach (2.3) folgendermaßen zu schreiben

$$A(p) = (1 + a_1 p) + Q(p) \cdot (1 + a_2 p) a_3 \qquad (2.9)$$

mit

$$a_1 = \omega_s \tau_v \; ; \quad a_2 = \omega_s \tau_{of} \; ; \quad a_3 = R'_{of} / R_{of} \quad .$$

In einfachen Fällen gelingt es evt., $D_E(p)$ in einer Stufe zu realisieren. Ein Beispiel möge dies verdeutlichen, das im übrigen aber keine praktische Bedeutung hat, sondern eher den Anschluß an die Filtertheorie herausarbeiten soll.

Für einen Potenzfilterverlauf 2. Grades mit $D_{ges}(p) = p^2 + \sqrt{2}\,p + 1$ und einen Vorverstärker mit $Q(p) = 0$ ist dann $D_E(p) = (p^2 + \sqrt{2}p + 1)/(a_1 p + 1)$ zu realisieren. An dieser Stelle muß man im allgemeinen die Methoden der Filtersynthese. anwenden. Wir wollen hier eine ganz einfache Realisierung nach Bild 51 diskutieren. Die Bauelemente der Entzerrerschaltung haben dann bei Frequenznormierung auf ω_s und Impedanznormierung auf R_2 die normierten Werte $\ell = \omega_s L/R_2$, c = $\omega_s C R_2$, $r_1 = R_1/R_2$ und $r_2 = 1$. Mit Hilfe der Spannungsteilerregel findet man die Spannungsdämpfungsfunktion

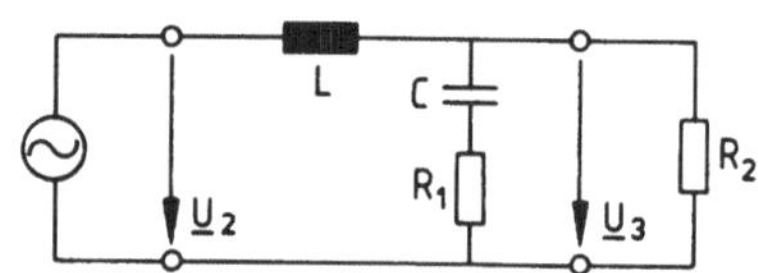

Bild 51 Rechenbeispiel für Entzerrung auf Potenzfilterverlauf

$$D_E(p) = \frac{U_2}{U_3} = \frac{p^2 c(1+r_1) + p(\ell + r_1 c) + 1}{p r_1 c + 1} \quad . \qquad (2.10)$$

Durch Koeffizientenvergleich mit $D_E(p)$ ergeben sich die normierten Bauelemente aus

$$\ell = \sqrt{2} - a_1 \; ; \quad c = \frac{1}{\ell} - a_1 \; ; \quad r_1 = a_1/c \quad , \qquad (2.11)$$

wobei $a_1 = \omega_s \tau_v = \omega_s/\omega_v$ das Verhältnis der Eckfrequenz mit Entzerrung zu

96

der Eckfrequenz ohne Entzerrung angibt. Da nach (2.11) $a_1 < \sqrt{2}$ bleiben
muß, sorgt diese Schaltung eigentlich nur für den gewünschten Filterverlauf. Die Eckfrequenz kann nur um höchstens den Faktor $\sqrt{2}$ angehoben werden. (vergl. Aufg. 2.3)

Falls nur ganz geringe Gruppenlaufzeitverzerrungen zulässig sind und man
auch eine flachere Filterflanke in Kauf nehmen kann, realisiert man ein
Besselfilter, für das in dem hier skizzierten Fall dann $D_{ges}(p) = 1 +$
$c'p + (c'p)^2/3$ mit $c' = 1{,}36$ zu setzen ist. Dieses Filter weist eine maximal flache Gruppenlaufzeitcharakteristik auf; dafür ist die Amplitudenabfall an der Bandgrenze nicht so steil.

In der Praxis hat man nun auch noch den Frequenzgang von Photodiode, Glasfaser, Laser bzw. LED etc. zu berücksichtigen. Die Verhältnisse werden
dann recht unübersichtlich. Aus diesem Grunde entzerrt und filtert man
u.U. in zwei Stufen. Bei PCM-Systemen ist nämlich oft ein erheblicher
Frequenzgangabfall auszugleichen, den man für verbessertes Rauschverhal-
ten aufgrund der integrierenden Wirkung bewußt in Kauf nimmt. Nachdem man
die Verstärkung über manchmal mehrere Dekaden angehoben hat, bringt man
den Impuls dann auf seine endgültige Form ($\cos^2$-Spektrum). Diese Probleme sind Gegenstand von Kapitel 2.3 . Das sogenannte Augendiagramm ist dann
nämlich am weitesten geöffnet, und man kann die Impulse am besten voneinander unterscheiden. Die erforderliche Systembandbreite B_s von Vorverstärker und Entzerrer zusammen lautet dann bei PCM mit einer Schrittge-
schwindigkeit R, die in bit/s gemessen wird,

$$B_s = R / 2 \; . \tag{2.12}$$

Für geträgerte Übertragung bei analogen Systemen im HF-Band $f_0 - B_H/2$
bis $f_0 + B_H/2$ benötigt man mit f_0 als Träger-bzw. Mittenfrequenz demgegenüber die Systembandbreite (selektive Verstärker nicht betrachtet)

$$B_s = f_0 + B_H / 2 \; . \tag{2.13}$$

Im folgenden Kapitel wollen wir untersuchen, welches Rauschen innerhalb
der Systembandbreite B_s dem Signal überlagert ist. Die Behandlung dieser
umfassenden Frage bedarf allerdings einiger vorbereitender Überlegungen.

2.2.2 Rauschen bei Gegenkopplung über mehrere Stufen

Bild 52 zeigt das Rauschersatzbild des Verstärkers nach Bild 50 mit Hilfs-
pfeilen für die Rauschgrößen. Die Pfeilrichtung ist willkürlich, denn das
Vorzeichen hebt sich bei der Quadrierung unkorrelierter Rauschgrößen zum
Schluß immer weg. Dennoch ist die Einführung von Pfeilen insbesondere bei
komplizierten Schaltungen, wie sie hier vorkommen werden, äußerst ratsam.
Die Verstärkerrauschquellen U_v und I_v stehen im übrigen symbolisch für die
Rauschspektren $d\overline{|U_v|}^2/df$ und $d\overline{|I_v|}^2/df$. In allen folgenden Betrachtungen
rechnen wir mit den Rauschströmen und Rauschspannungen ebenso wie mit
harmonischen Schwingungen. Für den Phasor der momentanen Rauschspannung
innerhalb df schreiben wir U bzw. dU und für das Spektrum kurz dU^2/df. Für
Ströme gilt entsprechendes. In allen Bildern steht an der betreffenden
Quelle symbolisch U bzw. I mit den entsprechenden Indizes, und wir spre-
chen oft kurz von den Rauschquellen oder Spektren U,I. Dieses Vorgehen
ist sinnvoll, weil die Obersichtlichkeit der folgenden Gleichungen dadurch
besser wird; Verwechslungen sind eigentlich nicht möglich.

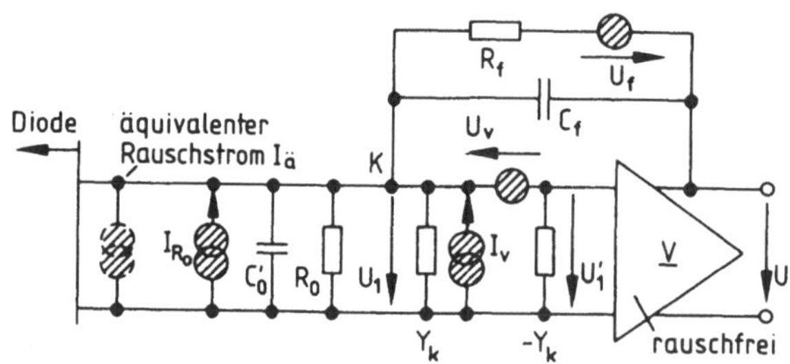

Bild 52 Rauschersatzbild des Transimpedanzverstärkers nach Bild 50 mit Rauschvierpol zur Bestimmung
des äquivalenten Rauschens $I_ä$

Die Rauschanalyse wird nun ganz allgemein durchgeführt, indem wir die allgemeine komplexe Verstärkung v nach (2.2) zugrunde legen. Dem rauschfrei
gedachten Verstärker ist dabei ein Rauschvierpol mit nichtkorrelierten
Quellen U_v, I_v und Korrelationsleitwert $\pm\, Y_k$ vorgeschaltet, der das Verstärkerrauschen beschreibt. Erst im folgenden Kapitel wollen wir zeigen,
daß so etwas möglich ist. Wir nehmen hier die Größen U_v, I_v und Y_k als gegeben an. An dieser Stelle sei allerdings bereits angemerkt, daß im einfachsten Fall verschwindender Korrelation der inneren Rauschquellen des
Verstärkers der Korrelationsleitwert nicht unbedingt verschwindet.

Die Aufgabe soll nun darin bestehen, die Wirkung jeder Rauschquelle durch
eine äquivalente Stromquelle parallel zur Photodiode zu beschreiben, de-
ren Einzelwirkungen dann zu einem Gesamtrauschen $I_{\ddot{a}}$ aufsummiert werden.
Die jeweilige Ersatzrauschquelle parallel zur Photodiode muß nun dieselbe
Wirkung zeigen wie die tatsächliche Rauschquelle. Man könnte also zum
Beispiel die Wirkung zuerst am Ausgang bestimmen und dann mit Hilfe der
Übertragungscharakteristik $A(j\omega)$ nach (2.3) auf den Eingang zurückrechnen.
Da dieser Weg zu relativ unübersichtlichen Ausdrücken führt, werden wir
hier wiederum das Millersche Theorem anwenden, sofern dies überhaupt not-
wendig ist.

Zunächst berechnen wir den äquvalenten Rauschstrom $I_{f\ddot{a}}$ des Rückkopplungs-
widerstandes R_f, dem die thermische Rauschspannung U_f zugeordnet ist. Der
quadratische Mittelwert $dU_f^2 = 4\,KTdf\,R_f$ folgt aus (1.88).

Die Wirkung der Rauschspannung U_f in Bild 52 läßt sich einfach beschreiben, wenn man die entsprechende Stromquelle $I_f=U_f/R_f$, die man anstelle von
U_f parallel zu R_f legen könnte, in zwei Stromquellen I_f parallel zum Ein-
und Ausgang des Verstärkers aufteilt. Alle anderen Rauschquellen (I_{R_0}, I_v
und U_v) sind jetzt ausgeschaltet. Wegen des niederohmigen Ausgangswider-
standes bleibt die letzte Quelle bei rückwirkungsfreier Ausgangsstufe ohne
Wirkung, weil sie parallel zu einer Spannungsquelle liegt (Emitterfolger).
Am Eingang liegt dann im Frequenzintervall df die äquivalente Quelle

$$dI_{f\ddot{a}}^2 \quad = \quad 4\,KT\,df\,/\,R_f \quad . \tag{2.14}$$

Die Quelle U_f in Reihe zu R_f kann also durch $I_{f\ddot{a}}$ parallel zur Photodiode
ersetzt werden.

Zur Berechnung des äquivalenten Stromes $I_{u\ddot{a}}$ der Spannungsquelle U_v fassen
wir vorübergehend die Größe $-Y_k$ mit dem Eingangsleitwert des Verstärkers
zu einem Leitwert Y_E zusammen. Mit

$$Y_0 \quad = \quad Y_k\,||\,C_0'\,||\,R_0 \tag{2.15}$$

verbinden wir weiter die Photodioden- und Streukapazität $C_0' = C_{ph}+C_s$ mit
dem Beschaltungswiderstand R_0 und dem Korrelationsleitwert Y_k.

Die Stromsumme bei K liefert, wenn wieder alle anderen Quellen entfallen,

$$(-vU_1' - U_1' + U_v)\, Y_f = Y_o\,(-U_v + U_1') + Y_E U_1' \qquad (2.16)$$

mit

$$Y_f = \frac{1}{R_f} \,\|\, C_f \,. \qquad (2.17)$$

Anstelle von U_v kann man mit einer äquivalenten Quelle $I_{u\ddot{a}}$ parallel zur Diode dieselbe Spannung U_1' erzeugen. Da dann $U_v=0$ zu setzen ist, erscheint nach dem Millerschen Theorem Y_f um $(1+v(j\omega))$ erhöht zwischen den Eingangsklemmen. Die Quelle $I_{u\ddot{a}}$ erzeugt dann die Spannung

$$U_1' = \frac{I_{u\ddot{a}}}{Y_o + Y_E + (1+v)Y_f} \,, \qquad (2.18)$$

denn die Rückkopplung entfällt jetzt. Eliminiert man mit (2.16) U_1', folgt für die äquivalente Stromquelle $I_{u\ddot{a}}$ der Rauschquelle U_v

$$I_{u\ddot{a}} = U_v\,(Y_f + Y_o) \,. \qquad (2.19)$$

In diesem Fall bestimmt also allein die Parallelschaltung der Gegen kopplungsimpedanz $R_f\|C_f$ mit dem Leitwert Y_o nach (2.15) den Rauschbeitrag. Das Betragsquadrat liefert innerhalb df

$$dI_{u\ddot{a}}^2 = dU_v^2\,|Y_f + Y_o|^2 \,. \qquad (2.20)$$

Der Gesamtbeitrag aller Rauschquellen innerhalb df kann durch Oberlagerung der nicht korrelierten Quellen $dI_{Ro}^2 = 4\,KTdf/R_o$, dI_v^2 sowie $dI_{u\ddot{a}}^2$ und $dI_{f\ddot{a}}^2$ nach (2.20) bzw. (2.14) bestimmt werden. Nach Division durch df erhält man folgendes Gesamtspektrum

$$\frac{dI_{\ddot{a}}^2}{df} = 4\,KT\left|\frac{1}{R_i(f)} + |Y_f+Y_o|^2 R_u(f) + \frac{1}{R_{of}}\right| \qquad (2.21)$$

mit $\quad R_{of} = R_o \,\|\, R_f \,,$

$$R_u = \frac{dU_v^2/df}{4\,KT} \;(2.22), \quad \frac{1}{R_i} = \frac{dI_v^2/df}{4\,KT} \,. \qquad (2.23)$$

100

Durch Division der Rauschspektren von U_v, I_v durch 4 KT haben wir äquivalente Widerstände $R_{u,i}$ eingeführt, die bei konstanten Spektren frequenzunabhängig sind. Mit dem Ansatz

$$Y_k = \frac{1}{R_k} + j\omega\, C_k \qquad\qquad (2.24)$$

folgt aus (2.1),(2.15),(2.17),(2.21) das Spektrum des äquivalenten Rauschstromes in Bild 52

$$\frac{dI_{\ddot{a}}^2}{df} = 4\ KT\left[\frac{1}{R_i(f)} + \frac{1}{R_{of}} + R_u(f)\left[\frac{1}{(R_{of}\| R_k)^2} + \omega^2(C_{ph}+C_s+C_f+C_k)^2\right]\right].$$

$$(2.25)$$

Die genaue Frequenzabhängigkeit dieses Spektrums können wir erst angeben, wenn die Verstärkerspektren U_v und I_v, d.h., $R_u(f)$ und $R_i(f)$ bekannt sind. Wie wir später sehen werden, ist bei FET-Eingangsstufen R_u etwa frequenzunabhängig und $1/R_i(f)$ steigt $\sim \omega^2$ an und erhöht damit formal die Summe der Kapazitäten im letzten Term von (2.25).

Im Frequenzband $f_o \pm B_H/2$ erhalten wir das uns interessierende Gesamtrauschstromquadrat an der Photodiode, indem wir um die Bandmittenfrequenz f_o von $f_o - B_H/2$ bis $f_o + B_H/2$ integrieren:

$$\overline{I_{\ddot{a}g}^2} = \int_{B_H} dI_{\ddot{a}}^2/df \ df \ . \qquad\qquad (2.26)$$

Das Gesamtschwankungsquadrat $\overline{U_{3rg}^2}$ der Rauschspannung U_{r3} nach Vorverstärkung und Entzerrung in Bild 50 ergibt sich durch Wichtung mit $1/|D_{ges}|^2$ und Integration über das Band B_H zu (vergl. Aufg. 2.6)

$$\overline{U_{3rg}^2} = v_o^2\, R_{of}^{'2} \int_{B_H} \frac{dI_{\ddot{a}}^2/df}{|D_{ges}|^2}\ df \ . \qquad\qquad (2.27)$$

Im Sonderfall eines Verstärkers nach Bild 52 mit konstantem Rauschspektrum U_v (R_u=const.) und einem Spektrum I_v der Form

$$\frac{1}{R_i(f)} = \omega^2\, R_u\, C_i^2 \qquad\qquad (2.28)$$

ergeben sich folgende Ausdrücke für das Spektrum $dI_{\ddot{a}}^2/df$ und das Gesamtrauschstromquadrat $\overline{I_{\ddot{a}g}^2}$ im hochfrequenten Band B_H bei f_o

$$\frac{dI_{\ddot{a}}^2}{df} = a + b\,f^2 \quad (2.29) \quad \text{und} \quad \overline{I_{\ddot{a}g}^2} = aB_H + \frac{b}{3}\,\delta_f B_H^3 \qquad (2.30)$$

mit

$$a = 4\,KT\left[\frac{1}{R_{of}} + \frac{R_u}{(R_{of}||R_k)^2}\right] \;,\quad b = 16\pi^2\,R_u\,C_t^2\,KT \qquad (2.31)$$

$$C_t^2 = C_i^2 + (C_{ph} + C_s + C_f + C_k)^2 \qquad (2.32)$$

$$\delta_f = \frac{1}{4} + 3(f_o/B_H)^2 \;. \qquad (2.33)$$

Das Rauschspektrum (2.29) steigt aufgrund der Kapazitäten $\sim \omega^2$ stark an.
Der Parameter δ_f berücksichtigt die Lage des HF-Bandes. Für Basisbandüber-
tragung von $0...B_H$ gilt $\delta_f=1$, weil formal $f_o=B_H/2$ zu setzen ist. Für die
Systembandbreite gilt dann $B_s=B_H$, sonst dagegen (2.12) oder (2.13).

In der obigen Darstellung wird der Rauschvierpol U_v,I_v,Y_k durch die Größen R_u für U_v, C_i für I_v sowie $1/R_k$ und C_k für Real- und Imaginärteil des
Korrelationsleitwertes Y_k beschrieben. Diese Verhältnisse liegen in erster Näherung bei Verstärkern mit FET-Eingangsstufe in Bild 52 vor. Gerade dieser Fall ist von großer praktischer Bedeutung. Wenn man andere
Rauschquellen vorliegen hat, ist (2.25) mit gegebenem $R_{u,i}(f)$ zu integrieren.

Zur Bestimmung der hier als gegeben angenommen Größen des Rauschvierpols
müssen wir die uns interessierenden Verstärker festlegen und untersuchen.
Dabei gehen wir aber zunächst von elementaren Baugruppen aus, deren
Rauschen wir zuerst berechnen wollen. Später setzen wir die Gruppen zusammen und bestimmen für verschiedene Verstärkeranordnungen den Rauschvierpol bzw. die oben benötigten Größen R_u,C_i,R_k,C_k usw.. Als Baugruppen
wollen wir FET-Verstärker in Sourceschaltung und Bipolar-Transistorver-
stärker mit Parallelgegenkopplung behandeln. Für Vorverstärker nach
Bild 52 mit Gegenkopplung über mehrere Stufen nimmt man meist FET-Eingangsstufen und nachfolgend bipolare Transistoren. Bei höheren Frequenzen greift man auf bipolare Transistoren zurück und koppelt über jede Stufe parallel gegen. Wir berechnen nun den Rauschvierpol für beide Fälle.

2.2.3 Rauschen von Transistorverstärkern

In den beiden folgenden Kapiteln untersuchen wir das Rauschen von bipolaren Transistoren und FETs bei hohen Frequenzen und in 2.2.3.3 das Rauschen zusammengesetzter Schaltungen, die in Bild 52 die erste und evt. zweite Stufe des Verstärkers bilden. Das Ziel besteht darin, den Rauschvierpol U_v, I_v, Y_k zu bestimmen. Im folgenden Abschnitt 2.2.3.1 wollen wir am Beispiel bipolarer Transistoren die Methodik der Rauschanalyse weiter vertiefen und noch neue Begriffe einführen.

2.2.3.1 Rauschanalyse am Beispiel bipolarer Transistoren

a) Rauschvierpol mit korrelierten Quellen

Bild 53 zeigt das vereinfachte T-Rauschersatzbild des bipolaren Transistors (BPT) mit den Rauschquellen U_b vom Wärmerauschen des Basiswiderstandes r_b, U_E vom Schrotrauschen der Basis-Emitterdiode und I_c vom Stromverteilungsrauschen. Obwohl I_c und U_E etwas miteinander korreliert sind, wollen wir hier nun vereinfachend annehmen, daß alle Quellen untereinander unkorreliert sind.

Es gilt nun, wie hier ohne weiteren Beweis angegeben sei,

$$dI_c^2 = 4\,KT\,df\,\frac{1}{2\beta_0 r_E} \cdot \frac{A_f(f)}{1 + (f/f_\alpha)^2} \quad,$$

wobei
$$(2.34)$$

$$A_f(f) = 1 + \beta_0\,(f/f_\alpha)^2$$

ist und

$$r_E = KT/eI_E \qquad\qquad (2.35)$$

den durch den Emittergleichstrom I_E bestimmten differentiellen Diodenwiderstand und f_α die α-Grenzfrequenz ($\simeq$ Transitfrequenz) angibt. Die komplexe Stromverstärkung

$$\alpha(f) = \alpha_0/(1+jf/f_\alpha) \qquad (2.36)$$

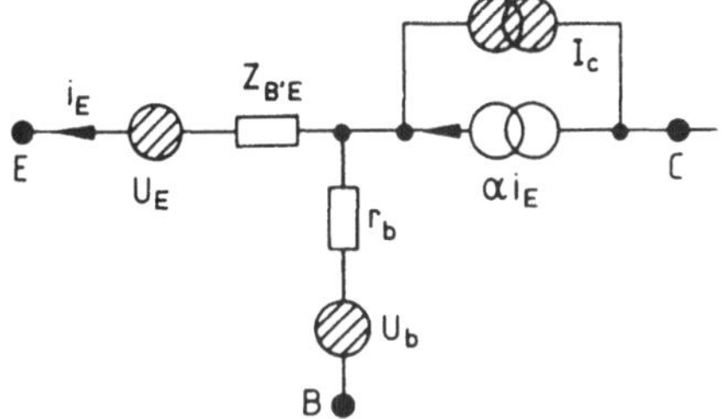

Bild 53 T-Rauschersatzbild des bipolaren Transistors

ist dann bei f_α auf $1/\sqrt{2}$ abgefallen. Wir nehmen weiter immer an, daß die Stromverstärkung in Emitterschaltung

$$\beta_0 = \frac{\alpha_0}{1 - \alpha_0} \gg 1$$

erfüllt. Die übrigen Größen in Bild 53 lauten

$$Z_{B'E} = r_E \cdot \alpha(f) \tag{2.37}$$

und

$$dU_E^2 = 4\,KT\,df\,r_E|\alpha|^2/2 \ . \tag{2.38}$$

Die Basisemitterdiode rauscht also für $f \ll f_\alpha$ ebenso wie ein ohmscher Widerstand der Größe $r_E/2$.

Das vorliegende Transistormodell ist schon im Ansatz auf Frequenzen $f < f_\alpha$ beschränkt und erfaßt dabei auch nur, in zudem grob vereinfachender Form, Diffusionsverzögerungen in der Basiszone, die durch die α-Grenzfrequenz beschrieben werden. Alle anderen Verzögerungseffekte in der Emitter- und Kollektorsperrschicht sind vernachlässigt. Bei $Z_{B'E} = r_E||C_{B'E}$ wurde die Diffusionskapazität $C_{B'E}$ mit der α-Grenzfrequenz durch $\omega_\alpha r_E C_{B'E} = 1$ anstelle von $2/3$ verknüpft, so daß (2.37) aus (2.36) folgt. Gleichung (2.38) ist aus der Umwandlung einer Schrotrauschquelle $2eI_E df$ parallel zu $Z_{B'E}$ in eine in Reihe liegende Spannungsquelle entstanden.

Wir betrachten nun die gegengekoppelte Schaltung nach Bild 54. Der Emitterzweig enthält die Impedanz

$$Z_E = R_E + Z_{B'E} = R_E + \alpha\,r_E \tag{2.39}$$

und die unkorrelierten Rauschquellen vom Wärmerauschen $4KTdf\,R_E$ von R_E und dU_E^2 vom Schrotrauschen (2.38) der Basisemitterdiode. Die Größe

$$dU_e^2 = 4\,KTdf\,(R_E + |\alpha|^2 \cdot r_E/2) \tag{2.40}$$

faßt beide Effekte zusammen. Die Aufgabe besteht nun darin, für alle Quellen Ersatzrauschquellen in Form eines Rauschvierpols zu bestimmen.

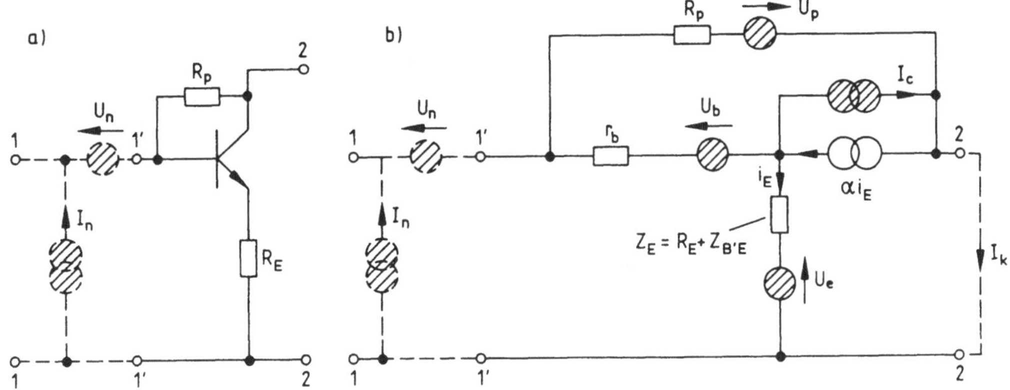

Bild 54 Gegengekoppelter Transistor (a) mit Rauschersatzbild (b) zur Bestimmung der teilkorrelierten Quellen U_n, I_n als Ersatz für die Quellen U_p, U_b, U_e, I_c

Die Rauschquellen des Vierpols 1'-2 kann man nun, wie hier ohne weiteren Beweis angegeben sei, durch zwei teilkorrelierte Rauschquellen an den Vierpolklemmen ersetzen. Hier ist eine Darstellung mit Quellen U_n, I_n am Eingang gewählt worden. Alternativ kann man z.B. auch Stromquellen $I_{n1,2}$ an den Ein- und Ausgangsklemmen verwenden. Insgesamt sind 6 Darstellungen denkbar. Die Umrechnung in unkorrelierte Quellen U_v, I_v mit Korrelationsleitwert Y_k entsprechend Bild 52 betrachten wir später.

Die Ersatzrauschquellen, in unserem Falle U_n, I_n , werden nun immer durch die Forderung bestimmt, daß sich die Rauschströme und -spannungen an den Vierpolklemmen 1-2 nicht ändern. Dazu müssen nur die Vierpolparameter des Vierpols 1-2 erhalten bleiben. Die Ersatzquellen hängen somit allein von den Vierpoleigenschaften ab und nicht von der äußeren Beschaltung an den Klemmen 1 oder 2. Betrachtet man daher in Bild 54 b z.B. am Eingang 1 einen Leerlauf, dann entfällt U_n, und nur I_n stellt den Ersatz für alle Rauschquellen zwischen 1' und 2 dar. Da diese Quelle I_n nicht von der Beschaltung abhängt, dürfen wir bei 2 gleichzeitig einen Kurzschluß bilden. Nun hat I_n die Aufgabe, denselben Kurzschlußstrom I_k zu liefern wie alle Quellen U_p, U_b, U_e und I_c bei Leerlauf am Eingang. Aus dieser Forderung können wir die Quelle nach einer langen, aber elementaren Rechnung mit Hilfe der Methoden der Schaltungsanalyse bestimmen. Man findet für die Ersatzquelle in Bild 54

$$I_n \;=\; a_1\,U_e \;+\; a_2\,U_p \;+\; a_3\,U_b \;+\; a_4\,I_c \qquad (2.41)$$

mit

$$a_1 \;=\; a_2 \;=\; a_3 \;=\; -1/N \;,\qquad a_4 \;=\; (r_b+R_p)/N\;,$$

$$N \;=\; r_b(1-\alpha) + Z_E - \alpha\,R_p\;.$$

Für $R_p \gg Z_E, r_b$ reduzieren sich die Koeffizienten auf

$$a_1 \;=\; a_2 \;=\; a_3 \;=\; \frac{1}{\alpha\,R_p} \quad\text{und}\quad a_4 \;=\; \frac{-1}{\alpha}\;. \qquad (2.42)$$

Zur Bestimmung der Ersatzrauschquelle U_n verfahren wir analog und bilden
am Eingang einen Kurzschluß. Die Bedingung für gleichen Kurzschlußstrom
am Ausgang, erzeugt durch U_n bzw. die Rauschquellen innerhalb 1'-2, liefert

$$U_n \;=\; b_1\,U_e \;+\; b_2\,U_p \;+\; b_3\,U_b \;+\; b_4\,I_c \qquad (2.43)$$

mit

$$b_1 \;=\; -\,\frac{\alpha R_p}{N}\;;\qquad b_2 = \frac{(1-\alpha)r_b+Z_E}{(-N)}\;;\qquad b_3 = b_1\;;\qquad b_4 = \frac{(r_b+Z_E)R_p}{N}\;.$$

Für $R_p \gg Z_E, r_b$ reduzieren sich diese Koeffizienten auf

$$b_1 \;=\; 1\;;\qquad b_2 = \frac{(1-\alpha)r_b+Z_E}{\alpha\,R_p}\;;\qquad b_3 = 1\;;\qquad b_4 = \frac{-(r_b+Z_E)}{\alpha}\;.$$

$$(2.44)$$

Da die 4 Rauschquellen, von denen die Rauschersatzquellen U_n und I_n linear
abhängen, untereinander unkorreliert sind, können wir bei der Berechnung
der Schwankungsgröße (am Beispiel von I_n)

$$dI_n^2 \;=\; \overline{|I_n|^2} = \overline{I_n I_n^{*}} \;=\; \overline{(a_1 U_e + a_2 U_p + ..)(a_1^{*}U_e^{*} + a_2^{*}U_p^{*} + ...)} \qquad (2.45)$$

alle Mischprodukte weglassen und erhalten

$$\overline{|I_n|^2} = |a_1|^2\,\overline{|U_e|^2} + |a_2|^2\,\overline{|U_p|^2} + |a_3|^2\,\overline{|U_b|^2} + |a_4|^2\,\overline{|I_c|^2}\;.$$

$$(2.46)$$

Mischprodukte der Form $U_e U_p^{*}$ ... liefern nämlich keinen Beitrag. In der
abgekürzten Schreibweise wollen wir die Mittelungsstriche und

vor allem bei Schwankungsgrößen die Betragszeichen nur bei Bedarf setzen.
Auch die Differentiale werden zum Teil fortgelassen. Einen zu (2.46) ana-
logen Ausdruck erhalten wir für $dU_n^2 = d|U_n|^2$, wenn man die Koeffizienten
a_i durch b_i ersetzt. Wir setzen die Koeffizienten nach (2.42) und (2.44)
und die Rauschquellen U_e und I_c mit den Spektren nach (2.40) und (2.34)
sowie $dU_b^2 = 4KTdf \cdot r_b$ und $dU_p^2 = 4KTdf \cdot R_p$ ein und erhalten aus (2.46) und
dem entsprechenden Analogon für U_n

$$dI_n^2 = \overline{d|I_n|^2} = 4KTdf \left[\frac{R_E}{|\alpha|^2 R_p^2} + \frac{1}{|\alpha|^2 R_p} + 0 + \frac{1}{2\beta_0 r_E} A_f \right] \qquad (2.47)$$

und

$$dU_n^2 = \overline{d|U_n|^2} = 4KTdf \left[(R_E + \frac{|\alpha|^2 r_E}{2}) + 0 + r_b + \frac{|r_b + Z_E|^2}{2\beta_0 r_E} A_f \right] \quad . \qquad (2.48)$$

Hierbei sind nun die Summanden in der Reihenfolge der Koeffizienten a_i
und b_i angeordnet. Dabei wurde wegen $R_p \gg Z_E, r_b$ bei dU_n^2 der zweite
Koeffizient b_2 und bei dI_n^2 der dritte Koeffizient a_3 mit den jeweils dazu
gehörenden Summanden vernachlässigt.

Wie man an diesen Gleichungen für die Rauschspektren der Quellen U_n und I_n
in Bild 54 erkennt, stört die Gegenkopplung im Emitterzweig sehr, denn
sie wirkt mit dem gesamten Wärmerauschen von R_E auf die Basis zurück. Im
folgenden wollen wir daher in Bild 54 nur noch den Fall $R_E = 0$ verfolgen.

Nach (2.41) und (2.43) hängen die Rauschgrößen von denselben Rauschquellen ab. Aus diesem Grunde sind diese Ersatzquellen im Prinzip untereinander korreliert. Betrachtet man die Schwankungsgrößen (2.47) und (2.48)
für $R_E = 0$, dann stellt man fest, daß im Rahmen obiger Näherung nur die
Rauschquelle I_c über den Faktor A_f in beide Schwankungsquadrate eingeht.
Bei der Korrelation $\overline{I_n U_n^*}$ ist also nur der Index "4" der Koeffizienten
zu berücksichtigen. Wir erhalten unter Vernachlässigung aller anderen
Mischprodukte aus (2.41) bis (2.44), (2.34) und (2.36) mit $\alpha_0 \rightarrow 1$ die
Korrelation der Quellen U_n und I_n in Bild 54 für $f^2 \ll f_\alpha^2$ zu

$$\overline{dI_n U_n^*} = \overline{a_4 I_c \, b_4^* I_c^*} = a_4 b_4^* \overline{|I_c|^2} = a_4 b_4^* \, dI_c^2 = 4KTdf \frac{(r_b + \alpha^* r_E) A_f}{2\beta_0 r_E} \quad . \qquad (2.49)$$

b) Rauschvierpol mit nichtkorrelierten Quellen und Korrelationsleitwert

Nach Bild 55 kann man nun den Rauschvierpol 1-1' mit den teilkorrelierten Quellen U_n, I_n durch einen Vierpol mit nichtkorrelierten Quellen U_v, I_v zuzüglich eines Korrelationsleitwertes $\pm Y_k$ ersetzen. Von dieser Darstellung waren wir ursprünglich in Bild 52 ausgegangen, als wir das gesamte Verstärkerrauschen durch einen dem Verstärker vorgeschalteten Rauschvierpol beschrieben. Hier wollen wir nun diesen Vierpol für den Verstärker nach Bild 54 aus den oben berechneten Rauschquellen U_n und I_n bestimmen. Wir werden hier die Umrechnung herleiten, wobei die Ansteuerung in Bild 55 a zunächst unberücksichtigt bleiben kann.

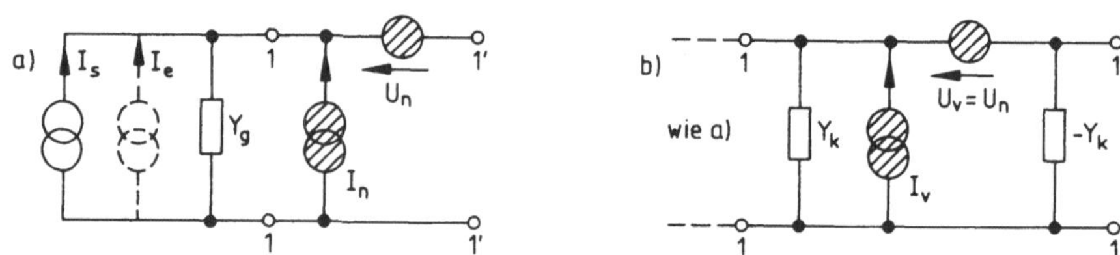

Bild 55 Darstellung eines Rauschvierpols 11' durch teilkorrelierte Quellen U_n, I_n oder nichtkorrelierte Quellen U_v, I_v und Korrelationsleitwert $\pm Y_k$

Damit sich die Klemmenströme und -spannungen nicht ändern, muß

$$U_v = U_n \quad \text{und} \quad I_v = I_n - Y_k U_n \tag{2.50}$$

gelten. Die letzte Bedingung folgt aus der Forderung für gleichen Kurzschlußstrom am Ausgang für Leerlauf am Eingang. Die unbestimmte Größe Y_k legen wir nun so fest, daß in der Zerlegung $I_n = I_v + Y_k U_n$ der Anteil I_v mit U_v bzw. U_n unkorreliert ist, d.h., $\overline{I_v U_v^*} = 0$. Setzt man I_v und U_v nach (2.50) in diese Bedingung ein, folgt

$$0 \overset{!}{=} \overline{(I_n - Y_k U_n) U_n^*} = \overline{I_n U_n^*} - Y_k \overline{U_n^2}$$

und somit

$$Y_k = \frac{\overline{I_n U_n^*}}{\overline{U_n^2}} \quad . \tag{2.51}$$

Mit der Definition des Korrelationskoeffizienten

$$\gamma = \overline{I_n U_n^*} / \sqrt{\overline{I_n^2} \cdot \overline{U_n^2}} \tag{2.52}$$

108

können wir das Schwankungsquadrat $\overline{I_v^2}$ der neuen Quelle I_v nach (2.50) durch Betragsquadratbildung und Mittelung bestimmen. Man erhält für den Rauschvierpol dann

$$\overline{I_v^2} = \overline{I_n^2} \, (1 - |\gamma|^2)$$

$$\overline{U_v^2} = \overline{U_n^2} \; ; \quad Y_k = \gamma \sqrt{\overline{I_n^2} / \overline{U_n^2}} \; . \tag{2.53}$$

Ohne Korrelation zwischen U_n und I_n verschwindet der Korrelationsleitwert, und es gilt $I_v = I_n$. Bei Vollkorrelation mit $\gamma=1$ entfällt die Stromquelle I_v, und man erhält den Korrelationsleitwert $\sqrt{\overline{I_n^2} / \overline{U_n^2}}$.

Setzt man für den Fall des bipolaren Transistors nach Bild 54 mit $R_E=0$ und Gegenkopplung $R_p \gg Z_E, r_b$ die Gleichungen (2.47) bis (2.49) in (2.51) und (2.52) ein, folgt mit $|\alpha|^2 \simeq 1$

$$Y_k = \frac{(r_b + \alpha^* r_E) \, A_f}{(r_b + r_E/2) \, 2\beta_0 r_E + |r_b + \alpha r_E|^2 \, A_f} \tag{2.54}$$

$$\gamma = \frac{(r_b + \alpha^* r_E) \, A_f}{\sqrt{\left[\dfrac{2\beta_0 r_E}{R_p} + A_f\right] \cdot \left[(r_b + r_E/2) \cdot 2\beta_0 r_E + |r_b + \alpha r_E|^2 \cdot A_f \right]}} . \tag{2.55}$$

Die Schwankungsquadrate errechnen sich mit (2.47) und (2.48) aus (2.53). Damit ist der Rauschvierpol U_v, I_v mit $\pm Y_k$ bekannt. Im nächsten Abschnitt führen wir jetzt den Begriff der Rauschzahl ein.

c) Definition der Rauschzahl

Ganz anders als in Bild 52 wollen wir nun den Spezialfall einer einfachen Ansteuerung mit Generatorleitwert Y_g und Signalquelle I_s, wie in Bild 55 dargestellt, besprechen. Es kommt also keine Rückkopplung vor. In diesem Sonderfall kann man das Vierpolrauschen auch durch eine Rauschzahl F beschreiben; für den Verstärker nach Bild 52 ist dies nicht möglich, wenn wir uns auf den inneren Verstärker beschränken, wie hier vorausgesetzt.

Um die Störung des Signalstromes I_s durch die Rauschquellen zu erfassen, berechnen wir in Bild 55 a und b jeweils den Ersatzzweipol bei 1' nach links und erhalten für den äquivalenten Rauschstrom I_e

$$I_e = I_n + Y_g U_n \quad \text{(a)} \quad \text{und} \quad I_e = I_v + (Y_g + Y_k) U_n \quad \text{(b)}.$$
$$(2.56)$$

Wegen (2.50) sind beide Ausdrücke für I_e erwartungsgemäß identisch. Das Schwankungsquadrat $\overline{I_e^2}$ berechnet sich aus (b) wegen $\overline{I_v U_v^*} = 0$ leicht und ergibt mit (2.53)

$$\overline{I_e^2} = (1 - |\gamma|^2) \overline{I_n^2} + |Y_g + Y_k|^2 \overline{U_n^2} \;.$$
$$(2.57)$$

Die Rauschzahl vergleicht nun dieses Vierpolrauschen $\overline{I_e^2}$ mit dem unvermeidbaren Wärmerauschen $d\overline{I_{Yg}^2} = 4KTdf \cdot Re(Y_g)$ des Generatorleitwertes. Man definiert die Rauschzahl F nun durch

$$F - 1 = \frac{\overline{I_e^2}}{\overline{I_{Yg}^2}} \quad \text{bzw.} \quad F = \frac{\overline{I_{Yg}^2} + \overline{I_e^2}}{\overline{I_{Yg}^2}}$$
$$(2.58)$$

und gibt somit durch den Faktor F an, um wieviel das Gesamtrauschen über dem Wärmerauschen von Y_g liegt. Für F = 2 entsprechend F = 3 dB erreicht das Vierpolrauschen gerade das Wärmerauschen von Y_g. Um den Faktor F verringert sich in Bild 55 nun der Störabstand des Signalstromes gegenüber dem Rauschen, wenn man mit dem Fall vergleicht, in dem allein Y_g rauscht.

Bei festem Generatorleitwert Y_g muß für maximalen Störabstand die Rauschzahl F dann möglichst klein gewählt werden. In vielen Fällen ist aber Y_g durchaus frei wählbar; dann ist nicht die Rauschzahl maßgebend, sondern einfach der äquivalente Rauschstrom, der parallel zur Signalstromquelle fließt. Für maximalen Störabstand ist die Bedingung nach minimalem $\overline{I_e^2}$ immer richtig, während die Forderung einer minimalen Rauschzahl F nur für die einfache Ansteuerung nach Bild 55 mit gleichzeitig Y_g = const. verwendet werden kann. Sicherlich findet man bei einem bestimmten Generatorleitwert eine minimale Rauschzahl, nur ist an dieser Stelle nicht der Störabstand maximal. Eine Ansteuerung nach Bild 55 liegt z.B. bei in Kette geschalteten Verstärkern vor. Diese Situation werden wir später behandeln, wenn in Bild 52 der FET-Eingangsstufe ein Bipolartransistor folgt.

110

Durch Einsetzen von (2.57) in (2.58) läßt sich die Rauschzahl des gegengekoppelten bipolaren Transistors angeben. Diesen Schritt, der keinerlei
neuer Überlegungen bedarf, wollen wir hier aber zunächst zurückstellen
und vorerst untersuchen, welche Rolle die Korrelation spielt.

c) Einfluß der Korrelation

Wegen der äußerst unübersichtlichen Ausdrücke, wie sie sich bereits für
ganz einfache Probleme ergeben, werden wir hier jetzt die Frage untersuchen, welchen Fehler man macht, wenn in dem Spezialfall der Ansteuerung
nach Bild 55 bei der Berechnung des äquivalenten Rauschstromquadrates I_e^2
die Korrelation zwischen U_n und I_n vernachlässigt wird.

Ohne Korrelation zwischen U_n, I_n ist wegen (2.51) und (2.52) in (2.57)
$\gamma, Y_k = 0$ zu setzen. Mit der Definition $\overline{I_{eo}^2} = \overline{I_e^2}$ $(\gamma=0)$ erhält man für den
relativen Fehler in $\overline{I_e^2}$ aus (2.57) dann

$$\Delta = \frac{\overline{I_{eo}^2} - \overline{I_e^2}}{\overline{I_e^2}} = \frac{|Z|^2 + |\gamma|^2 - |Z+\gamma|^2}{1 - |\gamma|^2 + |Z+\gamma|^2} \quad ; \quad Z = Y_g \sqrt{\frac{\overline{U_n^2}}{\overline{I_n^2}}} \quad . \tag{2.59}$$

Für reellen Generatorleitwert Y_g und rein imaginäre Korrelation γ verschwindet der Fehler in (2.59). Bei positiv reeller Korrelation $(\gamma = 0..1)$
und reellem Generatorwiderstand reduziert sich (2.59) auf

$$\Delta = - \frac{2 Z\gamma}{1 + 2 Z\gamma + Z^2} \quad . \tag{2.60}$$

Der maximale Fehler Δ_m tritt in (2.60) dann unabhängig von γ immer bei
$Z = Y_g \sqrt{\overline{U_n^2}/\overline{I_n^2}} = 1$ auf und nimmt den Wert

$$\Delta_m = - \frac{\gamma}{1 + \gamma} \tag{2.61}$$

an. Im Bereich $\gamma = 0 ..1$ ergibt sich $\Delta_m = 0 .. - 50 \%$.

Als Beispiel betrachten wir einen bipolaren Transistor mit $r_E = 25 \ \Omega$ entsprechend 1 mA Emittergleichstrom, $r_b = 40 \ \Omega$ und $\beta_0 = 50$. Für f=0 und
$R_p \to \infty$ errechnet sich mit $A_f, \alpha^* = 1$ aus (2.55) ein Korrelationsfaktor

$\gamma = 0,18$ und aus (2.61) ein maximaler Fehler des Schwankungsquadrates von $\Delta_m = -15\,\%$. An der Stelle $f = f_\alpha/\sqrt{\beta_0}$ wird nach (2.34) $A_f = 2$, aber es gilt noch $\alpha^* \approx 1$. Mit $\gamma = 0,25$ steigt der Fehler dann auf maximal $\Delta_m = -20\,\%$ an, so daß die Rauschleistung bei Vernachlässigung der Korrelation um etwa 1 dB zu niedrig eingeschätzt wird.

Ein solcher Fehler ist in vielen Fällen durchaus tragbar, insbesondere dann, wenn beispielsweise der Rauscheinfluß einer Folgestufe mit bipolaren Transistoren nur abzuschätzen ist. Diese Situation werden wir vorfinden, wenn später in Bild 52 der FET-Eingangsstufe ein Bipolartransistor folgt. Da das Rauschen dieser zweiten Stufe dann ohnehin weniger wichtig ist, genügen Abschätzungen ohne Berücksichtigung der Korrelation.

Bei sehr breitbandigen Vorverstärkern kann man aber nicht wie in Bild 52 über viele Stufen gegenkoppeln. Dann zeigen auch Bipolartransistoren gegenüber FET Vorteile. Die erste Stufe führt man dann oft wie in Bild 55 a aus. Da die Ansteuerung dann wieder in der einfachen Weise nach Bild 55 a erfolgt, ist die Einführung eines äquivalenten Rauschstromquadrates $\overline{I_e^2}$ bzw. der Rauschzahl F möglich und sinnvoll; deren Berechnung wollen wir jetzt durchführen.

d) Rauschzahl des gegengekoppelten bipolaren Transistors

Im Sonderfall nicht zu hoher Frequenzen bis etwa $f = f_\alpha/3$ können wir noch $\alpha^* \approx 1$ annehmen. Der explizite Ausdruck für das Rauschstromquadrat $\overline{I_e^2}$ folgt dann aus (2.57) mit (2.54) und (2.55). Die direkte Bestimmung durch Betragsquadratbildung und Mittelung von (2.56a) ist aber einfacher. Man erhält für $R_E = 0$ und reelles $Y_g = 1/R_g$

$$\overline{I_e^2} = \overline{(I_n + Y_g U_n)(I_n^* + Y_g^* U_n^*)} = \overline{|I_n|^2} + \frac{\overline{|U_n|^2}}{R_g^2} + \overline{(U_n I_n^* + I_n U_n^*)}\,\frac{1}{R_g}\,. \qquad (2.62)$$

Da wir die Korrelation für (2.62) schon berechnet haben, können wir durch Einsetzen von (2.47) - (2.49) mit $|\alpha|^2 \approx 1$ sofort das Spektrum des äquivalenten Rauschstromes I_e angeben:

$$d\overline{I_e^2} = \frac{4KT}{R_g}\,df\left[\frac{R_g}{R_p} + \frac{r_b + r_E/2}{R_g} + \frac{(R_g + r_b + r_E)^2}{2\beta_0\,R_g\,r_E}\,A_f(f)\right]\,. \qquad (2.63)$$

112

Setzt man diesen Ausdruck in F - 1 nach (2.58) ein, kürzt sich der Vorfaktor vor der eckigen Klammer in (2.63), der das Generatorrauschen beschreibt, weg. Die eckige Klammer gibt also gerade das Zusatzrauschen F-1
an. Ohne Berücksichtigung der Korrelation im dritten Term von (2.62) hätten wir anstelle des Zählers im letzten Summanden von (2.63) nur den Ausdruck $R_g^2 + (r_b + r_E)^2$ ohne das gemischte Glied $2R_g(r_b + r_E)$ erhalten.

<u>e) Zusammenfassung</u>

Wie man den bisherigen Ausführungen entnehmen kann, charakterisiert ein
Rauschvierpol unabhängig von der Beschaltung das Vierpolrauschen. Wenn
wir anders als in Bild 52 nicht über eine Rückkopplung, sondern wie in
Bild 55 einfach mit einem Generator mit Innenwiderstand ansteuern, lassen
sich die Vierpolquellen zu einer einzigen Ersatzquelle I_e zusammenfassen,
die für diese spezielle Ansteuerung das Rauschen beschreibt. Anstelle von
$\overline{I_e^2}$ rechnet man dann auch mit der ihr unmittelbar zugeordneten Rauschzahl
F nach (2.58). Grundsätzlich soll der Gesamtrauschstrom parallel zur
Signalquelle minimal werden. Nur bei einem fest vorgegebenen Generatorwiderstand ist diese Bedingung mit der nach einer minimalen Rauschzahl identisch. In vielen praktischen Fällen ist aber Y_g frei wählbar. Weiterhin
erkennt man, daß die Angabe der Rauschzahl F immer nur in Verbindung mit
dem Generatorwiderstand sinnvoll ist. Anderenfalls entnehmen wir dieser
Angabe nur, daß z.B. im Falle eines Transistors das äquivalente Rauschstromquadrat $\overline{I_e^2}$ um den Faktor F - 1 größer als das Rauschen $4\,KTdf/R_g$
eines unbekannten Widerstandes R_g ist. Ohne Angabe des Generatorwiderstandes, der für die Messung verwendet wurde, ist die Spezifikation der
Rauschzahl F wertlos.

Gemessene Kurven $\overline{U_n^2}$ und $\overline{I_n^2}$ als Funktion der Frequenz für die teilkorre -
lierten Quellen U_n und I_n in Bild 54 und Bild 55 können auch ohne weitere
Angabe zur Korrelation durchaus dienlich sein, wenn man den unter Punkt d)
diskutierten Fehler bei Vernachlässigung der Korrelation in Kauf nimmt.
Man rechnet dann einfach so, als wären die Quellen U_n, I_n unkorreliert.

Neben der Emitterschaltung interessiert auch die Basisschaltung. Ohne Gegenkopplung ergeben sich bis auf einige Vorzeichenänderungen bei den Koeffizienten dieselben Ausdrücke; da sich nach der Betragsquadratbildung das
Vorzeichen weghebt, gelten somit alle Gleichungen auch für die Basisschaltung, wenn man mit $R_E = 0$ und $R_p \to \infty$ die Gegenkopplung beseitigt.

113

Bild 56 a zeigt das Ersatzschaltbild eines FET ohne Rückwirkung mit der Rauschquelle I_K des Kanalwärmerauschens und der Rauschquelle I_G des im Gatekreis von I_K induzierten Gaterauschens. Da das Kanalrauschen das Gaterauschen verursacht, sind I_G und I_K miteinander teilkorreliert.

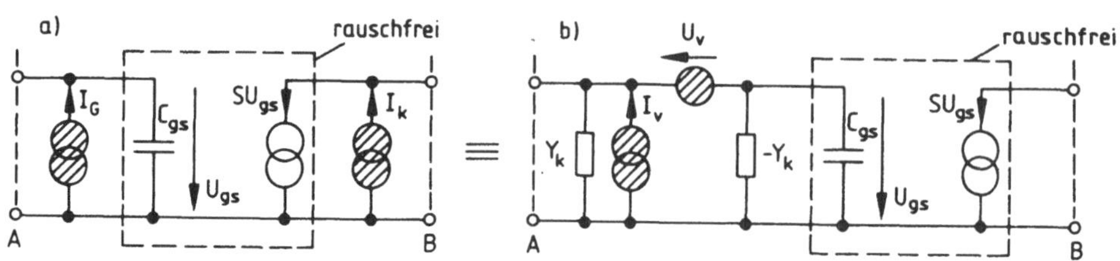

Bild 56 Bestimmung des FET-Rauschvierpols nach (b) aus Gaterauschen I_G und Kanalrauschen I_K nach (a)

Anstelle dieser Rauschquellen $I_{G,K}$ können wir wie in Bild 55 a das Rauschen auch durch zwei teilkorrelierte Quellen U_n, I_n am Eingang des Transistors beschreiben. Die Schwankungsquadrate $\overline{U_n^2}$ und $\overline{I_n^2}$ lassen sich z.B. messen oder durch Umrechnung aus $\overline{I_G^2}$ und $\overline{I_K^2}$ bei gegebener Korrelation zwischen I_G und I_K bestimmen. Aufgrund des kapazitiv induzierten Gatestromes I_G ist der Korrelationsfaktor γ_{GK} zwischen $I_{G,K}$ rein imaginär. Nach der Umrechnung in Quellen U_n, I_n mit Korrelationsfaktor γ bleibt γ imaginär und nimmt, wie hier ohne nähere Erläuterung angegeben sei, typische Werte im Bereich $\gamma = -(0,8 - 1) \cdot j$ an. Bei der einfachen Ansteuerung nach Bild 55 mit reellem Generatorleitwert Y_g können wir nach den Ergebnissen des letzten Kapitels wegen der imaginären Korrelation bei der Berechnung des äquivalenten Rauschstromes die Korrelation völlig unberücksichtigt lassen. Der Fehler nach (2.59) wird dann null. Für die Bestimmung der Rauschzahl F spielt daher die Korrelation keine Rolle. Für die Ansteuerung nach Bild 52 interessiert aber nicht die Rauschzahl, sondern der Rauschvierpol, bei dem die Korrelation sehr wohl eingeht. Die Parameter dieses Rauschvierpols kann man unter der Annahme $\gamma = -(0,8 - 1) \cdot j$ mit Meßwerten für $\overline{U_n^2}$ und $\overline{I_n^2}$ aus (2.53) grob abschätzen.

Wir wollen den Rauschvierpol in Bild 56 b dagegen für vorgegebene Quellen $I_{G,K}$ und gegebene Korrelation zwischen $I_{G,K}$ durch Umrechnung bestimmen.

Wir fassen nun den in Bild 56 gestrichelt gezeichneten Vierpol als rauschfrei auf, transformieren alle Rauschquellen in den Eingangskreis und stellen sie nach Bild 56 b durch zwei unkorrelierte Quellen U_v, I_v mit Korrelationsleitwert $\pm Y_k$ dar. Für gegebene Y-Parameter Y_{ij} des rauschfreien
Vierpols müssen in beiden Schaltungen die Vierpolparameter zwischen den
Klemmen A und B identisch sein. Diese Bedingung liefert nach einfacher
Rechnung

$$U_v = -\frac{I_K}{Y_{21}} \quad (2.64) \quad \text{und} \quad I_v = I_G - I_K \frac{Y_{11}-Y_k}{Y_{21}} \quad . \quad (2.65)$$

Y_k muß nun so gewählt werden, daß U_v und I_v unkorreliert sind, d.h.,
$\overline{I_v U_v^*} \stackrel{!}{=} 0$. Setzt man (2.64) und (2.65) ein, gilt

$$\overline{(I_G I_K^* - |I_K|^2 \frac{Y_{11}-Y_k}{Y_{21}})} = 0 \quad . \quad (2.66)$$

Mit

$$S = Y_{21} - Y_{12} \quad\quad\quad\quad (2.67)$$

als Steilheit erhält man aus (2.66) direkt den erforderlichen Korrelationsleitwert

$$Y_k = Y_{11} - (S + Y_{12}) \gamma_{GK} \sqrt{\frac{\overline{|I_G|^2}}{\overline{|I_K|^2}}} \quad\quad (2.68)$$

wobei

$$\gamma_{GK} = \frac{\overline{I_G I_K^*}}{\sqrt{\overline{|I_G|^2} \; \overline{|I_K|^2}}} \quad\quad (2.69)$$

der Korrelationskoeffizient zwischen den teilkorrelierten Quellen $I_{G,K}$
ist. Der Zähler und die beiden Nennerausdrücke in (2.69) seien als bekannt vorausgesetzt. Mit (2.66) - (2.69) erhalten wir aus (2.64) und
(2.65) dann die Schwankungsquadrate von U_v und I_v nach einer etwas auf-
wendigen Rechnung bei I_v durch Betragsquadratbildung und Mittelung zu

$$\overline{|U_v|^2} = \frac{\overline{|I_K|^2}}{|S + Y_{12}|^2} \quad (2.70), \quad \overline{|I_v|^2} = \overline{|I_G|^2} \, (1-|\gamma_{GK}|^2). \quad (2.71)$$

Für den rückwirkungsfreien FET nach Bild 56 gilt $Y_{12} = 0$. Zur Berechnung von Y_k genügt für HF-Anwendungen bei Y_{11} die Berücksichtigung des Imaginärteiles; dann gilt für (2.68)

$$Y_{12} = 0 \qquad \text{und} \qquad Y_{11} = j\,\omega C_{gs} \qquad\qquad (2.72)$$

mit C_{gs} als Gate-Source Kapazität.

Für die Rauschquellen kann man bei allen FETs in 1. Näherung folgenden Ansatz hinschreiben:

$$dI_K^2 = \overline{|I_K^2|} = 4\,KT\,df\,S \cdot P \qquad\qquad , \qquad (2.73)$$

$$dI_G^2 = \overline{|I_G^2|} = 4\,KT\,df\,\frac{1}{S}\,(\omega C_{gs})^2 \cdot R \quad , \qquad (2.74)$$

$$\overline{I_G\,I_K^*} = -j\,4\,KT\,df \cdot \omega C_{gs} \cdot Q \quad , (Q > 0) \qquad (2.75)$$

wobei die Parameter P,Q und R Zahlenfaktoren sind, die von Geometrie, Material und Arbeitspunkt des FET abhängen. Für GaAs-MES-FETs z.B. ist $P = 1\,...1,3$, $R = 0,25\,...0,3$ und $Q = 0,2\,...\,0,4$. Bei Sperrschicht-FETs kann man P und R aus gemessenen Y-Parametern bestimmen. Es gilt

$$P = \frac{2}{3} + \frac{1}{S}\,\text{Re}(Y_{12}) \quad \text{und} \quad R = \frac{S}{(\omega C_{gs})^2}\,\text{Re}(Y_{11}) \quad . \qquad (2.76)$$

Setzt man (2.72) - (2.75) in (2.69) - (2.71) ein, erhält man den imaginären Korrelationskoeffizienten γ_{GK}, sowie mit (2.68) den Korrelationsleitwert Y_k und die Spektren U_v und I_v des Rauschvierpols in Bild 56 zu

$$\gamma_{GK} = -j\,Q\,/\,\sqrt{P \cdot R} \quad , \qquad\qquad (2.77)$$

$$\frac{dU_v^2}{df} = 4\,KT \cdot P\,/\,S \quad , \qquad\qquad (2.78)$$

$$\frac{dI_v^2}{df} = 4\,KT \cdot \frac{\omega^2 C_{gs}^2}{S}\,(\,1 - |\gamma_{GK}|^2\,) \cdot R \qquad (2.79)$$

und

$$Y_k = j\omega\,C_{gs}\,(\,1 + Q/P\,) \quad . \qquad\qquad (2.80)$$

Wenn wir bei dem FET nach Bild 56 das Rauschen von Lastwiderstand und
Folgestufe vernachlässigen können, dann kennen wir den Rauschvierpol einer FET-Eingangsstufe, wie wir sie z.B. für Bild 52 vorsehen wollten. Im
Kapitel 2.2.2 hatten wir die Rauschanalyse mit äußerer Beschaltung und
vorgegebenem Rauschvierpol durchgeführt und das Ergebnis in (2.29) bis
(2.33) zusammengefaßt, wobei entsprechend der hier vorliegenden Situation
das Spektrum von U_v als konstant und das von I_v mit quadratischem Anstieg
angenommen wurden. Durch Vergleich von (2.24) mit (2.80), (2.22) mit
(2.78) sowie (2.23) und (2.28) mit (2.79) folgt für die Parameter in
(2.31), (2.32) des Rauschspektrums nach (2.29)

$$C_k = C_{gs} \left(1 + \frac{Q}{P}\right) \quad , \quad C_i^2 = C_{gs}^2 \frac{R}{P} \left(1 - \frac{Q^2}{PR}\right) \quad ,$$

$$R_k \rightarrow \infty \qquad \text{und} \qquad R_u = P / S \; . \tag{2.81}$$

Diese Formeln gelten nun, wie im Kapitel 2.2.3.3 gezeigt wird, auch für
die dort behandelten zusammengesetzten Schaltungen, wenn nur für P ein
fiktiver Parameter P' bzw. P^+ eingesetzt wird.

Wie wir eingangs angegeben hatten, liegt der Korrelationsfaktor γ für die
Quellen U_n, I_n im Bereich $-j(0,8 -1)$. Für die ursprünglichen Quellen $I_{G,K}$
errechnet sich aus (2.77) ein kleinerer Wert von etwa $\gamma_{GK} = -j\,(0,4-0,5)$,
was auf die Umrechnung zurückzuführen ist.

Den Ansatz beim FET mit zwei Rauschströmen $I_{G,K}$ parallel zum Eingang und
Ausgang hätte man zumindest für tiefe Frequenzen auch bei bipolaren Transistoren in einem π-Modell machen können. Dazu ist aber zu sagen, daß
beim bipolaren Transistor die Berücksichtigung des Bahnwiderstandes r_b
immer zu einer Korrelation dieser beiden Rauschströme $I_{G,K}$ führt, die nur
für tiefe Frequenzen und $r_b=0$ entfällt. Dies sei einmal ohne Beweis angegeben. In diesem Grenzfall müßte also der zweite Term in (2.68) wegen
$\gamma_{GK}=0$ verschwinden, so daß im einfachsten Fall $Y_k = Y_{11}$ wird. Aus (2.54)
ergibt sich mit $\beta_0 \gg 1$ und $A_f = 1$ (tiefe Frequenzen) in der Tat $Y_k =$
$1/\beta_0 r_E$, also der Eingangsleitwert des bipolaren Transistors. Obige Aussagen zur Korrelation zwischen den Stromquellen am Ein- und Ausgang eines
π-Modells für den bipolaren Transistor werden somit bestätigt. Wir hatten
beim bipolaren Transistor daher das T-Modell gewählt, in dem die Quellen
unkorreliert sind.

2.2.3.3 Rauschen spezieller Schaltungen mit FET-Eingang

Bild 57 zeigt eine FET-Eingangsstufe mit nachfolgendem bipolaren Transistor in Basisschaltung. Diese Schaltung heißt Kaskode. Wegen der hochohmigen Ansteuerung von T2 bleibt im Rauschersatzbild 57 b die Quelle U_{n2} von T2 ohne Wirkung. Damit erhöht sich das Kanalrauschen formal nur noch um I_{n2}. Wir können damit die Gleichungen vom FET benutzen, wenn folgende Substitutionen vorgenommen werden:

$$I_K \rightarrow I_K + I_{n2} \quad \text{und} \quad \overline{I_K^2} \rightarrow \overline{I_K^2} + \overline{I_{n2}^2} \quad .$$

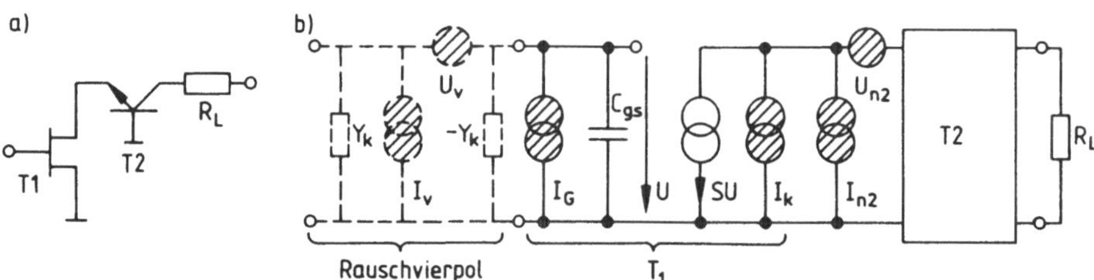

Bild 57 Kaskode (a) mit Rauschersatzbild (b) zur Bestimmung des Rauschvierpols für T1 und T2 ohne R_L

Dabei nehmen wir vereinfachend an, daß I_K und I_{n2} unkorreliert sind. Dann gilt für die Korrelation zwischen den Rauschströmen I_G und (I_K+I_{n2}) am Ein- und Ausgang anstelle von (2.69)

$$\gamma_{GD} = \frac{\overline{I_G \cdot (I_K + I_{n2})^*}}{\sqrt{\overline{|I_G|^2} \cdot \overline{|I_K+I_{n2}|^2}}} = \frac{\overline{I_G \, I_K^*}}{\sqrt{\overline{|I_G|^2} \cdot (\overline{|I_k|^2} + \overline{|I_{n2}|^2})}} \quad , \quad (2.82)$$

wenn gleichzeitig die Korrelation zwischen I_G und I_{n2} vernachlässigt wird.

Im Vergleich zu (2.69) ändert sich γ_{GD} um den Faktor $\sqrt{1 + \overline{|I_{n2}^2|}/\overline{|I_K^2|}}$ im Nenner und U_v nach (2.70) um das Quadrat dieses Faktors im Zähler. Wegen (2.73) und (2.77) kann man diese formale Erhöhung des Kanalrauschens durch Einführung eines fiktiven Parameters P' anstelle von P in (2.73) berücksichtigen, der sich dann aus $P'/P = 1 + \overline{|I_{n2}^2|}/\overline{|I_K^2|}$ ergibt. Setzt man für $\overline{I_{n2}^2}$ die Transistorstromrauschquelle nach (2.47) mit $R_E=0$ und $P_p \rightarrow \infty$ ein,

118

folgt der fiktive Parameter

$$P' = P + \frac{A_f}{2\,S\,r_E\,\beta_0} \ . \tag{2.83}$$

Bei $f = f_\alpha/\sqrt{\beta_0}$ ist nach (2.34) $A_f = 2$. Mit $r_E = 25\ \Omega$ (1 mA Emitterstrom) $\beta_0 = 50$ und $S = 10$ mS trägt der zweite Term in (2.83), der den Rauscheinfluß von T2 in Bild 57 beschreibt, nur mit 0,08 bei. Wegen $P \approx 1$ ist der Einfluß der zweiten Stufe erwartungsgemäß unter typischen Bedingungen klein. Aus diesem Grunde können wir auch großzügig einige Korrelationen vernachlässigen.

Mit obigem fiktiven Wert P' anstelle von P und den übrigen Parametern R und Q des FET folgen aus (2.81) die für das Verstärkerrauschen (2.29) bis (2.33) benötigten Größen $C_{i,k}$ und der äquivalente Rauschwiderstand R_u.

Neben der Kaskode benutzt man als erste Stufe für den Verstärker nach Bild 52 auch die in Bild 58 gezeigte Schaltung mit FET und nachgeschaltetem bipolaren Transistor mit Parallelgegenkopplung, deren Rauschen man auf ähnliche Weise abschätzen kann.

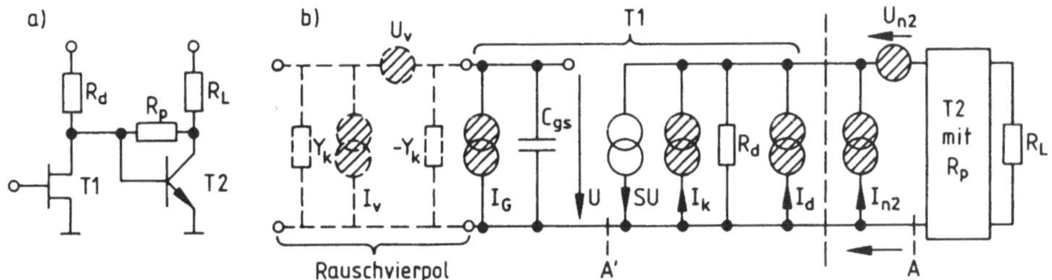

Bild 58 FET mit spannungsgegengekoppeltem Folgetransistor (a) und Rauschersatzbild (b) zur Bestimmung des Rauschvierpols (ohne R_L)

Die untereinander teilkorrelierten Quellen U_{n2} und I_{n2} von T2 sind wieder durch (2.47) - (2.49) gegeben. Bildet man in Bild 58 b bei A den Ersatzzweipol nach links, dann stellt man fest, daß sich der Kurzschlußstrom von $-SU + I_K$ ohne R_d und ohne T2 auf $-SU + I_K + I_d + I_{n2} + U_{n2}/R_d$ erhöht. Das Kanalrauschen erhöht sich damit formal enstprechend

$$I_K \quad \rightarrow \quad I_K + I_d + I_{n2} + U_{n2}/R_d \qquad\qquad (2.84)$$

und das Schwankungsquadrat auf

$$\overline{I_K^2} \quad \rightarrow \quad \overline{I_K^2} + \overline{I_d^2} + \overline{I_{n2}^2} + \frac{\overline{U_{n2}^2}}{R_d^2} + \frac{1}{R_d}\,(\overline{I_{n2}U_{n2}^*} + \overline{I_{n2}^*U_{n2}}) \;. \qquad (2.85)$$

Der letzte Summand ist das Mischprodukt der untereinander teilkorrelierten Quellen U_{n2} und I_{n2}. Alle anderen Korrelationen wurden wiederum vernachlässigt. Setzt man (2.47) - (2.49) ein, kann man die zusätzlichen Rauschquellen näherungsweise durch einen anderen fiktiven Parameter P^+ anstelle von P in (2.81) erfassen. Mit $\alpha^* \simeq 1$ folgt

$$P^+ \;=\; P + \frac{1}{S\;R_p||R_d} + \frac{r_b + \dfrac{r_E}{2}}{S\;R_d^2} + A_f\,\frac{(r_b + r_E + R_d)^2}{2\beta_o\;Sr_E\;R_d^2} \quad . \qquad (2.86)$$

Ohne Berücksichtigung der Korrelation zwischen U_{n2} und I_{n2} hätten wir im letzten Term den Zähler $(r_b + r_E)^2 + R_d^2$ erhalten. Mit dem obigen Zahlenbeispiel und $r_b = 50\ \Omega$, $R_p \approx R_d \approx 1\ \mathrm{K\Omega}$ tragen die Zusatzterme entsprechend ihrer Reihenfolge mit 0,2; 0,01 und 0,1 bei. Der Rauscheinfluß dieser Stufe ist daher größer als bei der Kaskode, bei der der Zusatzterm < 0,1 war. Die Ursache liegt darin, daß wir jetzt relativ niederohmig ansteuern, so daß auch die Quelle U_{n2} des bipolaren Transistors zum Tragen kommt. (Vergl. Aufg. 2.13)

120

Das Prinzip der Gegenkopplung über viele Stufen erfordert bei hohen Grenzfrequenzen in Bild 50 immer kleinere Gegenkopplungswiderstände R_f, um die Bandbegrenzung durch die im Eingangskreis wirksamen Kapazitäten zu mindern. Da letztlich auch keine rückwirkungsfreie und konstante Verstärkung $v(j\omega) = v_0 \gg 1$ realisiert werden kann, koppelt man schließlich nur noch über eine Stufe gegen.

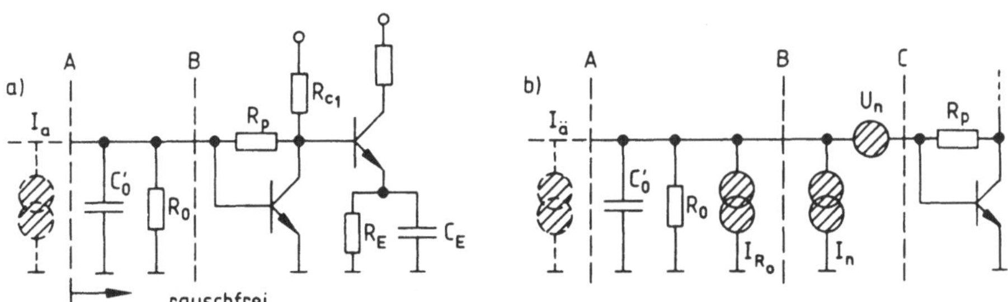

Bild 59 a) 1. Stufe eines Vorverstärkers für f $>$ 100 MHz b) Rauschersatzbild

Bild 59 zeigt einen Vorverstärker mit bipolaren Transistoren für Frequenzen oberhalb 100 MHz. Dazu benötigt man Transistoren mit hinreichend großer Transitfrequenz $f_T \approx f_\alpha$. Der Bahnwiderstand r_b liegt bei solchen Bauelementen dann typischerweise bei nur 20 - 40 Ω; der Emitterdiodenwiderstand r_E ist meist kleiner als 25 Ω, weil für so hohe Grenzfrequenzen Emittergleichströme $I_e > 1$ mA erforderlich sind. Die Gleichstromverstärkung liegt im Bereich $\beta_0 = 20 - 50$.

Die erste Stufe ist mit R_p gegengekoppelt und sorgt damit für einen relativ kleinen Eingangswiderstand der Stufe, so daß die Bandbegrenzung durch C_0' mäßig ist. Die folgende Stufe mit relativ großem Eingangswiderstand ist an den recht kleinen Ausgangswiderstand ($\approx R_p/\beta_0$) der ersten Stufe fehlangepaßt. Wegen der niederohmigen Ansteuerung des zweiten Transistors spielt von dessen Rauschquellen U_n', I_n' nur die Quelle U_n' eine Rolle. Wir vernachlässigen aber sowohl deren Rauschbeitrag als auch den Beitrag von R_{c1}. Dies ist gerechtfertigt, denn nach den bisherigen Erkenntnissen geht der parallel gegengekoppelte Widerstand R_p etwa gleichberechtigt mit R_0 beim Rauschen ein. Da praktisch R_p und R_{c1} von gleicher

Größenordnung sind, ist also nur das Rauschen der ersten Transistorstufe ohne Lastwiderstand einzubeziehen.

Wir nehmen im Rauschersatzbild 59 b nun die teilkorrelierten Quellen U_n und I_n, die durch (2.47) und (2.48) mit $R_E = 0$ und deren Korrelation nach (2.49) gegeben sind. Alternativ könnte man auch mit den nichtkorrelierten Quellen I_v und U_v nach (2.53) und dem Korrelationsleitwert Y_k rechnen. Der erste Weg ist aber einfacher.

Bildet man in Bild 59 b bei C den Ersatzzweipol nach links, folgt der äquivalente Rauschstrom I_e des Verstärkers aus (2.56 a), wobei $Y_g = R_o || C_o'$ der Generatorleitwert ist. Rechnet man das Rauschen von R_o hinzu, erhält man das Gesamtrauschen innerhalb df zu

$$\overline{|I_\ddot{a}|^2} = \overline{|I_{R_o}|^2} + \overline{|I_n + Y_g U_n|^2} = \overline{|I_{R_o}|^2} + \overline{(I_n + Y_g U_n)(I_n^* + Y_g^* U_n^*)}$$

$$= \overline{|I_{R_o}|^2} + \overline{|I_n|^2} + |Y_g|^2 \overline{|U_n|^2} + Y_g(\overline{I_n U_n^*})^* + Y_g^* \overline{I_n U_n^*}$$

$$\tag{2.87}$$

mit

$$Y_g = \frac{1}{R_o} + j\,\omega C_o' \ . \tag{2.88}$$

Setzt man (2.47) bis (2.49) ein, folgt für $f < f_\alpha/3$ und somit $\alpha \simeq 1$ das Spektrum

$$dI_\ddot{a}^2 = 4\,KT\,df \left[\frac{1}{R_o || R_p} + \frac{1}{R_o^2}\left[r_b + \frac{r_E}{2} + \frac{(r_b + r_E + R_o)^2 A_f}{2\beta_o\, r_E} \right] \right.$$

$$\left. + \ \omega^2 C_o'^2 \left[r_b + \frac{r_E}{2} + \frac{(r_b + r_E)^2}{2\beta_o\, r_E} A_f \right] \right] \ . \tag{2.89}$$

In dieser Näherung mit reeller Korrelation nach (2.49) heben sich in den letzten beiden Termen von (2.87) die Imaginärteile weg. Ohne den $\sim \omega^2$ ansteigenden Term stellt (2.89) gerade das für reellen Generatorwiderstand ($C_o' = 0$) vorhandene Verstärkerrauschen nach (2.63) zuzüglich Wärmerauschen von R_o dar. Der Zusatzterm in (2.89) beschreibt die Verhältnisse nun, wenn mit $C_o' = C_{ph} + C_s$ noch die Photodioden- und Streukapazität zu berücksichtigen sind. Für geringes Rauschen ist ähnlich wie in (2.29) -(2.33) bei

122

mehrstufiger Gegenkopplung die Kapazität C_o' möglichst klein zu halten.

Unter praktischen Verhältnissen mit $R_o, R_p \gg r_b > r_E$ und für $\beta_o/A_f \gg 1$ reduziert sich (2.89) auf

$$\frac{dI_{\ddot{a}}^2}{df} = 4KT\left[\frac{1}{R_o||R_p} + \frac{A_f}{2\beta_o r_E} + \omega^2 C_o'^2\left(r_b + \frac{r_E}{2} + \frac{r_b^2}{2\beta_o r_E}A_f\right)\right] \quad . \quad (2.90)$$

In dieser Gleichung kann in der runden Klammer für $r_b A_f/2\beta_o r_E \ll 1$ noch der letzte Term vernachlässigt werden. Mit $A_f \simeq$ const. bekommt man dann wieder ein quadratisch ansteigendes Spektrum. Wir integrieren nun entsprechend (2.29) und (2.30) und erhalten ganz analog das Gesamtrauschstromquadrat $\overline{I_{\ddot{a}g}^2} = B_H(a + \frac{1}{3}B_H^2\delta_f \cdot b)$ innerhalb der HF-Bandbreite B_H bei f_o

$$\overline{I_{\ddot{a}g}^2} = 4KT\, B_H\left[\frac{1}{R_o||R_p} + \frac{1}{2\beta_o r_E} + \frac{B_H^2\delta f}{3}\left[4\pi^2 C_o'^2\left(r_b + \frac{r_E}{2}\right) + \frac{1}{2r_E f_\alpha^2}\right]\right] \quad . \quad (2.91)$$

Dieser Ausdruck für den einstufig gegengekoppelten Verstärker nach Bild 59 entspricht Gleichung (2.30) für Gegenkopplung über mehrere Stufen und Beschaltung nach Bild 50, nur liegen andere Koeffizienten a,b des Spektrums vor. Die Verstärkerkapazität geht in (2.91) wegen $\omega_\alpha r_E C_{B'E} \simeq 1$ indirekt ein und erhöht ähnlich wie in (2.32) qualitativ die Summe der Kapazitäten $C_{ph} + C_s$. In (2.32) geschieht dies auch nur indirekt, und zwar über die Korrelationskapazität C_k, die z.B. beim FET nach (2.81) die Eingangskapazität beinhaltet.

Man erkennt anhand von (2.91) oder (2.29) - (2.33), daß bei Vorverstärkern für die optische Nachrichtentechnik eine fundamentale Forderung immer darin besteht, daß alle vorkommenden Kapazitäten so klein wie möglich gehalten werden, denn nur aufgrund dieser Kapazitäten steigt das Rauschspektrum quadratisch an. In integrierter Bauweise reduziert man den Anstieg auf ein Minimum.

Im nächsten Abschnitt wollen wir den Verstärker nach Bild 52 mit FET-Eingang mit dem Verstärker nach Bild 59 hinsichtlich des Rauschens vergleichen.

<u>2.2.5 Vergleich zwischen den Schaltungsmöglichkeiten</u>

Für einen Vergleich zwischen Vorverstärkung nach Bild 50 mit Gegenkopplung
über mehrere Stufen und FET-Eingangsstufe auf der einen Seite und der
Schaltung nach Bild 59 mit bipolarem Transistor auf der anderen Seite
werten wir die entsprechenden Gleichungen (2.29) - (2.33) und (2.91) aus.

Wir gehen von folgenden Daten und Voraussetzungen aus:

$$\text{Verstärkung:} \quad 0 \ldots B_s = 100 \text{ MHz} \quad (\delta_f = 1)$$
$$\text{Kapazitäten:} \quad C_{ph} = C_s = 0,5 \text{ pF}$$

<u>a) FET-Kaskode nach Bild 57 in Vorverstärker nach Bild 50</u>

$$P = P' = 1,2 \quad ; \quad R = Q = 0,3$$
$$C_f = 0,3 \text{ pF} \quad ; \quad S = 10 \text{ mS}$$
$$C_{gs} = 0,5 \text{ pF} \quad ; \quad R_o || R_f = 50 \text{ K}\Omega; \quad R_k \to \infty$$

Die Größen C_k, C_i und R_u berechnen sich mit $P \to P'$ aus (2.81) dann zu

$$C_k = 0,63 \text{ pF} \quad ; \quad C_i = 0,22 \text{ pF} \quad ; \quad R_u = 120 \text{ }\Omega.$$

Mit (2.32) wird $C_t = 2$ pF, und man erhält mit $\delta_f = 1$ aus (2.30) $\sqrt{\overline{I_{äg}^2}} = 11,5$ nA.
Im Koeffizienten a nach (2.31) spielt dabei der zweite Term keine Rolle.

<u>b) Bipolar-Transistorverstärker nach Bild 59</u>

$$r_E = 10 \text{ }\Omega \ (I_E = 2,5 \text{ mA}) \ ;$$
$$r_b = 30 \text{ }\Omega \quad ; \quad f_\alpha = 5 \text{ GHz}$$
$$\beta_o = 30 \quad ; \quad R_p || R_o = 1 \text{ K}\Omega$$

In diesem Fall trägt in (2.91) der $\sim B_H^3$ ansteigende Term noch nicht bei,
und man erhält $\sqrt{\overline{I_{äg}^2}} = 65,4$ nA, also viel ungünstigere Verhältnisse als
im Fall a).

Während für dieses Beispiel des Falles b) in (2.91) der $\sim B_H^3$ ansteigende
Term noch erheblich kleiner als die anderen Terme ist, liegt umgekehrt bei
der Schaltung a) in (2.30) der zweite Term schon um den Faktor drei höher
als der erste Summand. Da man hier schon im stark ansteigenden Bereich der
Parabel a + bf^2 des Rauschspektrums liegt, würde mit wachsender Bandbreite

B_H das Rauschen rasch überproportional wachsen. Dabei ist auch zu berücksichtigen, daß für breitbandige Verstärkung auch die Gegenkopplung R_f in Bild 50 mit steigender Bandbreite B_H zu reduzieren ist, weil man ohne diese Maßnahme nicht die notwendigen Grenzfrequenzen erreicht. Der Koeffizient a in (2.30) und (2.31) steigt somit auch noch etwa linear mit B_H an, wenn wir die jeweilige Dimensionierung von R_f einarbeiten. Für die Schaltung nach Bild 59 ist der Koeffizient a zwar größer, aber der Koeffi - zient b, der erst bei höheren Bandbreiten B_H zum Tragen kommt, ist recht klein. Insbesondere bei hohen Bandbreiten B_H, wenn im Fall a) der $\sim B_H^3$ ansteigende Term schon unerträglich groß geworden ist, liefert der entsprechende Term in (2.91) wegen des kleineren Koeffizienten b einen viel geringeren Beitrag. In diesem Falle rauscht die Schaltung b) weniger. Bis zu Bandbreiten von einigen hundert MHz verwendet man Varianten von Schaltung a), darüber Bipolartransistoren z.B. in der Schaltung nach b). Je geringer man die Kapazität C_t in (2.30) halten kann, umso weniger rauscht die Schaltung a), und umso später muß man auf bipolare Transistoren übergehen.

Die oben angegebenen Kapazitätswerte erreicht man mit FET-Photodiodenvorverstärkern in integrierter Bauweise. Damit sind Bandbreiten im Bereich B_s = 100-200 MHz zu erzielen. Ohne besondere Maßnahmen im Aufbau des Verstärkers zur Reduzierung der Kapazitäten ergeben sich schnell totale Kapazitätswerte C_t= 10 - 20 pF. In diesem Fall kann schon bei B_s = 20 - 40 MHz ein bipolarer Transistor günstiger sein. Die Schaltung rauscht dann aber sehr stark. (Vergl. Aufg. 2.15)

Zusammenfassend können wir folgendes feststellen: wir haben für die Transistoren Rauschvierpole hergeleitet und für Ansteuerung ohne Rückkopplung äquivalente Rauschquellen angegeben. Weiterhin haben wir anhand einiger Beispiele gezeigt, wie man zusammengesetzte Schaltungen behandelt. Mit Hilfe dieser Kenntnisse sollte es möglich sein, auch andere Schaltungen bezüglich ihres Rauschens zu beurteilen. Daß bei praktischen Schaltungen der Aufwand ganz erheblich ist, erscheint nach den Ausführungen des Kapiteis 2.2 einleuchtend.

Ausgehend von einem entsprechend $a+bf^2$ ansteigenden Rauschspektrum des Vorverstärkers wollen wir jetzt das Rauschen über die Modulatoren hinweg verfolgen und die Störabstände bei einigen Modulationsverfahren berechnen.

2.3 Störabstand einiger Modulationsverfahren

2.3.1 Intensitätsmodulation im Basisband (IM)

Nachdem in den vorhergehenden Kapiteln die Rauschursachen des Empfängers
eingehend diskutiert wurden, können wir nun die Rauschstromquadrate $\overline{I_s^2}$
nach (1.93) durch Schrot- und Multiplikationsrauschen der Photodiode sowie
$\overline{I_{äg}^2}$ nach Kapitel 2.2 durch Verstärkerrauschen zum Gesamtrauschen zusammenfassen und mit dem quadratischen Mittelwert $\overline{I_{Signal}^2}$ des Photowechselstro-
mes $i_{ph}(t)$ vergleichen. Die übrigen Rauschursachen von Faser und Lichtquelle werden nicht einbezogen. Der Quotient dieser Anteile gibt nach (1.86)
dann den Störabstand $(S/N)_{IM}$ bei Basisbandübertragung (IM) an. Dieser Störabstand der Grundstrecke ohne Modulatoren in Bild 49 ist von einiger Bedeutung, weil man auch die Berechnung der Störabstände bei den übrigen
analogen Modulationsverfahren wie AM,FM usw. auf den einfachen IM-Fall
zurückführen kann. In diesem Kapitel berechnen wir nun den Störabstand
$(S/N)_{IM}$ für APD und PIN-Photodioden in einem Zuge.

Wir gehen von einer Signalschwingung der Kreisfrequenz ω aus, mit der wir
die als linear angenommene Licht-Strom-Kennlinie der Lichtquelle aussteu-
ern. Mit m als IM-Modulationsindex bei der Kennlinienaussteuerung erhalten
wir bei idealer Übertragung durch die Faser den multiplizierten Photostrom

$$i_{ph}(t) = I_{ph} \left(1 + m \cos\phi \right) \quad \text{mit} \quad \phi = \omega t , \qquad (2.92)$$

wobei nach (1.84) $I_{ph}=M_o I_o$ der mit dem Multiplikationsfaktor M_o multiplizierte Photogleichstrom I_o und mI_{ph} die Amplitude der harmonischen Schwingung ist.

Mit $\overline{I_{Signal}^2} = (mI_{ph}/\sqrt{2})^2 = m^2 M_o^2 I_o^2/2$ lautet der Störabstand nach (1.86)
mit (1.93) bei Empfang innerhalb der Systembandbreite $0 \ldots B_s = B_H$, d.h.,
$\delta_f = 1$ in (2.33),

$$(S/N)_{IM} = \frac{\overline{I_{Signal}^2}}{\overline{I_s^2} + \overline{I_{äg}^2}} = \frac{m^2 I_o^2 M_o^2 /2}{2e(I_o+I_D)B_s M_o^2 F_e(M_o) + \overline{I_{äg}^2}} . \qquad (2.93)$$

Dabei ist F_e der Zusatzrauschfaktor nach (1.94), der für $k=0$ oder $M_o=1$
(Fall PIN-Diode) den Wert $F_e = 1$ annimmt, sonst aber > 1 bleibt.

Wir führen jetzt mit

$$S_Q = \frac{m^2 \, I_0^2 \, / \, 2}{2e \, (I_0 + I_D) \, B_s} \qquad (2.94)$$

einen Störabstand ohne Verstärkerrauschen ($I_{\ddot{a}g} = 0$) und ohne Multiplikation ($M_0{=}1$) ein, der somit nur das Schrot- oder Quantenrauschen erfaßt.
Weiterhin definieren wir mit

$$N_V = \frac{\overline{I_{\ddot{a}g}^2} \, / \, B_s}{2e \, (I_0 + I_D)} \qquad (2.95)$$

ein normiertes Verstärkerrauschen, indem wir als Bezugsgröße das Schrotrauschen von Photostrom I_0 und Dunkelstrom I_D nehmen. Damit erhält man
für den IM-Störabstand nach (2.93)

$$\frac{S}{N}\bigg|_{IM} = \frac{S_Q}{F_A} \qquad (2.96) \quad \text{mit} \quad F_A(M_0) = F_e(M_0) + \frac{N_V}{M_0^2} \qquad (2.97)$$

als Rauschzahl der gesamten Vorverstärkung. Dieser Faktor F_A gibt in
(2.96) gerade die Störabstandsverkleinerung durch das Multiplikationsrauschen und durch das Rauschen des elektronischen Verstärkers gegenüber
dem unvermeidlichen Schrot- bzw. Quantenrauschen an.

Ohne elektronischen Rauschbeitrag ($N_V{=}0$) reduziert sich die Rauschzahl
auf $F_A = F_e$, also die Rauschzahl der Lawinenverstärkung. Mit elektroni-
schem Verstärkerrauschen $N_V > 0$ erhöht sich die Rauschzahl, allerdings um
so schwächer, je größer die Lawinenverstärkung M_0 ist. Wie bei in Kette
geschalteten Verstärkern dominiert für große M_0 das Rauschen der 1. Stufe
($=$APD). Im folgenden wollen wir die Abhängigkeit der Rauschzahl F_A vom
Verstärkungsfaktor M_0 der Photodiode untersuchen.

Für den Idealfall $N_V{=}0$ und gleichzeitig $M_0{=}1$, d.h. $F_e{=}1$, wird $F_A = 1$. Wir
erhalten damit den höchsten überhaupt möglichen Störabstand S_Q, der durch
das Schrotrauschen des Photostromes selbst begrenzt wird. Unter praktischen Verhältnissen mit $N_V > 0$ ergibt sich aus (2.97) für $M_0 = 1$ im

Falle einer PIN-Photodiode die Rauschzahl

$$F_A = 1 + N_V \; . \qquad (2.98)$$

Den allgemeinen Fall erfaßt
man bei APD, wenn F_e nach
(1.94) in (2.97) eingesetzt
wird. Es ergeben sich dann
Verläufe $F_A(M_0)$, wie sie für
verschiedene Werte des normierten Verstärkerrauschens
N_V in Bild 60 aufgetragen
sind. Mit $k = 0,03$ wurde ein
für Silizium typisches Ionisierungsverhältnis angenommen.
Von besonderem Interesse ist
der optimale Multiplikationsfaktor M_{opt}, für den sich die
minimale Rauschzahl F_{Amin} ein-
stellt. Diese Größen wollen
wir jetzt berechnen.

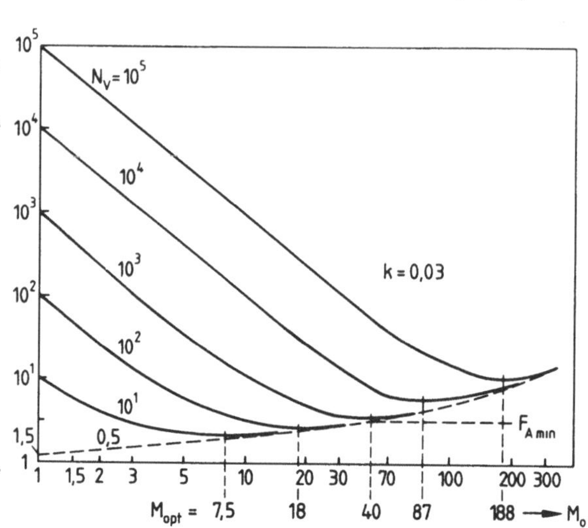

Bild 60 Rauschzahl F_A der Vorverstärkung nach (2.97)
und (1.94) als Funktion des Multiplikationsfaktors M_0 mit
N_V = Verstärkerrauschen/Schrotrauschen nach (2.95) als
Parameter

Bildet man zur Bestimmung des Optimums die Ableitung von (2.97), erhält
man mit (1.94) die kubische Gleichung

$$k\, M_{opt}^3 + (1-k)\, M_{opt} - 2\, N_V = 0 \; , \qquad (2.99)$$

die wegen $k < 1$ relativ leicht zu übersehen ist. Wir finden nämlich nur
eine reelle Nullstelle bei

$$M_{opt} = 2\sqrt{\frac{1-k}{3k}} \; \sinh\left[\frac{1}{3}\ln(\delta + \sqrt{1+\delta^2}\,)\right]$$

mit
$$\qquad (2.100)$$

$$\delta = N_V \sqrt{\frac{27\,k}{(1-k)^3}} \; .$$

128

Setzt man die Bedingung (2.99) in (2.97) ein, folgt die minimale Rauschzahl

$$F_{Amin} = \frac{3}{2} k M_{opt} + (1-k)(2 - \frac{1}{2M_{opt}}) \quad . \qquad (2.101)$$

Für $M_{opt} \gg 1$, d.h., $\delta \ll 1$ finden wir die Näherungen

$$M_{opt} = (2N_V/k)^{1/3} \qquad (2.102)$$

und

$$F_{Amin} = 2 (1-k) + 3 (k/2)^{2/3} N_V^{1/3} \quad . \qquad (2.103)$$

Im umgekehrten Fall kleiner Werte M_{opt} erhalten wir aus (2.100), oder auch
direkt aus (2.99),

$$M_{opt} = \frac{2 N_V}{1 - k} \quad . \qquad (2.104)$$

Da $M_{opt} \geq 1$ bleiben muß, existiert nach (2.104) nur für ein normiertes
Verstärkerrauschen $N_V \geq (1-k)/2 \simeq 1/2$ ein optimaler Multiplikationsfaktor.
Für $M_{opt} \to 1$ nimmt der Minimalwert F_{Amin} in Bild 60 dann bei $N_V \simeq 0.5$ den
Wert 1,5 an, der sich aus der für PIN-Photodioden gültigen Gleichung (2.98)
nun auch direkt ergibt. Im Bereich $N_V < 0.5$ erreicht man nach (2.98) für
$N_V \to 0$ schließlich $F_A = 1$. Diese Aussage bedeutet für vorgegebenes Verstärkerrauschen $\overline{I_{\ddot{a}g}^2}$ in (2.95) nur, daß bei hinreichend großer Empfangsleistung $P_0 \sim I_0$ das Schrotrauschen schon so groß geworden ist, daß
der Störabstand $(S/N)_{IM} = S_Q/F_A$ mit $F_A \to 1$ praktisch nur noch durch Schrotrauschen begrenzt wird.

In Bild 61 ist die Auswertung von (2.100) und (2.101) für den optimalen
Multiplikationsfaktor und die minimale Rauschzahl mit den entsprechenden
Näherungen nach (2.102) und (2.103) aufgezeichnet. Diese Darstellung zeigt,
daß sich zu einem höheren normierten Verstärkerrauschen N_V hin immer größere optimale Multiplikationsfaktoren ergeben. Bei vorgegebenem Verstärkerrauschen $\overline{I_{\ddot{a}g}^2}$ in (2.95) bedeutet diese Situation einen immer kleiner
werdenden Signalphotostrom. Bei hoher Empfangsleistung wird umgekehrt
M_{opt} immer kleiner und erreicht bei $N_V \simeq 0,5$ den Wert $M_{opt} = 1$.

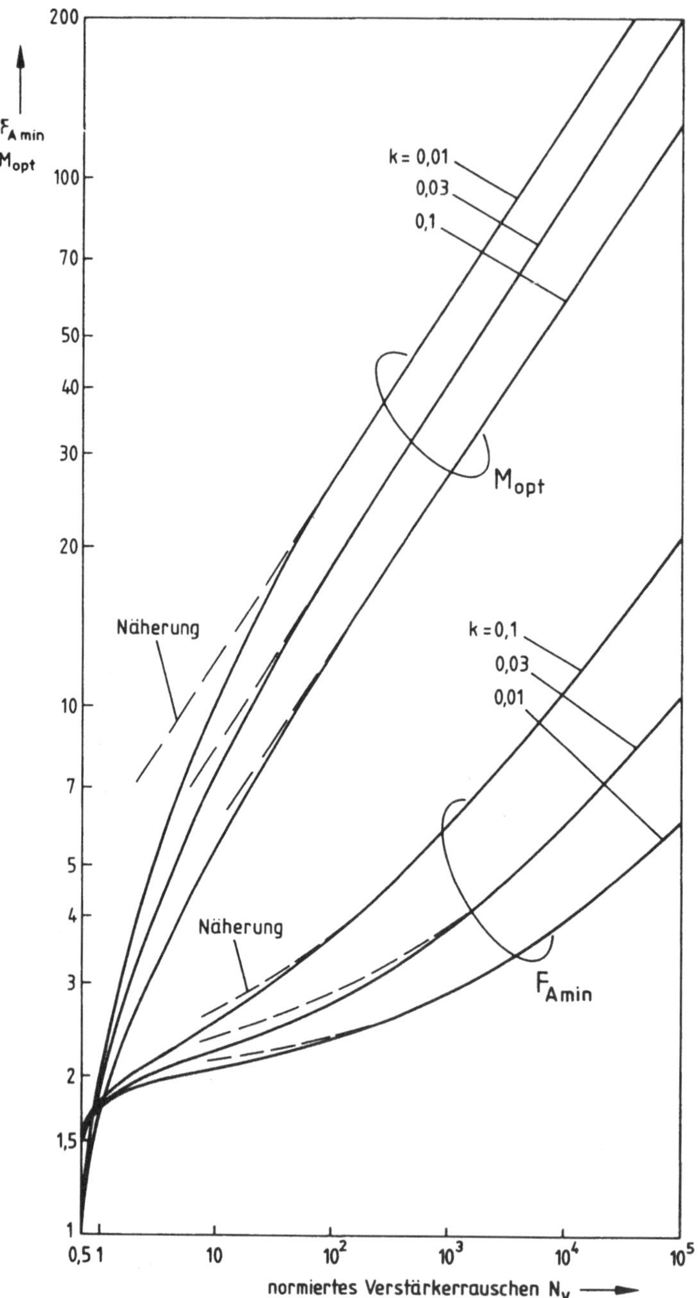

Bild 61 Optimaler Multiplikationsfaktor M_{opt} und minimale Gesamtrauschzahl F_{Amin} als Funktion des normierten Verstärkerrauschens N_v

——— = exakt nach (2.100), (2.101)   ――― = Näherung nach (2.102), (2.103)

Wir wollen nun den Störabstand $(S/N)_{IM}$ explizit für den gegengekoppelten Verstärker (Transimpedanzverstärker) nach Bild 50 als Funktion des mittleren Photostromes I_0 berechnen. Dazu gehen wir von der Kaskode nach Bild 57 aus und bestimmen das Rauschen des elektronischen Verstärkers aus (2.29) bis (2.33) sowie (2.81) mit $P \rightarrow P'$, wobei P' durch (2.83) gegeben ist. Für (2.94) und (2.95) sind weiter der Modulationsindex m, der Dunkelstrom I_D und die 3-dB- Systembandbreite B_S (nach Entzerrung) vorzugegeben. Die Gegenkopplungswiderstände sind entsprechend der Bandbreite abgestuft angenommen worden, und zwar für Bandbreiten von 1 ... 100 MHz entsprechend R_f = 5 MΩ ... 50 KΩ.

Bild 62 zeigt den Störabstand für PIN-Photodioden und für APDs mit optimalem Multiplikatiònsfaktor M_{opt}, wie er sich durch Auswertung von (2.96) mit der Rauschzahl F_A nach (2.98) bzw. (2.101) ergibt. Die für den Verstärker angenommenen Daten sind dort aufgeführt. Für geänderte Empfindlichkeit E der Photodiode ist nur die obere, in dBm geeichte Skala umzurechnen ; im übrigen bleiben die Kurven davon unberührt. Das Diagramm zeigt, daß sich nur bei schwacher Empfangsleistung, für die sich immer relativ geringe Störabstände ergeben,durch Lawinenmultiplikation eine deutliche Störabstandverbesserung ergibt. Für die Nachrichtenübertragung benötigt man aber meist Störabstände im Bereich von 40 bis 50 dB. Dann sind die erforderlichen Empfangsleistungen so groß, daß M_{opt} gegen eins geht. Die durchgezogenen und gestrichelten Kurven laufen dann zusammen. Für Systeme mit so großem Störabstand lohnt daher der mit APD verbundene Mehraufwand (hohe Vorspannung, Regelung etc.) nicht, und man greift auf die viel problemloseren PIN-Photodioden zurück. Wenn in Bild 49 zusätzlich Modulationseinrichtungen verwendet werden, nimmt die am Demodulator erforderliche Empfangsleistung für gleichen Störabstand des demodulierten Signals in aller Regel ab, bei Pulscodemodulation dabei so drastisch, daß am Demodulatoreingang ein Störabstand von 10 - 15 dB genügt. In diesem Fall, den wir später noch genau untersuchen werden, erzielt man mit APD gegenüber PIN-Dioden eine Steigerung der Empfindlichkeit, die nach Bild 62 überschlägig bei 15 dB und mehr liegt. Aber auch bei anderen Modulationsverfahren kommt man mit geringerer Empfangsleistung aus. Da wir in den folgenden Kapiteln die analogen Verfahren auf diesen einfachen IM-Fall dieses Kapitels zurückführen können, ist auch der Störabstand bei nicht so hoher Empfangsleistung von Interesse.

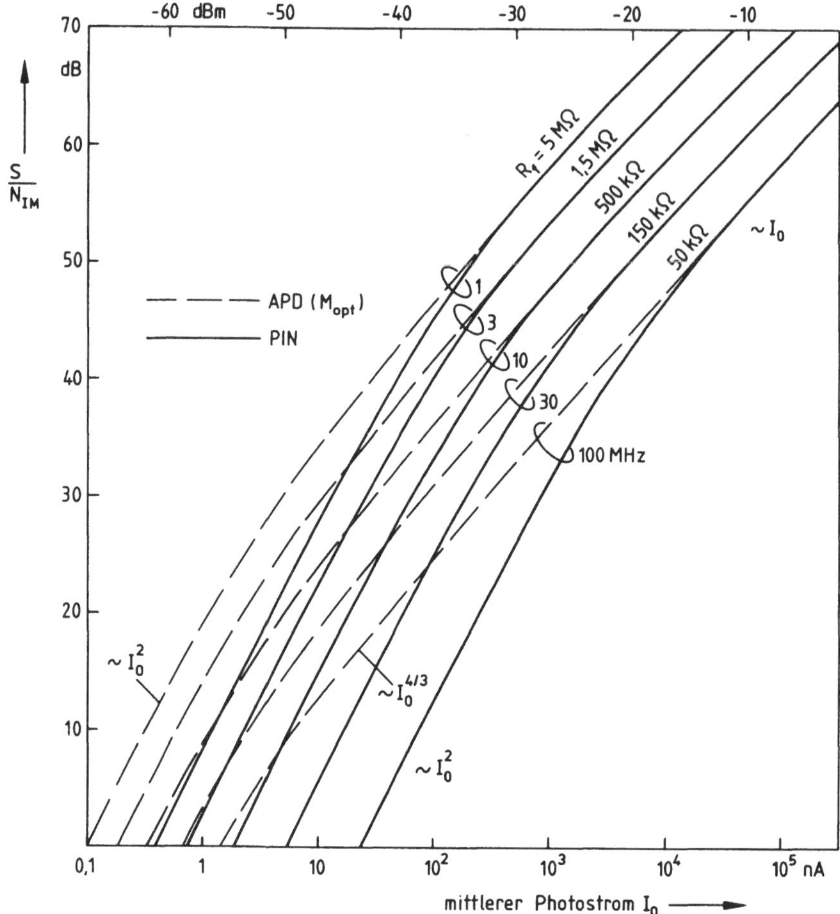

Bild 62 Störabstand bei Basisbandübertragung als Funktion des mittleren Photostromes I_0 für Vorverstärker nach Bild 52 mit Kaskode nach Bild 57; Gegenkopplung R_f und Systembandbreite B_s = Parameter

Daten:

1) Verstärker	2) Photodiode	3) Modulation
$C_{gs} = C_s = 0,5\,pF$	$C_{ph} = 0,5\,pF$	
$Q = R = 0,3;\ P' = 1,2$	$k = 0,03$ bei APD	IM mit $m = 0,7$
$S = 10\,mS;\ R_0 = 470\,k\Omega$	$I_D = 3\,nA$	
$C_f = 0,3\,pF$	$E = 0,5\,mA/mW$	

Die Abhängigkeit des Störabstandes $(S/N)_{IM}$ von der Empfangsleistung $P_0 \sim I_0$ und von der Systembandbreite B_S ist nicht einfach zu übersehen. Die durchgezogenen Kurven in Bild 62 zeigen für PIN-Dioden bei schwacher Empfangsleistung zunächst einen Anstieg $\sim I_0^2$, der im oft interessierenden Bereich um 40 ... 50 dB in einen linearen Anstieg $\sim I_0$ übergeht. Diese Abhängigkeit erkennt man noch unmittelbar anhand von (2.93) für $M_0, F_e = 1$.

Bei APD interessieren wir uns hauptsächlich für den Fall kleiner Störabstände. Für die Diskussion der Abhängigkeiten nehmen wir in Bild 62 zunächst kleine Bandbreiten B_S und eine so schwache Empfangsleistung an, daß $I_0 \ll I_D$ gilt. Für hinreichend kleine Bandbreiten können wir bei dem Ausdruck für das Verstärkerrauschen nach (2.30) den zweiten Term vernachlässigen und von weißem Rauschen ausgehen. Nach (2.94) – (2.96) und (2.103) ergeben sich dann folgende Abhängigkeiten von I_0 und B_S: N_v, F_{Amin} = const.; $S_0 \sim I_0^2 / B_S$ und für den IM-Störabstand

$$\frac{S}{N}_{IM} \sim I_0^2 \cdot / B_S \ . \tag{2.105}$$

Bei großer Bandbreite entfällt umgekehrt der erste Term in (2.30), und bei gleichzeitig großer Empfangsleistung mit $I_0 \gg I_D$ gelten die Proportionalitäten: $N_v \sim B_S^2 / I_0$; $S_0 \sim I_0/B_S$; $F_{Amin} \sim N_v^{1/3}$. Dann finden wir

$$\frac{S}{N}_{IM} \sim I_0^{4/3} / B_S^{5/3} \ . \tag{2.106}$$

Die entsprechenden Steigungen sind in Bild 62 mit eingezeichnet. Bei einem Anstieg der Kurven mit einem Steigungswert von 1 ... 2 im logarithmischen Maßstab bedeutet eine um 10 dB höhere Empfangsleistung dann eine Störabstandverbesserung um 10 ... 20 dB. Den starken Abfall mit zunehmender Bandbreite kann man in Bild 62 noch nicht erkennen, weil keine Kurve für Werte oberhalb 100 MHz berechnet wurde.

Mit diesen Überlegungen wollen wir die Untersuchungen zum Störabstand bei IM abschließen und die Verhältnisse bei geträgerter Übertragung ins Auge fassen. Wir können dabei auf die hier gewonnenen Erkenntnisse zurückgreifen.

2.3.2 Amplitudenmodulation (AM-IM)

Bei hinreichend guter Linearität der Übertragungsstrecke ist auch eine geträgerte Übertragung mehrerer Kanäle denkbar. Die einfachste Lösungsmög-
lichkeit stellt AM dar. Der Vorverstärker muß dabei so ausgelegt werden,
daß alle beteiligten Kanäle gleichzeitig empfangen werden können. Wir betrachten nun den obersten Kanal bei der Trägerfrequenz f_0, der wegen des
gemäß $a+bf^2$ ansteigenden Rauschspektrums des Vorverstärkers die stärkste
Störung erfährt. Damit erfassen wir den ungünstigsten Fall. Die erforderliche Systembandbreite B_S nach Entzerrung beträgt, wenn der Kanal die
Bandbreite B_H beansprucht, somit

$$B_S = f_0 + B_H / 2 \; , \qquad\qquad (2.107)$$

wobei allerdings im einzelnen noch festzulegen ist, welche HF-Bandbreite B_H
pro Kanal erforderlich ist. Wenn wir die Bandbreite des zu übertragenden
Signals mit B bezeichnen, benutzt man z.B. bei FM, wie wir noch sehen werden, für guten Störabstand immer eine HF-Bandbreite $B_H \gg B$. Bei AM liegen
die Verhältnisse anders. Im Falle der Basisbandübertragung (IM) nach Kapitel 2.3.1 ist die Situation mit $B_S = B_H = B$ immer eindeutig.

Bei AM können wir von der HF-Trägerschwingung nach (2.92) ausgehen und
$\phi = \omega_0 t = $ const. setzen, wobei $f_0 = \omega_0/2\pi$ die Trägerfrequenz darstellt.
Die Signalschwingung moduliert nun die Trägeramplitude mit einer Modula-
tionstiefe m_{AM}. Der Störabstand S_C/N_C der unmodulierten Trägerwelle läßt
sich leicht angeben, weil wir in 2.3.1 den Störabstand dieser Schwingung
schon bestimmt haben. Allerdings muß man jetzt berücksichtigen, daß die
Rauschleistung nicht wie bei IM im Band $0 \ldots B_S = B_H$ einfällt, sondern
im HF-Band B_H bei f_0.

Damit gilt in den Formeln für das Verstärkerrauschen nach (2.30) oder auch
(2.91) nicht mehr der Sonderfall $\delta_f = 1$, sondern der allgemeine Fall $\delta_f \geq 1$,
wobei δ_f durch (2.33) gegeben ist. Wir erhalten somit den Trägerstörabstand S_C/N_C, wenn wir in allen Gleichungen von (2.93) bis (2.104), die
in Kapitel 2.3.1 für IM hergeleitet wurden, entsprechend $B_S \rightarrow B_H$ und
$S/N_{IM} \rightarrow S_C/N_C$ substituieren und $\delta_f \geq 1$ berücksichtigen. Wenn wir diese
Übergänge mit einem Strich bei den betreffenden Größen kennzeichnen,

erhalten wir die folgenden verallgemeinerten Formeln für den Trägerstörabstand:

$$\frac{S_c}{N_c} = \frac{S_Q'}{F_A} \quad \text{mit} \quad S_Q' = \frac{m^2\, I_0^2}{4e(I_0+I_D)B_H} \quad \text{(Schrotrauschgrenze)}$$

$$F_A = F_e + N_V'/M_0^2 \quad \text{(Rauschzahl)}$$

$$N_V' = \frac{\overline{I_{\text{äg}}^2}/B_H}{2e(I_0+I_D)} \quad \text{(norm. Verstärker -}\atop\text{rauschen)}$$

$$(2.108)$$

Die übrigen Ausdrücke für die optimale Lawinenverstärkung können Kapitel 2.3.1 entnommen werden, wenn man die Gleichungen sinngemäß anwendet.

Bild 63 zeigt die numerische Auswertung von (2.108) für PIN-Photodioden und APD mit optimaler Verstärkung $M_0 = M_{opt}$, wobei für die Berechnung wieder die Verstärkerdaten von Bild 62 genommen wurden. Dort hatten wir den Transimpedanzverstärker nach Bild 50 mit Kaskode gewählt. Für die beiden Trägerfrequenzen f_0 = 85 MHz in Bild 63 a und f_0 = 25 MHz in Bild 63 b genügt bei den angegebenen HF-Bandbreiten von maximal 30 MHz bzw. 10 MHz nach (2.107) eine Verstärkerbandbreite nach Entzerrung von B_s = 100 MHz bzw. 30 MHz. Entsprechend der Dimensionierung nach Bild 62 gehen wir dann von Gegenkopplungswiderständen R_f = 50 KΩ und R_f = 150 KΩ aus.

Die Trägerstörabstände S_c/N_c hängen trotz des größeren Verstärkerrauschens bei höherer Trägerfrequenz f_0 im Falle von APD nur unwesentlich von f_0 ab, weil bei Lawinenmultiplikation das nachfolgende Verstärkerrauschen nicht entscheidend ist. Bei hohen Empfangsleistungen, wenn mit $M_{opt} \to 1$ die Kurven von APD und PIN-Photodioden zusammenlaufen, spielt auch die Lage der Trägerfrequenz keine Rolle, weil das Schrotrauschen dominiert. Nur bei Empfang schwacher Signale mit PIN-Dioden geht f_0 ein; das quadratisch ansteigende Rauschspektrum sorgt dann bei f_0 = 85 MHz für einen bis zu 10 dB schlechteren Störabstand als bei f_0 = 25 MHz. Die Abnahme mit f_0 ist etwa quadratisch. Dagegen fällt S_c/N_c für schmale Bänder mit $B_H \ll f_0$ nur $\sim 1/B_H$ ab. Diese Abhängigkeit ist verständlich, weil sich das Rauschspektrum dann bei f_0 kaum ändert. Diesen Sachverhalt werden wir im folgenden ausnutzen, wenn wir den uns eigentlich interessierenden Störabstand $\frac{S}{N}$ des demodulierten Signals bestimmen.

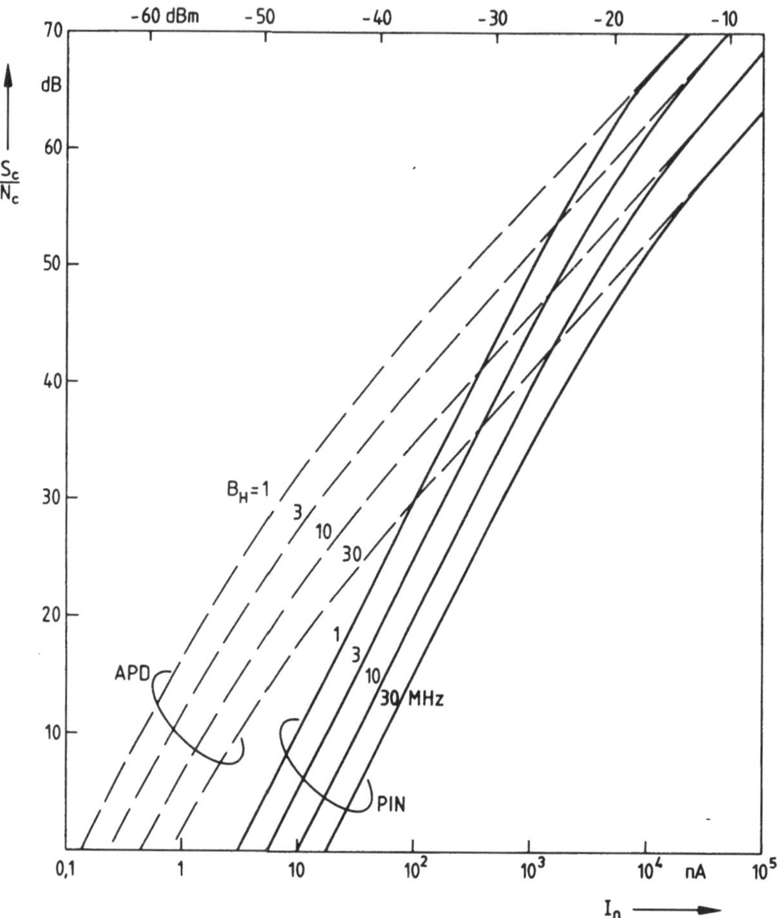

Bild 63a Störabstand S_c/N_c einer Trägerwelle der Frequenz f_0 im Band $f_0 - B_H/2$ bis $f_0 + B_H/2$ als Funktion des Photogleichstromes I_0 mit B_H als Parameter; Vorverstärkerdaten nach Bild 62; Modulationsindex der Trägerwelle m = 0,7

Trägerfrequenz $\quad f_0 = 85\,\text{MHz}$
Systembandbreite $\quad B_S = 100\,\text{MHz}$
Gegenkopplung $\quad R_f = 50\,\text{K}\Omega$

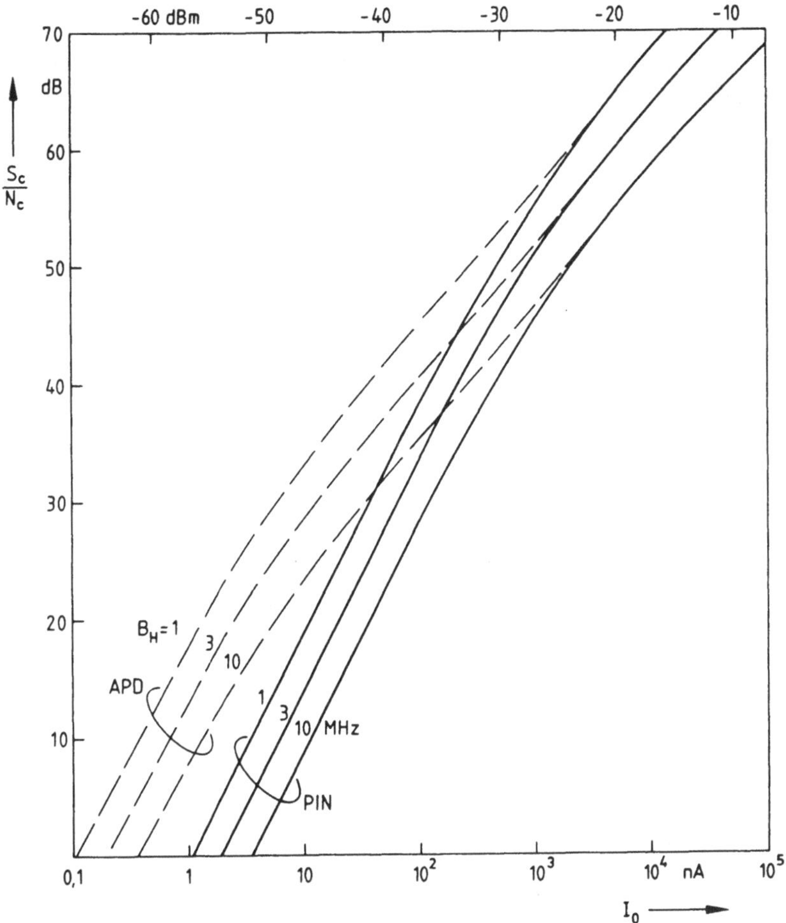

Bild 63b wie Bild 63a, aber mit $f_0 = 25$ MHz; $B_S = 30$ MHz; $R_f = 150$ KΩ

137

Zur Bestimmung des Signalstörabstandes wollen wir daher jetzt vereinfachend voraussetzen, daß sich das Rauschspektrum innerhalb B_H bei f_0 nicht ändert. Diese Annahme ist für $B_H \ll f_0$ oder bei weißem Rauschen, was hier nicht vorliegt, immer erfüllt. Man kann nun zur Berechnung des Störabstandes am Demodulatorausgang bekannte Formeln verwenden, die für konstante Rauschspektren gelten.

Wie ohne Beweis angegeben sei, ergibt sich bei DSB-AM mit $B_H = 2B$ als HF-Bandbreite und m_{AM} als AM-Modulationsindex bei Hüllkurvendemodulation ein Störabstand

$$\left. \frac{S}{N} \right|_{DSB-AM} = \frac{2\, m_{AM}^2}{2 + m_{AM}^2} \cdot \frac{S_c}{N_c} \, . \qquad (2.109)$$

Bei ESB-AM ohne Träger liegt nur Frequenzumsetzung vor, und es gilt mit $B_H = B$

$$\left. \frac{S}{N} \right|_{ESB-AM} = \frac{S_c}{N_c} \, . \qquad (2.110)$$

Bei DSB-AM ist der Störabstand nicht nur deswegen schlechter als bei ESB-AM, weil selbst für $m_{AM} = 1$ nur $\frac{2}{3}\, S_c/N_c$ erreicht wird, sondern auch deshalb, weil bei doppelter HF-Bandbreite mehr Rauschen einfällt. Bei linearer Zunahme des Störabstandes mit B_H ergibt sich selbst bei $m_{AM} = 1$ noch ein Abstand von 3 dB + 1,8 dB = 4,8 dB gegenüber ESB-AM.

Als Beispiel betrachten wir ein Videosignal mit B = 5 MHz Bandbreite, das mit S/N = 45 dB Signalstörabstand zu übertragen ist. Nach (2.107) genügt für ESB-AM bei f_0 = 25 MHz mit $B_H = B$ ein Verstärker mit $B_s \approx$ 30 MHz. Mit S_c/N_c = 45 dB nach (2.110) lesen wir aus dem entsprechenden Bild 63 b einen Pegel von - 30 dBm bei APD und - 29 dBm bei PIN-Dioden ab. Bei Obertragung im Basisband würden nach Bild 62 bei APD ebenso wie bei PIN-Dioden etwa - 32 dBm ausreichen. Bei tieferen Frequenzen macht sich das geringere Verstärkerrauschen durchaus bemerkbar. Im Falle von DSB-AM mit z.B. m_{AM} = 0,8 steigt nach (2.109) der erforderliche Trägerstörabstand um ca. 3 dB; außerdem wird man wegen der doppelt so großen HF-Bandbreite unempfindlicher. Mit - 26 dBm bei APD oder PIN-Dioden liegt man recht schlecht.

Wir stellen insgesamt fest, daß sich APD bei AM(IM) oder bei IM unter diesen Verhältnissen oft gar nicht lohnen, weil die für guten Störabstand erforderliche Empfangsleistung so groß ist, daß das Schrotrauschen des Photostromes dominiert. Die Kurven in Bild 62 und 63 gehen dann in einen linearen Anstieg über. Je höher man allerdings die Trägerfrequenz f_0 wählt, umso stärker macht sich das quadratisch ansteigende Verstärkerrauschen bemerkbar. Dann nähert man sich zunehmend der Situation, bei der eine Vorverstärkung mit APD einen Vorteil zeigt. Bei f_0 = 85 MHz laufen aus diesem Grunde die Kurven erst deutlich später zusammen als bei f_0 = 25 MHz, und man erzielt einen beachtlichen Störabstandsgewinn durch die Verwendung von APDs. Dieser Gewinn ist umso größer, je kleiner der erforderliche Trägerstörabstand ist und je mehr der Verstärker rauscht.

Besonders kleine Trägerstörabstände genügen bei Frequenzmodulation (FM). Mit diesem Verfahren wollen wir uns im nächsten Kapitel beschäftigen. Wir können dann aber nicht mehr mit schmalen HF-Bändern rechnen; aus diesem Grunde ist eine aufwendigere Betrachtung notwendig, um letztlich analog zu (2.109) bzw. (2.110) einen Ausdruck für den FM-Störabstand zu erhalten, der neben dem Modulationsindex im wesentlichen den Trägerstörabstand enthält, der als bekannt vorausgesetzt werden kann. Das Problem liegt dabei in der Berücksichtigung des quadratischen Rauschspektrums.

2.3.3 Frequenzmodulation (FM-IM)

a) Berechnung des Störabstandes

Bei Frequenzmodulation können wir wieder von der Darstellung (2.92) des multiplizierten Photostromes ausgehen. In diesem Fall bleibt die Trägeramplitude

$$A_c = m\, I_{ph} \tag{2.111}$$

konstant, und wir modulieren die Phase entsprechend

$$\phi(t) = \omega_0 t + \beta \sin\omega_m t \quad \text{mit } \beta = \Delta f/f_m . \tag{2.112}$$

Dabei ist $f_0 = \omega_0/2\pi$ die Trägerfrequenz, $f_m = \omega_m/2\pi$ die Frequenz des modulierenden NF-Signals, Δf der Frequenzhub und β der Modulationsindex.

Der FM-Demodulator liefert nun einen Ausgangsstrom $i_d(t)$, der proportional zur Frequenzabweichung ($\dot{\phi} - \omega_0$) ist. Mit b' als Steilheit der Demodulatorkennlinie und $\dot{\phi}$ aus (2.112) folgt der Signalstrom

$$i_d(t) = b' (\dot{\phi} - \omega_0) = b' \beta\omega_m \cos\omega_m t \qquad (2.113)$$

mit dem Effektivwertquadrat

$$S_0 = \overline{i_d^2} = b'^2 \Delta\omega^2 / 2 \quad . \qquad (2.114)$$

Das Effektivwertquadrat des Trägers lautet mit A_c als Trägeramplitude andererseits

$$S_c = A_c^2 / 2 \quad . \qquad (2.115)$$

Im folgenden untersuchen wir, welches Rauschen sich im HF- und nach der Demodulation im NF-Band diesen Leistungen hinzuaddiert.

Wir betrachten dazu die unmodulierte Trägerschwingung und überlagern einen Rauschstrom $n(t)$. Das Ziel besteht darin, ohne Modulation der Trägerwelle für gegebenes Spektrum von $n(t)$ einmal das Rauschstromquadrat N_c zu bestimmen, das sich im HF-Band dem Träger überlagert. Danach wird das Rauschstromquadrat N_0 ermittelt, das nach Demodulation dieses Rauschens in das NF-Band der Breite B fällt. Auf diese Weise können wir den FM-Störabstand S_0/N_0 als Funktion des Trägerstörabstandes S_c/N_c angeben, der nach Kapitel 2.3.2 als bekannt vorausgesetzt werden kann.

Wenn wir zu der Trägerschwingung den Rauschstrom $n(t)$ hinzuaddieren, erhalten wir in der HF-Ebene den Strom

$$i(t) = A_c \cos\omega_0 t + n(t) \quad . \qquad (2.116)$$

Nimmt man nun zunächst einmal an, daß das Rauschleistungsspektrum $G_n(f)$, das $n(t)$ zugeordnet ist, im wesentlichen auf Frequenzen nahe bei f_0 konzentriert ist, dann liegt eine Schwingung mit der Frequenz f_0 vor, die aber doch in der Amplitude "moduliert" ist. Man kann daher $n(t)$ darstellen in der Form

$$n(t) \quad = \quad x(t) \cos\omega_0 t \quad - \quad y(t) \sin\omega_0 t \quad , \qquad (2.117)$$

wobei bei schmalem Rauschspektrum $G_n(f)$ die Funktionen $x,y(t)$ langsam ver-
änderliche Größen sind. Mit zunehmender Breite des Spektrums werden sich
nun auch die Spektren von x und y aufweiten. Setzt man (2.117) in (2.116)
ein, folgt für den praktisch interessierenden Fall einer hinreichend gro-
ßen Trägeramplitude mit $A_c \gg |x,y|$

$$\begin{aligned}
i(t) \quad &= \quad A_c \cos\omega_0 t \; - \; y(t) \sin\omega_0 t \\
&= \quad r(t) \cos\phi_n(t) \qquad\qquad\qquad (2.118)
\end{aligned}$$

mit

$$r(t) \quad = \quad \sqrt{A_c^2 + y^2} \; \simeq \; A_c \quad \text{und} \quad \phi_n(t) = \omega_0 t + \arctan \frac{y}{A_c} \quad . \quad (2.119)$$

Die durch das Rauschen $n(t)$ verursachte Störphase $\phi_n(t)$ bewirkt am Demodu-
latorausgang einen Rauschstrom $i_{dn}(t) = b'(\dot{\phi}_n - \omega_0)$. Mit $|y| \ll A_c$ gilt
in (2.119) $\arctan(y/A_c) \simeq y/A_c$ und somit

$$i_{dn}(t) \; = \quad \frac{b'}{A_c} \cdot \frac{dy}{dt} \quad . \qquad\qquad (2.120)$$

Wir ordnen nun den angegebenen zeitabhängigen Größen die folgenden, für
positive und negative (!) Frequenzen definierten Leistungsspektren zu

$$\begin{aligned}
n(t) \quad &\circ\!\!-\!\!\!-\!\!\bullet \quad G_n(f) \\
x,y(t) \quad &\circ\!\!-\!\!\!-\!\!\bullet \quad G_{x,y}(f) \qquad\qquad (2.121) \\
i_{dn}(t) \quad &\circ\!\!-\!\!\!-\!\!\bullet \quad G_i(f) \quad .
\end{aligned}$$

Mit dieser Zuordnung und der weiteren Zuordnung $d/dt \; \circ\!\!-\!\!\!-\!\!\bullet \; j\omega$ folgt aus
(2.120) das gesuchte Leistungsspektrum am Demodulatorausgang

$$G_i(\omega) \quad = \quad \frac{b'^2}{A_c^2} \; \omega^2 \; G_y(\omega) \quad . \qquad\qquad (2.122).$$

Nun bleibt nur noch zu klären, wie man aus dem hochfrequenten Rauschspektrum $G_n(f)$ das niederfrequente Spektrum $G_y(f)$ der Funktion $y(t)$ bestimmt. Wie hier ohne Beweis angegeben sei, sind die beiden Kurvenäste des zweiseitig definierten Spektrums $G_n(f)$ jeweils um f_0 zum Punkt $f=0$ hin zu verschieben und dann zu addieren. Das Spektrum wird also bei $f = 0$ entsprechend

$$G_x = G_y = G_n(f_0+f) + G_n(f_0-f) \tag{2.123}$$

symmetrisiert. Die Gesamtrauschleistung teilt sich dabei jeweils auf die beiden Zweige bei positiven und negativen Frequenzen auf.

Die uns interessierenden Vorverstärker zeigen nach Kapitel 2.2 zusammen mit dem Rauschen der Photodiode ein Rauschspektrum, das entsprechend

$$G_n(f) = c_1 \left[1 + \kappa \, (f/f_0)^2 \right] \tag{2.124}$$

quadratisch ansteigt und als bekannt angesehen werden kann; dabei gibt κ den relativen Anstieg bis zur Trägerfrequenz f_0 an, und c_1 ist eine Konstante. Beide Parameter sind also keine Unbekannten. Setzt man (2.124) in (2.123) ein, folgt

$$G_y(f) = 2 \, c_1 \left[1 + \kappa(1+ \frac{f^2}{f_0^2}) \right] . \tag{2.125}$$

Mit (2.122) haben wir somit das Rauschspektrum im NF-Band bestimmt.

Bei praktisch ausgeführten FM-Systemen sieht man für verbesserten Störabstand noch eine Anhebung hochfrequenter Signalkomponenten am Sender vor, die nach der Demodulation durch eine entsprechende Absenkung wieder auszugleichen ist (Preemphase und Deemphase). Wir wollen dieses Tiefpaßfilter nach der Demodulation an dieser Stelle gleich berücksichtigen. Das entgültige Ausgangsspektrum lautet mit mit $H_p(j\omega)$ als Tiefpaßübertragungsfunktion dann

$$G_i^{\bullet}(\omega) = |H_p^{-}(\omega)|^2 \cdot G_i(\omega) . \tag{2.126}$$

142

Bei einfacher Deemphase mit $1/|H_p|^2 = 1 + (f/f_p)^2$ erhält man mit (2.122)
und (2.125) aus (2.126)

$$G_i'(\omega) = \frac{2\,c_1 b'^2}{A_c^2}\,4\pi^2\,\frac{f^2}{1 + (f/f_p)^2}\,\left[1 + \kappa(1 + \frac{f^2}{f_0^2})\right]\,. \qquad (2.127)$$

Dabei ist f_p die 3-dB-Eckfrequenz der Preemphase. Die Integration von
G_i' über die Frequenz von $-B$ bis $+B$ liefert das Rauschstromquadrat N_0, das
ein idealer Tiefpaß der Breite B in das Signalband hindurchläßt. Das Integral läßt sich noch analytisch lösen und liefert

$$N_0 = \int_{-B}^{+B} G_i\,df = \frac{16\pi^2 b'^2 c_1}{A_c^2}\,\frac{B^3}{3}\,\left[(1+\kappa)\cdot p(x) + \frac{3}{5}\,\frac{B^2}{f_0^2}\,\kappa q(x)\right] \qquad (2.128)$$

mit

$$p = \frac{x - \arctan(x)}{x^3/3} \qquad\qquad q = \frac{\arctan(x) - x + x^3/3}{x^5/5}$$

und

$$x = B / f_p\,. \qquad (2.129)$$

Wir drücken nun die Konstante c_1 in (2.128) durch die Rauschleistung N_c
aus, die sich in beiden Kurvenästen von $G_n(f)$ im HF-Band B_H dem Träger
der Leistung S_c überlagert. Unter Berücksichtigung des Faktors 2 integrieren wir nur über positive Frequenzen und erhalten mit (2.124)

$$N_c = 2 \cdot \int_{f_0 - \frac{B_H}{2}}^{f_0 + \frac{B_H}{2}} G_n(f)\,df = 2\,c_1\,B_H\,\left[1 + \frac{\kappa}{3}\,\delta_f\,\frac{B_H^2}{f_0^2}\right]\,. \qquad (2.130)$$

Dabei ist der Parameter δ_f wieder durch (2.33) festgelegt und kennzeichnet
die Lage des HF-Bandes. Mit S_c nach (2.115) gibt das Verhältnis S_c/N_c
den Trägerstörabstand an, der durch (2.108) oder z.B. durch Bild 63 gegeben ist und als bekannt vorausgesetzt werden kann. Der Quotient S_0/N_0 mit
S_0 nach (2.114) liefert auf der anderen Seite den uns interessierenden
FM-Störabstand S/N_{FM} des demodulierten Signals. Setzt man N_0 nach (2.128)
ein, können wir c_1 und A_c eliminieren und stattdessen den Trägerstörabstand einführen.

Wir erhalten für den FM-Störabstand $(S/N)_{FM} = S_0/N_0$ dann

$$\frac{S}{N}\bigg|_{FM} = \frac{S_c}{N_c} \cdot \frac{B_H}{B} \cdot \frac{3}{2} \beta_m^2 \cdot \frac{1 + \frac{\kappa}{3}\delta_f\,(B_H/f_0)^2}{(1 + \kappa)\,p(x) + \frac{3}{5}\kappa\,q(x)\,\dfrac{B^2}{f_0^2}} \quad ; \quad \beta_m = \frac{\Delta f}{B} \quad .(2.131)$$

Da B die maximale Signalfrequenz ist, stellt β_m den minimalen Modulationsindex dar. Für vorgegebenen Frequenzhub Δf liegt β_m dann fest. Bevor wir
(2.131) weiter auswerten, wollen wir einen Spezialfall diskutieren.

Im Sonderfall eines konstanten Rauschspektrums ($\kappa = 0$) und ohne Preemphase
($x \to 0$; $p,q = 1$) nimmt der letzte große Bruch in (2.131) den Wert eins an.
Bei weißem Rauschen gilt mit k_0 als Konstante außerdem $S_c/N_c = k_0/B_H$ und
wegen (2.110) $S_c/N_c\big|_{B_H=B} = (S/N)_{ESB-AM} = k_0/B$. Damit folgt $(S_c/N_c)\cdot B_H/B =$
$(S/N)_{ESB-AM}$. Man erhält also bei FM mit κ, $x = 0$ einen gegenüber ESB-AM
um den Faktor $3\beta_m^2/2$ verbesserten Störabstand. Der Fall der ESB-AM entspricht hier der Basisbandübertragung (IM).

Für den vorliegenden Fall mit quadratisch ansteigendem Rauschspektrum und
Preemphase, den wir zu behandeln haben, werten wir (2.131) weiter aus und
drücken nun den relativen Anstieg κ des Gesamtverstärkerrauschens $G_n(f)$
nach (2.124), das sich aus dem Schrot- und Multiplikationsrauschen $\overline{I_s^2}$
und dem elektronischen Verstärkerrauschen $I_{\ddot{a}g}^2$ zusammensetzt, durch die
Koeffizienten der bekannten Rauschspektren aus. Es gilt

$$2\,G_n(f) = \frac{dI_s^2}{df} + \frac{dI_{\ddot{a}}^2}{df} = \frac{dI_s^2}{df} + (a + bf^2) \quad , \qquad (2.132)$$

wobei a und b die Koeffizienten des einseitig definierten Rauschspektrums
$(a + bf^2)$ des Verstärkers bedeuten und beim Transimpedanzverstärker aus
(2.31) oder beim Bipolartransistor aus (2.91) abgelesen werden können.
Durch Vergleich mit (2.124) ergibt sich dann

$$\kappa = \frac{b\,f_0^2}{a + dI_s^2/df} \quad . \qquad (2.133)$$

Setzt man den Trägerstörabstand S_c/N_c nach (2.108) in (2.131) ein, folgt
mit (2.133) nach einiger Zwischenrechnung der endgültige Ausdruck für
den FM-Störabstand

$$\left.\frac{S}{N}\right|_{FM} = \frac{m^{*2} I_0^2 M_0^2 / 2}{\overline{I_s^2} + \overline{I_{\ddot{a}g}^{*2}}} \quad (2.134) \quad \text{mit} \quad \overline{I_{\ddot{a}g}^{*2}} = aB_H + \varepsilon_f \frac{b}{3} \delta_f B_H^3 \quad , \quad (2.135)$$

$$\varepsilon_f = \frac{(f_0/B_H)^2 + \frac{3}{5}(B/B_H)^2 \frac{p(x)}{q(x)}}{(f_0/B_H)^2 + 1/12} \quad , \quad (2.136)$$

$$m^{*2} = m^2 \frac{3\beta_m^2}{2p} B_H/B \quad (2.137) \quad \text{und} \quad \beta_m = \Delta f/B \quad . \quad (2.138)$$

Das Schrot- und Multiplikationsrauschen $\overline{I_s^2}$ ist wieder wie in (2.93) einzusetzen, und δ_f hat wieder dieselbe Bedeutung wie in (2.29) bis (2.33).
Anzumerken ist, daß obige Störabstandsformel nur für hinreichend große
Trägeramplituden gilt. Unterhalb einer gewissen Schwelle, die ganz grob
bei einem Trägerstörabstand im Bereich von 15 dB liegt, fällt der Störabstand dann abrupt ab.

Bei FM erhält man also formal dieselbe Störabstandsformel wie bei AM
bzw. bei IM, nur ist mit einem fiktiven Verstärkerrauschen $\overline{I_{\ddot{a}g}^{*2}}$ zu rechnen,
und anstelle des Modulationsindex m des Trägers ist ein fiktiver Modulationsindex m^* einzusetzen.

Gegenüber unserem tatsächlichen Verstärkerrauschen $\overline{I_{\ddot{a}g}^2}$ nach (2.30) unter-
scheidet sich der fiktive Wert nach (2.135) nur durch den Faktor ε_f im
2. Summanden. Unter praktischen Verhältnissen spielt nun in dem Ausdruck
für ε_f nach (2.136) der letzte Term im Zähler keine Rolle, weil p/q immer
nahe bei eins liegt, so daß für Trägerfrequenzen $f_0 > B_H/2$ dann $3/4 < \varepsilon_f < 1$
gilt. Berücksichtigt man p/q, dann rückt ε_f noch näher an eins heran. Das
fiktive Verstärkerrauschen ist wegen $\varepsilon_f \approx 1$ daher praktisch ebenso groß
wie das tatsächliche Verstärkerrauschen, so daß sich auch dasselbe M_{opt}
ergibt. Mit dieser Näherung können wir obige Gleichungen drastisch vereinfachen, denn bis auf den Faktor $(m^*/m)^2$ ist (2.134) mit dem Trägerstörab-

stand S_c/N_c, wie er in normierter Form aus (2.108) folgt, identisch. Im Sonderfall $\delta_f=1$, wenn man also im Band $0 \ldots B_s = B_H$ empfängt, reduziert sich S_c/N_c wieder auf den IM-Störabstand nach (2.93). Hier erkennt man die Äquivalenz direkt. Mit $(m^*/m)^2$ nach (2.137) erhalten wir somit ein sehr einfaches Ergebnis für den FM-Störabstand:

$$\frac{S}{N}\Big|_{FM} = \frac{S_c}{N_c}(B_H/B) \cdot \frac{3}{2}\beta_m^2/p \quad . \tag{2.139}$$

Diese Gleichung gestattet uns nun, für vorgegebene Signalbandbreite B, HF-Bandbreite B_H , Preemphase p(x) nach (2.128) und angegebenen Frequenzhub Δf in (2.138) den FM-Störabstand mit Hilfe des bekannten Trägerstörabstandes S_c/N_c zu ermitteln. Da wir auf die Ergebnisse der letzten Kapitel zurückgreifen können, läßt sich somit die Situation bei FM einfach überschauen.

Bei weißem Rauschen, das hier nicht vorliegt, wäre der Ausdruck $\frac{S_c}{N_c}(B_H/B)$ in (2.139), wie oben bereits erläutert, identisch mit dem Störabstand bei ESB-AM bzw. IM, und der Faktor $3\beta_m^2/2p$ würde die Verbesserung bei FM gegenüber diesem Verfahren angeben. Ohne Preemphase gilt $p(0) = 1$, und wir erhalten den bekannten Gewinn $3\beta_m^2/2$. Da bei weißem Rauschen mit $b = 0$ die Näherung $\varepsilon_f \approx 1$, die (2.139) beinhaltet, in (2.135) nicht mehr eingeht, gilt für diesen Fall (2.139) exakt. Wir haben hier nun aber herausgefunden, daß diese Gleichung auch in sehr guter Näherung anwendbar ist, wenn man das ansteigende Rauschspektrum nur im Trägerstörabstand in der Weise berücksichtigt, wie dies im letzten Kapitel dargelegt wurde.

Bei der Wahl der Bandbreiten ist nun bei FM zu beachten, daß für nicht zu große Verzerrungen

$$B_H = 2\left[\Delta f + (1 \ldots 2)\cdot B\right] \tag{2.140}$$

gewählt werden muß; die Trägerfrequenz f_o darf mit

$$f_o > \frac{B_H}{2} \tag{2.141}$$

auch nicht beliebig klein werden. Für die Systembandbreite B_s gilt (2.107).

146

Um nun mit FM einen Störabstandsgewinn gegenüber ESB-AM zu erzielen, muß
man den FM-Modulationsindex β_m möglichst groß wählen. In vielen Fällen
können wir nicht mit dem gewünschten großen Frequenzhub arbeiten, weil die
Modulatorkennlinie dann in nichtlineare Bereiche ausgesteuert wird. Durch
Anwendung des Gegentaktprinzips und durch Frequenzteilungsmethoden kann
man durch erhöhten Aufwand den zulässigen Frequenzhub Δf steigern. Ohne
diese besonderen Maßnahmen muß man sich oft mit $\beta_m = 1 \ldots 2$ begnügen,
wenn die Trägerfrequenz nicht deutlich größer ist als die Signalbandbreite B. Gleichung (2.139) erweckt den Eindruck, als wenn man mit der Preemphase ein Mittel gewonnen hätte, den Störabstand nun weiter beliebig zu
steigern. Nach (2.129) müßte man nur eine möglichst kleine Eckfrequenz f_p
der Preemphase einstellen, da dann mit $p(x \to \infty) = 0$ in (2.139) der Störabstand immer größer wird. Hierbei handelt es sich selbstverständlich um
eine unzulässige Maßnahme, denn durch Anhebung der hochfrequenten Signalkomponenten am Sender steuern nun diese Spektralanteile die Modulatorkennlinie weiter aus, so daß man sich wieder Nichtlinearitäten einhandelt. Die
Preemphase ist nur dann sinnvoll, wenn, wie dies z.B. bei Sprache der Fall
ist, im zu übertragenden Signalspektrum innerhalb $0 \ldots B$ die Spektralanteile zu höheren Frequenzen hin deutlich in der Amplitude abnehmen. Durch
Anhebung dieser Frequenzkomponenten nutzt man dann den linearen Bereich
der Modulatorkennlinie bei allen Signalfrequenzen gleichmäßig aus.

Ganz allgemein kann man aber immer annehmen, daß das Signal an der Bandgrenze $f = B$ um 3 dB abgefallen ist. Die Eckfrequenz der Preemphase kann
dann mindestens zu $f_p = B$ entsprechend $x=1$ gewählt werden. Mit $x = 1 \ldots 1{,}5$
nimmt man manchmal bei höheren Frequenzen auch etwas mehr Verzerrungen in
Kauf und kann dann nach (2.129) mit $p = 0{,}46$ bis $0{,}64$ rechnen. Geht man
gleichzeitig von $\beta_m = 1 \ldots 2$ aus, dann liefert in (2.139) der zweite
Faktor mit 2,34 bis 13 einen Störabstandsgewinn von 4 bis 11 dB.

Wir bestimmen nun zur Demonstration wieder die erforderliche Empfangsleistung für ein Videosignal mit B = 5 MHz Bandbreite und $(S/N)_{FM} = 45$ dB
Störabstand. Wenn wir das Rauschspektrum vor dem FM-Demodulator bis $f=0$
mitnehmen und somit im Band $0 \ldots B_s$ empfangen, gilt $S_c/N_c = (S/N)_{IM}$. Bei
einem Verfahren mit Bandbegrenzung wäre ein zusätzlicher Bandpaß erforder-

lich. Wir gehen von einem System mit einer Trägerfrequenz f_0 = 35 MHz und
einer Systembandbreite B_S = B_H = 70 MHz aus. Der Banderweiterungsfaktor
B_H/B = 14 ergibt in (2.139) zunächst einen Gewinn gegenüber dem Trägerstörabstand von 11,5 dB. Unter Berücksichtigung des Gewinns der Preemphase,
für den wir den obigen Bereich von 4 ... 11 dB zu Grunde legen, ist ein
Störabstand von 45 dB abzüglich 14,5 ... 22,5 dB, also ein Trägerstörabstand S_C/N_C = 22,5 ...   30 dB zu erreichen. Nach Bild 62 benötigt man bei
APD und einem Transimpedanzverstärker mit B_S = 70 MHz dann - 34 dBm bis
- 41 dBm und bei PIN-Photodioden - 30 dBm bis - 34 dBm. Bei Übertragung
im Basisband (IM) sind für APD oder PIN-Diode mit B_S = 5 MHz jeweils etwa
- 32 dBm zu fordern. Bei APD erzielt man mit FM gegenüber IM also einen
Gewinn von 2 bis 9 dB in der Empfindlichkeit, bei PIN-Dioden kann dagegen
sogar ein Verlust auftreten. In diesem Fall geht der durch FM an sich bei
weißem Rauschen erzielbare Störabstandsgewinn dadurch wieder verloren,
weil in das 70 MHz breite Band bei quadratisch ansteigendem Rauschspektrum
überproportional viel Rauschen einfällt. Bei APD stört dies viel weniger.

Der Einsatz von APD ist generell nur dann sinnvoll, wenn sich optimale
Multiplikationsfaktoren M_{opt} >> 1 ergeben. Bei relativ kleinem Trägerstörabstand im Bereich S_C/N_C = 20 ... 30 dB, wie er für FM erforderlich ist,
ist diese Situation oft ebenso gegeben, wie bei AM-Systemen mit sehr großer Trägerfrequenz und damit großem Verstärkerrauschen. Dennoch zeigt sich,
daß auch PIN-Dioden für rauscharmen Empfang sehr gut geeignet sind. Wegen
des geringeren Aufwandes und der hervorragenden Linearität nimmt man bei
PIN-Dioden in analogen Übertragungssystemen dann gerne einige Dezibel Stör-
abstandsverlust in Kauf.

c) Pulsfrequenzmodulation

Eine besondere Variante der FM stellt die Pulsfrequenzmodulation (PFM) dar.
Die Information liegt dann nicht mehr in den Nulldurchgängen einer harmonischen Schwingung, sondern in der Lage der Entscheidungsschwelle $\hat{U}/2$ eines
Impulses der Höhe $\hat{U}$. Da die Pulsfolgefrequenz entsprechend der Signalspannung schwankt, ist es günstig, mit einer Rechteck-FM zu arbeiten, weil
dann keine Mittelwertschwankungen auftreten und im Empfänger das Problem
einer fluktuierenden Entscheidungsschwelle nicht auftritt. Man demoduliert,
indem man Pulse konstanter Breite erzeugt und mit einem Tiefpaß der Signalbandbreite B das Signal herausfiltert. Dieses Verfahren eignet sich auch

bei FM, wenn man die harmonische Schwingung mit einem Begrenzerverstärker
in eine Recheck-FM umwandelt.

Je steiler man nun bei PFM die Impulsflanke wählt, umso weniger verschiebt
ein überlagerter Rauschstrom den Entscheidungszeitpunkt, bei dem $\hat{U}/2$ erreicht wird, und um so weniger rauscht das empfangene Signal. Man erweitert
durch größere Flankensteilheit die Systembandbreite B_s noch mehr als bei
FM. Dadurch fällt wegen des quadratischen Rauschspektrums auch immer mehr
Rauschen ein. Wie wir gesehen haben, erfordert aber FM keinen großen Störabstand in der HF-Ebene, so daß Lawinendioden verwendet werden können.
Damit spielt nun das Rauschen des nachgeschalteten elektronischen Vorverstärkers keine so große Rolle, denn nach den Ergebnissen von Kapitel 2.3.1
dominiert dann das Rauschen der 1. Stufe, also jenes der APD. Der Vorteil
eines geringeren Rauschens durch Banderweiterung kommt dann weitgehend
zum Tragen. Bei PIN-Dioden gewinnt man dagegen durch die Banderweiterung
zunächst an Störabstand bis das Verstärkerrauschen bei hoher Systembandbreite wegen des quadratisch ansteigenden Rauschspektrums schließlich so
groß wird, daß der Störabstand wieder abnimmt. Bei PIN-Dioden existiert
daher eine optimale Systembandbreite, die bei PFM zu wählen wäre. Ganz
anders erzielen wir bei APD durch ein erweitertes Band B_s dagegen einen
immer günstigeren Signalstörabstand.

Die Berechnung soll hier wegen des Aufwandes nicht durchgeführt werden.
In der Praxis erreicht man mit PFM eine deutlich größere Empfindlichkeit
als bei FM. Dabei erweist sich dieses Pulsverfahren auch deshalb als besonders vorteilhaft, weil weitgehend logische Schaltungen in ECL-Technik
Anwendung finden können, die für die Pulserzeugung und Pulsformung in
Sender und Empfänger benötigt und überall auf dem Markt kostengünstig an-
geboten werden. Die Anstiegszeiten von 1 bis 2 ns der Transistorschaltun-
gen passen sich dabei hervorragend den entsprechenden Werten einer Glas-
faserstrecke an. Videoübertragungssysteme mit PFM nutzen die große Bandbreite von Lichtwellenleiterstrecken und weisen sehr gute Störabstände auf.
Gleichzeitig umgeht man auf diese Weise Probleme mit Nichtlinearitäten
der Strecke Lichtquelle - Faser - Photodiode, die hierbei unerheblich sind.
Ein Nachteil der PFM besteht darin, daß man nur in der NF-Ebene im Fre-
quenzmultiplex im Mehrkanalbetrieb arbeiten kann, nicht dagegen in der HF-
Ebene, während bei PPM ein Zeitmultiplexbetrieb möglich ist. Die Realisierung dieses Verfahrens ist bei hohen Frequenzen aber schwieriger.

Abschließend soll zu dem Begriff des Störabstandes im Zusammenhang mit der Videotechnik noch ein Hinweis gegeben werden. Wenn A der Aussteuerbereich der Modulatorkennlinie beispielsweise ist, dann gehen wir von einer harmonischen Schwingung der Amplitude $\frac{A}{2}$ bzw. dem Effektivwert $\frac{A}{2\sqrt{2}}$ aus, die als Signal diesen Bereich voll nutzt. In der Videotechnik legt man das Bildsignal (0... 0,7V) mit 0 V = schwarz und 0,7 V = weiß zuzüglich der Austastimpulse (-0,3 V) in diesen Bereich. Mit A = 1 V nutzt man auch den ganzen Bereich, bezieht sich aber bei dem Störabstand nicht auf den Effektivwert $E = A/2\sqrt{2}$, sondern auf den Signalwert $E' = 0,7$ V $= A/\sqrt{2}$ bei Weiß. Der so definierte Störabstand liegt um $(E'/E)^2 = 4$ entsprechend 6 dB über unseren Werten. Mit Augenbewertung durch einen Tiefpaß 1. Ordnung mit $f_{grenz} = 0,45$ MHz erhöht sich der Störabstand noch einmal um typischerweise 11 bis 14 dB! Der in der Videotechnik häufig verwendete bewertete Störabstand übersteigt unsere Werte S/N, wie man sie in der Nachrichtentechnik normalerweise definiert, um 17 bis 20 dB, der unbewertete Störabstand liegt um genau 6 dB höher. Steuert man sogar den Bereich A nur mit dem Bildsignal aus und übersteuert mit dem Austastimpuls in nichtlineare Bereiche, dann steigt wiederum der Störabstand um 3 dB. Wie man erkennt, gibt es eine Fülle von Manipulationsmöglichkeiten. Die hier berechneten Störabstände sind also keineswegs so enttäuschend schlecht, wie es evt. auf den ersten Blick erscheinen mag.

2.3.4 Pulscodemodulation (PCM-IM)

a) Einführung

Bei Pulscodemodulation (PCM) setzt man nun nicht mehr die Signalwerte wertkontinuierlich beispielsweise in Frequenz- oder Amplitudenänderungen einer Trägerwelle, wie dies bei FM oder AM der Fall ist, um. Jetzt tasten wir zunächst ebenso wie bei den analogen Pulsverfahren (PFM, PPM usw.) das Signal der Bandbreite B mit einer minimalen Abtastrate 2B ab. Diese Abtastwerte werden dann aber in eine fest **vorgegebene** Werteskala eingeordnet und somit quantisiert. Jedem Abtastwert gibt man dann eine bestimmte Zahl, die dann verschlüsselt und als Codewort ausgesendet wird.

Wir wollen hier nur die unipolare, binäre PCM betrachten. Das Codewort besteht dann aus positiven Impulsen mit nur zwei Amplitudenstufen. Für eine Werteskala mit 2^n Quantisierungsstufen benötigt man dann ein Wort oder

einen Impulszug mit n Zustandsangaben "0" bzw. "I". Eine Einzelangabe "0",
"I" heißt Bit. Bei 2^8 = 256 Stufen braucht man dann ein 8-Bit-Wort. Bezeichnet man mit T_0 die Taktzeit, in der Pulse bei einem III..-Wort auf-
einander folgen, dann gibt

$$R \quad = \quad 1 \, / \, T_0 \qquad\qquad\qquad (2.142)$$

die Bitrate in bit/s an. Bei Telefonsystemen mit B = 4 KHz und n = 8 benötigt man R= 2Bn = 64 Kbit/s, bei Video mit B= 5 MHz schon R= $2 \cdot 5 \cdot 10^6 \cdot$
$8 \ s^{-1}$= 80 Mbit/s, mit Redundanzreduktion dagegen nur 34 Mbit/s.

Unser PCM-Empfänger hat nun allein die Aufgabe, im zeitlichen Abstand T_0
die empfangenen Impulse abzutasten und zu entscheiden, ob "0" oder "I"
gesendet wurde. Es ist unmittelbar einsehbar, daß die Pulsfolge am Entscheider bei diesem Verfahren der Übertragung sehr stark durch Rauschen
gestört sein kann. Die gesteigerte Empfindlichkeit erkauft man sich dabei,
wie übrigens bei allen Pulsverfahren, durch eine in diesem Fall um den
Faktor 2n größere Bandbreite des Übertragungskanals. Im ungünstigsten Fall
einer OIOI..-Folge genügt nämlich gerade eine Systembandbreite B_s = R/2
nach Entzerrung. Die Pulsfolge verschleift dann zwar in eine harmonische
Schwingung der Frequenz $1/T_0$, aber eine fehlerfreie Regeneration ist bei
rauschfreiem Empfänger dennoch jederzeit möglich. Wir wollen hier nun die
Frage der Fehlentscheidungen durch Rauschstörungen untersuchen.

Dabei gehen wir von folgenden vereinfachenden Annahmen aus:

     1) Schrotrauschen des Dunkelstromes vernachlässigbar
     2) bei "0" wird kein Licht empfangen; vollständiges 'Ein' und 'Aus'
     3) das zeitabhängige Schrotrauschen der "I" wird durch den
        Mittelwert , gemittelt über die Taktzeit, ersetzt.

Mit diesen Einschränkungen vereinfacht sich die Rechnung erheblich. Die
gleichzeitige Berücksichtigung der Punkte 1) bis 3) würde die nachfolgen -
den Überlegungen im Umfang um ein Mehrfaches übersteigen.

Bild 64 zeigt eine Prinzipskizze des PCM-Empfängers. Dabei ist $i_0(t)$ der
Verlauf des nicht multiplizierten Photostromes und

$$i_{ph}(t) \quad = \quad M_0 \ i_0(t) \qquad\qquad\qquad (2.143)$$

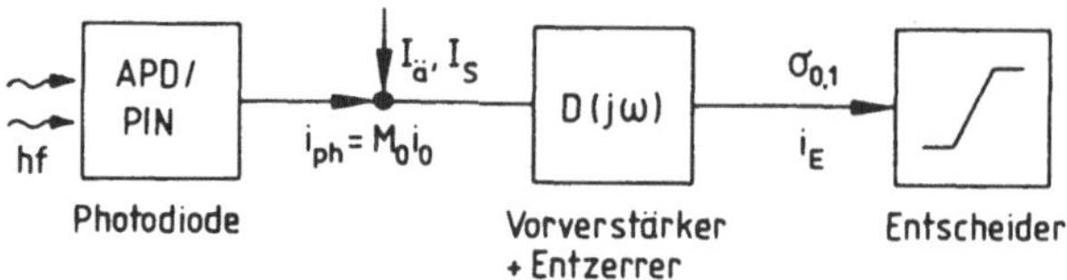

Bild 64 PCM-Empfänger mit auf Photodiode zurückgerechnetem äquivalenten Verstärkerrauschen $I_ä$ und Schrot- sowie Multiplikationsrauschen I_S; $\sigma_{0,1}^2$ = Rauschstromquadrat am Entscheider bei „0", „1"

der Wert nach Lawinenmultiplikation, wobei der Multiplikationsfaktor M_0 als konstant angenommen wird. Nach Bild 50 wird der Photostrom verstärkt und entzerrt, so daß am Entzerrerausgang bzw. Entscheidereingang die Spannung U_3 liegt. Die Frequenzabhängigkeit dieser Übertragungscharakteristik beschreibt nach (2.6) die Spannungsdämpfungsfunktion (= Kehrwert der Übertragungsfunktion) $D_{ges}(j\omega)$. Es ist nun zweckmäßig, die frequenzunabhängigen Faktoren in (2.6) wegzulassen und anstelle von U_3 mit einem Strom i_E am Eingang des Entscheiders zu rechnen. Dann gilt mit Bild 50, Bild 64 und (2.6), wenn man auf nichtperiodische Zeitverläufe übergeht,

$$D_{ges}(j\omega) \quad \sim \quad D(j\omega) \quad = \quad \frac{\underline{i}_{ph}(f)}{\underline{i}_E(f)} \ . \tag{2.144}$$

Wie auch bei allen folgenden Rechnungen wollen wir für die Fouriertransformierten dieselben Buchstaben verwenden wie für die Zeitfunktionen, zur Unterscheidung aber durch Unterstreichung kennzeichnen.

Die Filtercharakteristik $D(f)$ soll nun so gewählt werden, daß in Bild 65 a der ausgezogene Einzelimpuls $i_0(t)$ des Photostromes nach Entzerrung am Entscheider qualitativ den gezeichneten Verlauf $i_E(t)$ ergibt. Im Abtastzeitpunkt $t=0$ nimmt $i_E(t)$ den Maximalwert $\hat{I}_E$ an, zu allen anderen Abtastzeitpunkten $t = i \cdot T_0$ ($i = \pm 1, \pm 2, ..$), an denen andere Impulse abzutasten sind, soll $i_E(i \cdot T_0) = 0$ gelten. Bei rauschfreiem Empfang stören sich die Impulse dann gegenseitig nicht. Unter Berücksichtigung des Rauschens ist andererseits dessen Einfluß wegen der starken Bandbegrenzung, die diese Filtercharakteristik impliziert, zunächst auf einen minimalen Wert herabgesetzt. Da wir immer den gleichen Verlauf $i_E(t)$ fordern, hängt die Filterfunktion $D(j\omega)$ von der jeweiligen Eingangsimpulsform $i_0(t)$ ab.

Bild 65 b zeigt vier 3-Bit-Worte
als Überlagerung von Einzelimpul-
sen. Bei geeigneter Entzerrung
nach Bild 65 a entsteht ein bis
auf $\hat{I}_E$ geöffnetes Auge. Fehlentscheidungen können am Entscheider
jetzt nur noch dadurch entstehen,
daß sich das Auge durch überlager-
tes Rauschen mehr oder weniger
schließt. Die Varianzen $\sigma^2_{0,1}$ der
Rauschströme für gesendete "0" bzw.
"I" sind wegen des Schrotrauschens
des Photostromes dabei unterschiedlich.

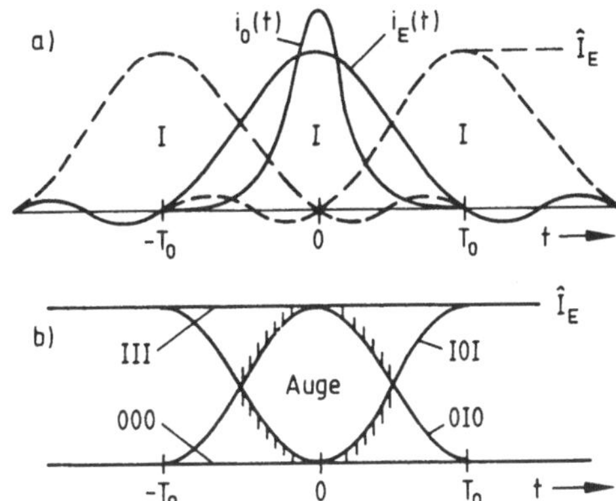

Bild 65 Pulformung bei PCM
a) ein Impuls $i_0(t)$ bei t = 0, drei auf $i_E(t)$ entzerrte
   Impulse
b) Augendiagramm

Zunächst untersuchen wir die Frage, wie man für gegebenes $i_E(t)$ und $\sigma_{0,1}$
am Entscheidereingang in Bild 64 die Fehlerwahrscheinlichkeit bei der Ent-
scheidung berechnet. Anschließend ist $\sigma_{0,1}$ aus den Rauschspektren $dI^2_{\ddot{a},s}/df$
von Vorverstärker und Photodiode zu bestimmen.

<u>b) Fehlerwahrscheinlichkeit</u>

Bild 66 a zeigt qualtitativ den Verlauf $i_0(t)$ des Photostromes und den Verlauf $i_E(t)$ nach Verstärkung und Entzerrung am Entscheidereingang. Das überlagerte Rauschen wird hier nun entsprechend Bild 66 b gaußverteilt angenommen, wobei $w_{0,1}(i_E)$ mit

$$w_0(i_E) \;=\; \frac{1}{\sigma_0 \sqrt{2\pi}} \; \exp(-i_E^2/2\sigma_0^2) \tag{2.145}$$

und

$$w_1(i_E) \;=\; \frac{1}{\sigma_1 \sqrt{2\pi}} \; \exp(-(i_E-\hat{I}_E)^2/2\sigma_1^2) \tag{2.146}$$

die Wahrscheinlichkeitsdichteverteilungen der vorkommenden Rauschströme
bei einer gesendeten "0" bzw. "I" beschreiben. Die Varianzen $\sigma^2_{0,1}$ der Gauß-
kurven geben gleichzeitig den quadratischen Mittelwert des Rauschstromes
bei einer gesendeten "0" bzw. "I" , also ohne und mit Impuls $i_0(t)$,an.

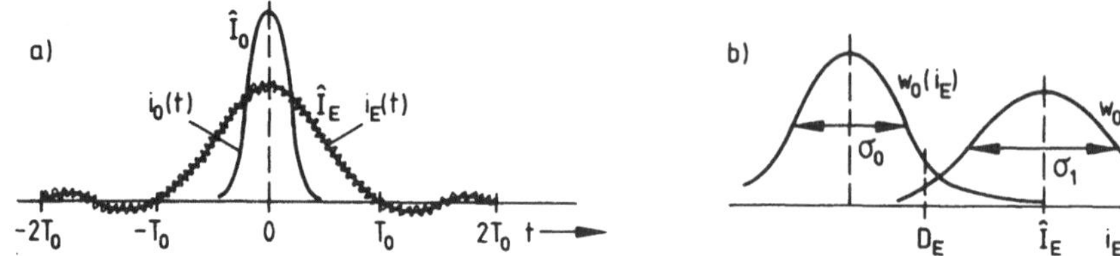

Bild 66 a) Photostrom i_0 und Strom i_E am Entscheider mit Rauschen
b) gaußförmige Wahrscheinlichkeitsdichteverteilungen $w_{0,1}$ für gesendete „0" bzw. „I"

Die Wahrscheinlichkeitsdichteverteilungen $w_{0,1}(i_E)$ sind auf eins normiert. Für den Entscheider ist nun eine Schwelle D_E festzulegen, so daß für $i_E(t=0) > D_E$ immer auf "I" und für $i_E(t=0) < D_E$ immer auf "0" entschieden wird.

Die Wahrscheinlichkeit P_e^{01} dafür, daß trotz gesendeter "0" auf "I" entschieden wird, ist durch die Fläche unter der Kurve $w_0(i_E)$ für $i_E > D_E$ gegeben und beträgt mit (2.145)

$$P_e^{01} = \int\limits_{D_E}^{\infty} w_0(i_E)di_E \; . \tag{2.147}$$

Die Fehlerwahrscheinlichkeit P_e^{10} dafür, daß umgekehrt trotz gesendeter "I" auf "0" entschieden wird, ist entsprechend

$$P_e^{10} = \int\limits_{-\infty}^{D_E} w_1(i_E)di_E \; . \tag{2.148}$$

Diese Fehlerwahrscheinlichkeiten sind zu wichten mit den Wahrscheinlichkeiten $P^{0,I}$ dafür, ob nun eine "0" oder "I" gesendet wurde. Da immer "0" oder "I" gesendet wird, gilt auch $P^0+P^I = 1$. Die Gesamtfehlerwahrscheinlichkeit lautet somit

$$P_e = P_e^{01} P^0 + P_e^{10} P^I \; . \tag{2.149}$$

Wir legen die Schwelle D_E jetzt gerade so fest, daß mit $P_e^{01} = P_e^{10}$ die Fehlentscheidungen auf "0" und "I" gleich wahrscheinlich werden. Dann erhält man mit $P^0+P^I = 1$ aus (2.149) die Gesamtfehlerwahrscheinlichkeit

154

$$P_e \quad = \quad P_e^{01} \quad = \quad P_e^{10} \quad . \tag{2.150}$$

Selbstverständlich kann man die Schwelle auch unter anderen Gesichtspunkten definieren.

Zur Berechnung der Schwelle D_E setzen wir (2.145) und (2.146) in (2.147) und (2.148) ein. Durch Substitution der Integrationsvariablen ergibt sich

$$P_e^{01} = \frac{1}{\sqrt{2\pi}} \int\limits_Q^{\infty} e^{-x^2/2} \, dx \quad , \qquad P_e^{10} = \frac{1}{\sqrt{2\pi}} \int\limits_{-\infty}^{Q'} e^{-x^2/2} \, dx \quad ,$$

$$\tag{2.151}$$

$$Q \quad = \quad \frac{D_E}{\sigma_0} \qquad \text{und} \qquad Q' \quad = \quad \frac{D_E - \hat{I}_E}{\sigma_1} \quad .$$

Wegen (2.150) müssen die beiden Fehlerintegrale in (2.151) den gleichen Wert annehmen. Daraus folgt unmittelbar $Q = -Q'$ und mit den Definitionen in (2.151) die Entscheiderschwelle

$$D_E \quad = \quad \frac{\sigma_0}{\sigma_0 + \sigma_1} \quad \hat{I}_E \quad . \tag{2.152}$$

Die Fehlerwahrscheinlichkeit lautet dann

$$P_e \quad = \quad \frac{1}{\sqrt{2\pi}} \int\limits_Q^{\infty} e^{-x^2/2} \, dx \quad = \frac{1}{2} \, \text{erfc}\left(\frac{Q}{\sqrt{2}}\right) \simeq \frac{e^{-Q^2/2}}{Q\,\sqrt{2\pi}} \tag{2.153}$$

mit

$$Q \quad = \quad \frac{\hat{I}_E}{\sigma_0 + \sigma_1} \quad . \tag{2.154}$$

Eine typische Fehlerwahrscheinlichkeit $P_e = 10^{-9}$ erfordert $Q = 6$. Die Näherung in (2.153) ist ab $Q > 2$ brauchbar und somit für alle praktisch interessierenden Fälle geeignet. Tabellen für das Fehlerintegral erweisen sich daher als überflüssig. Bei Zahlenbeispielen werden wir im folgenden immer von $P_e = 10^{-9}$ ausgehen. In der Praxis kann dieser Wert als obere zulässige Grenze angesehen werden.

c) Pulsamplitude und Rauschen am Entscheider

Wir wollen nun im ersten Schritt die Pulsamplitude $\hat{I}_E$ des Stromes am Entscheidereingang bestimmen und dann die Rauschgrößen $\sigma_{0,1}$ durch bekannte Größen ausdrücken.

Der zunächst qualitativ angegebene Verlauf $i_E(t)$ in Bild 66 wird nun durch die Funktion

$$i_E(t) \quad = \quad \hat{I}_E \; h_E(t) \tag{2.155}$$

mit

$$h_E(t) \quad = \quad \frac{\sin(2\pi t/T_0)}{(2\pi t/T_0)\left[\, 1 \; - \; (2t/T_0)^2 \right]} \tag{2.156}$$

festgelegt. Diese Funktion hat gerade die oben beschriebene Eigenschaft $h_E(i \cdot T_0) = 0$ und verschwindet somit zu allen anderen Abtastzeitpunkten. Die Fouriertransformierte

$$\underline{h}_E(f) \quad = \quad \begin{cases} T_0 \; \cos^2 \pi f T_0/2 & |f| < 1/T_0 \\[2mm] 0 & |f| \geq 1/T_0 \end{cases} \tag{2.157}$$

von $h_E(t)$ ist reell und stellt ein $\cos^2$-Spektrum dar.

Nun gilt wegen (2.155)

$$\underline{i}_E(f) \quad = \quad \hat{I}_E \; \underline{h}_E(f) \tag{2.158}$$

und mit (2.143) und (2.144)

$$\underline{i}_E(f) \quad = \quad M_0 \; \underline{i}_0(f) \; / \; D(f) \; , \tag{2.159}$$

wobei

$$\underline{i}_0(f) \quad = \quad \int_{-\infty}^{\infty} i_0(t) \, e^{-j\omega t} \, dt \tag{2.160}$$

die Fouriertransformierte des Photostromes $i_0(t)$ ist. Bei $f = 0$ gilt speziell

$$\underline{i}_0(f=0) \quad = \quad \int_{-\infty}^{\infty} i_0(t) \, dt \quad . \tag{2.161}$$

Da der Maßstabsfaktor für $i_E(t)$ noch nicht festgelegt wurde, setzen wir

$$D(f=0) \quad = \quad 1 \quad . \tag{2.162}$$

Setzt man (2.158) und (2.159) gleich und spezialisiert diese Bedingung auf den Fall $f = 0$, folgt mit (2.157), (2.161) und (2.162) für den Puls-strom $\hat{I}_E$ am Entscheidereingang

$$\hat{I}_E \quad = \quad M_0 \cdot \frac{1}{T_0} \int_{-\infty}^{\infty} i_0(t) \, dt \quad . \tag{2.163}$$

Bei RZ-Signalen (return to zero) geht der Puls zwischen zwei Einsen ganz auf null zurück. Wenn wir uns auf diesen Fall beschränken, ist der Verlauf $i_0(t)$ in guter Näherung auf $-T_0/2 < t < T_0/2$ begrenzt. Wir können dann in (2.163) die Integrationsgrenzen durch $\pm T_0/2$ ersetzen. Der zweite Faktor in dieser Gleichung gibt dann den Mittelwert von $i_0(t)$, bezogen auf die Taktzeit T_0, an. Wir erhalten den Pulsstrom

$$\hat{I}_E \quad = \quad M_0 \, \overline{i_0(t)} \quad = \quad M_0 \, I_0 \quad = \quad I_{ph} \tag{2.164}$$

nun einfach als Mittelwert I_{ph} des multiplizierten Photostromes $i_{ph}(t)$. Im nächsten Schritt sind die Varianzen zu bestimmen.

Zur Berechnung von $\sigma_{0,1}$ gehen wir von dem auf die Photodiode zurückgerechneten Verstärkerrauschspektrum (einseitig definiert)

$$\frac{dI_{\ddot{a}}^2}{df} \quad = \quad a \quad + \quad b \, f^2 \tag{2.165}$$

und dem Schrotrauschspektrum einschließlich Multiplikationsrauschen dI_s^2/df des Photostromes aus. Im Kapitel 2.2 wurde ausführlich die Berechnung der Koeffizienten a,b für verschiedene Schaltungen besprochen; z.B. für den Transimpedanzverstärker gilt (2.31), bei bipolaren Transistoren für höhere Frequenzen und Parallelgegenkopplung liest man die Werte aus (2.91) ab.

Das Schrotrauschen bei gesendeter "0" verschwindet ohne Berücksichtigung
des Dunkelstromes und wenn die Lichtquelle völlig abgeschaltet ist:

$$\frac{dI^2_{s0}}{df} = 0 \ . \tag{2.166}$$

Bei gesendeter "I" wollen wir das genau genommen zeitabhängige Schrotrauschspektrum entsprechend

$$\frac{dI^2_{s1}}{df} = 2\,e\,I_0\,M_0^2\,F_e(M_0) \tag{2.167}$$

durch den Mittelwert beschreiben, indem wir für den Photostrom $i_0(t)$ den
Mittelwert I_0 innerhalb der Taktzeit T_0 einsetzen. Wenn wir diese Annahme
fallen lassen, wird die Untersuchung erheblich unübersichtlicher. Das Zusatzrauschen F_e durch die APD ist wieder durch (1.94) gegeben.

Für gesendete "0" bzw. "I" sind die Rauschspektren nach (2.165) und (2.166)
bzw. (2.167) zu addieren. Das Rauschstromquadrat am Photodiodenausgang in
Bild 64 ergäbe sich jeweils durch Integration über die Frequenz. Am Ent-
scheidereingang ist nun aber noch die Wichtung $1/|D(f)|^2$ durch die Span-
nungsdämpfungsfunktion nach (2.144) zu berücksichtigen. Da bei gaußscher
Verteilung das Effektivwertquadrat gleich der Varianz σ^2 ist, folgt somit

$$\sigma^2_{0,1} = \int_0^\infty \frac{1}{|D|^2} \cdot \left[\frac{dI^2_{\ddot{a}}}{df} + \frac{dI^2_{s0,1}}{df}\right] df \ . \tag{2.168}$$

Mit der normierten Frequenz

$$x = f\,T_0 = f\,/\,R \tag{2.169}$$

erhält man aus (2.168) mit (2.165) bis (2.167) die Varianzen bei gesendeter "0" bzw. "I" in einer normierten Form, die eine bequeme Auswertung
für verschiedene Impulsformen zuläßt. Wir verwenden die in der Literatur
üblichen Bezeichnungsweisen und bekommen nach einiger Zwischenrechnung

$$\sigma_o^2 = R^2 e^2 Z , \qquad (2.170)$$

$$\sigma_1^2 = \sigma_o^2 + R e I_o M_o^2 F_e I_2 , \qquad (2.171)$$

$$Z = (a I_2 + b R^2 I_3) / 2Re^2 , \qquad (2.172)$$

$$I_2 = \int_0^\infty \frac{2}{|D(x)|^2} dx , \quad (2.173) \qquad I_3 = \int_0^\infty \frac{2x^2}{|D(x)|^2} dx . \quad (2.174)$$

Wie hier angegeben sei, ist $\sqrt{Z}$ die effektive Zahl von Elektronen, die sich in der Zeit T_o durch Verstärkerrauschen der Zahl der photoelektrisch erzeugten Elektronen überlagert. Die Größe Z ist das Schwankungsquadrat dieser Elektronenzahl. Die Faktoren $I_{2,3}$ stellen Bewertungsintegrale dar. Für vorgegebenen Verlauf des Photostromes folgt mit $\underline{i}_E(f)$ als $\cos^2$-Spektrum $D(x)$ aus (2.144), so daß die Integrale $I_{2,3}$ errechnet werden können.

Ersetzt man für eine ganz grobe Überlegung den jeweiligen Filterverlauf $D(x)$ durch einen idealen Tiefpaß der Bandbreite R/2, dann hat man bei relativ kurzen Impulsen den erforderlichen Verlauf $D(x)$ schon einigermaßen gut getroffen. Im Grenzfall eines Diracimpulses ist nämlich gerade das $\cos^2$-Spektrum zu realisieren, das nach (2.157) bei x = 1/2 auf $T_o/2$ und bei x = 1 auf null abgefallen ist. Ein flächengleicher Tiefpaß mit $x_g = 1/2$ als normierte Grenzfrequenz liefert dann einen ganz änlichen Impuls, wegen des harten Bandüberganges im Frequenzbereich allerdings mit größeren Nachschwingern im Zeitbereich. Mit $D(x < 1/2) = 1$ und $D(x > 1/2) \rightarrow \infty$ folgt für die Integrale nach (2.173) und (2.174) dann einfach $I_2 = 1$ und $I_3 = 1/12 = 0,0833$. Bei der späteren genaueren Berechnung für vorgegebene Eingangsimpulsform $i_o(t)$ ergeben sich mit dem dann jeweils zu fordernden $D(x)$ keine dramatischen Abweichungen von diesen Werten $I_{2,3}$, wie wir sie hier überschlägig bestimmt haben.

Die Berechnung der Bewertungsintegrale für ein bestimmtes Beispiel wollen wir jetzt aber zurückstellen und zunächst die erforderliche Empfangsleistung für gegebene Fehlerwahrscheinlichkeit P_e bestimmen. Die Größen $\hat{I}_E$ sowie $\sigma_{0,1}$ für (2.154) sind nämlich nun bekannt.

<u>d) Erforderliche Empfangsleistung</u>

Für vorgegebene Fehlerwahrscheinlichkeit P_e oder vorgegebenen Wert Q in (2.154) können wir nun den erforderlichen mittleren Photostrom I_0 bei einer gesendeten "I" bestimmen. Dazu setzen wir $\sigma_{0,1}$ nach (2.170) und (2.171) und $\tilde{I}_E$ nach (2.164) in (2.154) ein und lösen die Beziehung nach I_0 auf. Man erhält dann für <u>eine</u> gesendete "I" den mittleren Photostrom

$$I_0 \quad = \quad N R e \qquad\qquad (2.175)$$

wobei

$$N \quad = \quad 2 Q \sqrt{Z} / M_0 \quad + \quad Q^2 F_e(M_0) \qquad\qquad (2.176)$$

die mittlere Zahl von Primärelektronen in jeder gesendeten "I" ist.

In diesem Ergebnis nach (2.175) und (2.176) wurde ein Faktor I_2, der ohnehin immer in der Nähe, allerdings etwas unterhalb von eins liegt, im zweiten Summanden bei $Q^2 F_e$ fortgelassen. Dieser fehlende Faktor bei $Q^2 F_e$ nimmt bei einer genaueren Berechnung des PCM-Empfängers unter Berücksichtigung des zeitabhängigen Schrotrauschens für praktisch vorkommende Impulsverläufe $i_0(t)$ einen etwas größeren Wert als I_2, wie er nach unserer Rechnung lauten würde, an und rückt somit noch mehr an eins heran. Es zeigt sich, daß für Impulse, die bei $\pm T_0/2$ hinreichend stark abgefallen sind, dieser Faktor dann bereits so nahe bei eins liegt, daß er dort nicht mehr berücksichtigt zu werden braucht. In (2.176) wurde daher der Faktor fortgelassen.

Anschaulich ist auch verständlich, daß ein etwas größerer Faktor als I_2, wie er aus unserer Näherung herauskommt, beim Schrotrauschterm $Q^2 F_e$ maßgebend ist. In (2.167) wurde nämlich nur ein durch den mittleren Photostrom bewirktes Schrotrauschen angesetzt. Im Abtastzeitpunkt liegt das Schrotrauschen im allgemeinen aber etwas darüber. Der Faktor bei $Q^2 F_e$ wird tatsächlich erst > 1, wenn die Impulse entgegen unserer Voraussetzung bei $\pm T_0/2$ noch nicht abgeklungen sind. Auf die komplizierte Berechnung für diesen allgemeineren Fall wollen wir verzichten.

Wenn nun der letzte Term vom Schrotrauschen in (2.176) z.B. wegen großen Verstärkerrauschens Z ohnehin keine Rolle spielt, gilt für diesen bei PIN-Dioden vorkommenden Fall die Gleichung auch für breite Eingangsimpulse, da das Rauschen dann mit $\sigma_0 = \sigma_1$ signalunabhängig ist.

Wir bestimmen nun die erforderliche Empfangsleistung. Da ein "I"-Impuls
N Primärelektronen enthält, benötigt man mit hf, wobei f jetzt die Fre-
quenz der Lichtwelle darstellt, als Energie eines Lichtquants und n_p als
Photodiodenquantenwirkungsgrad pro "I"-Impuls die Gesamtenergie

$$W = \frac{hf}{n_p} N \quad , \tag{2.177}$$

und die über die Taktzeit T_0 gemittelte Empfangsleistung

$$P_0 = \frac{W}{T_0} = \frac{hf}{n_p} \cdot N \cdot R \quad , \tag{2.178}$$

wobei R die Bitrate darstellt und N nach (2.176) einzusetzen ist.

Bei einer Pseudozufallsfolge von 0,I-Signalen beträgt der über lange Zeit
gemittelte erforderliche Photostrom $I_0/2$ und die entsprechende Leistung
$P_0/2$. Bei $P_0/2$ spricht man kurz von Empfangsleistung. Dieser Wert hängt
nach (2.178) noch von der Wellenlänge $\lambda_0 = c_0/f$ und vom Quantenwirkungsgrad n_p der Photodiode ab. Bei $n_p = 1$, $\lambda_0 = 1$ μm und R = 100 Mbit/s entspricht nach (2.178) eine Zahl von N = 100 Primärelektronen pro gesendeter
"I" einer <u>mittleren</u> Empfangsleistung von -60 dBm (genau - 59,6 dBm), wenn
eine Pseudozufallsfolge angenommen wird. Mit dieser einfachen Faustformel
kann man nun leicht aufgrund der gegebenen Proportionalitäten den Pegel
für die jeweiligen Verhältnisse berechnen.

Die erforderliche Primärelektronenzahl N wird für eine bestimmte Lawinenverstärkung minimal. Setzt man $F_e(M_0)$ nach (1.94) in (2.176) ein, findet
man durch Differentiation bei

$$M_{opt} = \sqrt{\frac{2\sqrt{Z} - (1 - k)Q}{k\,Q}} \tag{2.179}$$

dann

$$N_{min} = 2\,Q^2 \left[(1 - k) + \sqrt{k(k - 1 + 2\sqrt{Z}/Q)} \right] \tag{2.180}$$

als Minimalwert. Bei PIN-Dioden gilt einfach (2.176) mit $F_e, M_0 = 1$.

Wie hier im Vorgriff angegeben sei, erhält man unter praktischen Voraussetzungen typischerweise $\sqrt{\overline{Z}} = 10^2 \dots 5 \cdot 10^3$, so daß mit $Q = 6$ in der für PIN-Dioden gültigen Gleichung (2.176) dann der erste Term dominiert. Das Schrotrauschen spielt bei so kleinen Signalpegeln dann keine Rolle, und Multiplikationsrauschen gibt es nicht.

Im Vergleich zur APD bei $M_0 = M_{opt}$ erzielt man mit $k \ll 1$ in (2.180) nun eine um den Faktor

$$\frac{N_{minAPD}}{N_{PIN}} = \frac{Q}{\sqrt{\overline{Z}}} \left[1 + \sqrt{k(2\sqrt{\overline{Z}}/Q - 1)} \right] \qquad (2.181)$$

reduzierte erforderliche Empfangsleistung. Für obige Werte Z des Verstärkerrauschens, $k = 0,02$ und $Q = 6$ steigert man so durch APD die Empfindlichkeit gegenüber einem PIN-Empfänger um etwa 10 bis 20 dB. Wir hatten schon bei den analogen Systemen festgestellt, daß APD dann einen Vorteil bringen, wenn das auf das Schrotrauschen bezogene äquivalente Rauschstromquadrat des Verstärkers, ausgedrückt durch das normierte Verstärkerrauschen N_V nach (2.95), in (2.102) für einen großen Wert M_{opt} sorgt. Da bei den geringen erforderlichen Leistungen bei PCM der kleine Signalstrom nur zu kleinem Schrotrauschen führt, ergeben sich in der analogen Betrachtungsweise sehr große Werte N_V. Die APD sorgt dann für rauscharme Vorverstärkung, und das Rauschen das Nachverstärkers spielt nicht die größte Rolle. Aus all diesen Gründen setzt man bei PCM-Systemen vorzugsweise APD ein.

<u>e) Beispiel für Bewertungsintegrale</u>

Wir wollen die Bewertungsintegrale (2.173) und (2.174) am Beispiel eines Rechteckimpulses der Breite τ und der Höhe $\hat{I}_0$ berechnen. Mit

$$\alpha = \tau / T_0 \qquad (2.182)$$

als Tastverhältnis des optischen Signals $i_0(t)$ im Zeitraster T_0 lautet bei bei einem Mittelwert $I_0 = \alpha \hat{I}_0$, wobei über die Taktzeit gemittelt wird, die Fouriertransformierte des Einzelimpulses

$$\underline{i}_0(f) \quad = \quad I_0\,T_0\,\frac{\sin\pi\alpha x}{\pi\alpha x} \quad \text{mit} \quad x = f\,T_0. \qquad\qquad (2.183)$$

Setzt man dieses Spektrum $\underline{i}_0(f)$ und das nach (2.157) und (2.158) vorgeschriebene $\cos^2$-Spektrum des Stromes i_E am Entscheider in (2.159) ein, folgt mit $\hat{I}_E$ nach (2.164) die erforderliche Filtercharakteristik von Verstärker und Entzerrer zu

$$D(x) \quad = \quad \begin{cases} \dfrac{\sin\pi\alpha x}{\pi\alpha x\,\cos^2\pi x/2} & |x| < 1 \\[2mm] \infty & |x| \geq 1 \end{cases} \qquad . \qquad (2.184)$$

Da in diesem Beispiel die Fouriertransformierten $\underline{i}_{0,E}(f)$ reell sind, gilt dies auch für $D(x)$, so daß bei der Auswertung in (2.173) und (2.174) die Betragszeichen entfallen.

Bild 67 a zeigt das Ergebnis der numerischen Integration zur Bestimmung der Bewertungsintegrale mit $D(x)$ nach (2.184) als Funktion des Tastverhältnisses α. Im Sonderfall eines Diracimpulses erhält man mit $I_2 = 3/4$ und $I_3 = 0{,}06$ in (2.172) das geringste Verstärkerrauschen und damit die größte Empfindlichkeit. Im übrigen erkennt man, daß der oben probeweise angenommene Tiefpaß der Bandbreite R/2 mit $I_2 = 1$ und $I_3 = 0{,}0833$ vergleichbar ist mit dem praktisch interessierenden Fall $\alpha = \tau/T_0 = 0{,}5$, für den $I_2 = 0{,}805$ und $I_3 = 0{,}0722$ wird. Für Gaußimpulse zeigt Bild 67 b das Ergebnis nach Aufgabe 2.23.

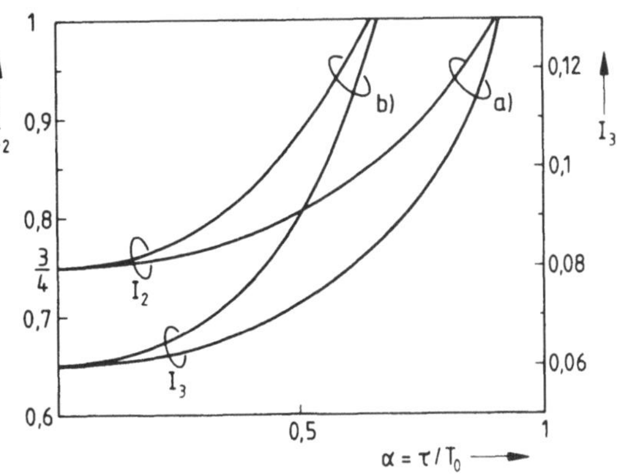

Bild 67 Bewertungsintegrale $I_{2,3}$ als Funktion des Tastverhältnisses $\alpha = \tau/T_0$; $\tau =$ Halbwertsbreite
a) bei Rechteckimpuls   b) bei Gaußimpuls

f) Diskussion

Um nun zu zahlenmäßigen Aussagen für die erforderliche Empfangsleistung bei gegebener Bitrate R und z.B. $P_e = 10^{-9}$ Fehlerwahrscheinlichkeit zu kommen, müssen wir in erster Linie das Verstärkerrauschen Z nach (2.172) festlegen. Diese Gleichung verleitet zu der Annahme, daß wegen der R- Abhängigkeit $Z = c_1/R + c_2R$ bei einer bestimmten Bitrate ein minimales Verstärkerrauschen auftritt. Für fest vorgegebenen Verstärker mit unveränderbaren Werten a,b des Spektrums ist diese Aussage auch richtig. Tatsächlich hängt aber der zu wählende Koeffizient a auch von der Bitrate ab. Zum Beispiel beim Transimpedanzverstärker mit a,b nach (2.31) gilt zunächst unter praktischen Verhältnissen $a \sim 1/R_f$. Der Gegenkopplungswiderstand R_f ist bei der Verstärkerdimensionierung nun aber etwa in dem Maße zu reduzieren, wie die Bitrate R erhöht wird, so daß letztlich etwa $a \sim R$ anwächst. Anderenfalls wäre mit steigender Bitrate eine immer stärkere Entzerrung vorzusehen, die wegen der dann eingeschränkten Dynamik einmal nicht erwünscht ist und für einen vernünftigen Vergleich auch nicht zugelassen werden kann. Wegen des Anstiegs von a mit R existiert in (2.172) nun kein Minimum, und Z ebenso wie die erforderliche Empfangsleistung steigen monoton mit der Bitrate R an. Die Abhängigkeiten werden nachfolgend noch diskutiert.

Je nach Bitrate R hat man nun die in Kapitel 2.2 besprochenen Verstärkertypen dahingehend auszusuchen, daß die Koeffizienten a,b in (2.172) zu einem möglichst kleinen Verstärkerrauschen Z führen. Nach den ausführlichen Betrachtungen zu Verstärkern ist einsehbar, daß diese Auswahl und die Auswertung der Ergebnisse recht aufwendig ist, da eine sehr große Zahl von Parametern eingeht. Wir werden daher nur einen typischen Fall konstruieren.

Wir werden einen Transimpedanzverstärker nach Bild 50 annehmen und von einer Verstärkung $v(j\omega) = v_0$ = const. ausgehen. Nach (2.3) und (2.4) ist dann die Vorverstärkerbandbreite durch $f_v \approx v_0/2\pi R_f(C_0+C_f v_0)$ gegeben. Dabei begnügen wir uns jetzt mit einem Wert f_v, der unterhalb von R/2 liegt, z.B. bei f_v = R/6. Dann muß der Entzerrer die Grenzfrequenz etwa um den Faktor drei anheben, was ohne entscheidenden Verlust an Dynamik möglich ist. Da die realisierbare Verstärkung v_0 mit der Frequenz immer kleiner wird, gehen wir z.B. von v_0 = 30 bei 50 Mbit/s und v_0 = 10 bei 300 Mbit/s und interpolieren einfach dazwischen. Für obige Kapazität $C_0+v_0C_f$ nehmen wir ebenso wie für C_t in (2.31) die Festwerte 2, 6, 10 pF an. In den Koeffizienten a,b des Spektrums nach (1.29) setzen wir $a=4KT/R_f$ und nehmen bei R_u in (2.31) und (2.81) P = 1 sowie S = 10 mS an. Damit kennen wir den Koeffizienten b. Nun können wir für vorgegebene Bitrate R den erforderlichen Gegenkopplungswiderstand $R_f(R)$ und somit den Koeffizienten a(R) ermitteln. Der Koeffizient b hängt nicht von R ab. Für Z nach (2.172) benötigen wir noch die Bewertungsintegrale, für die wir hier einfach $I_2 = 1$ und $I_3 = 0,1$ setzen.

Den sich so ergebenden Verlauf $\sqrt{Z}(R)$ zeigt Bild 68 im unteren Bereich für verschiedene Kapazitätswerte. Eine Änderung des Verstärkerrauschens $\sqrt{Z}$ um eine Größenordnung ist hiernach mit einer Änderung der Bitrate um etwa zwei Größenordnungen verbunden. Ausgeprägt ist wieder der nachteilige Einfluß der Kapazitäten.

Das obere Diagramm in Bild 68 gibt nun die Auswertung von (2.176) mit $M_o, F_e = 1$ für PIN-Dioden und von (2,179) und (2.180) für Lawinenphotodioden bei $M_o = M_{opt}$ wieder.

Bei PIN-Dioden steigt die erforderliche Zahl N_{PIN} von Primärelektronen pro gesendeter "I" proportional $\sqrt{Z}$ an und liegt typischerweise je nach Bitrate und Verstärkerkapazität innerhalb $10^3 \ldots 5 \cdot 10^4$. Die Empfindlichkeit hängt also sehr stark von den Kapazitäten ab. Hier kommt es daher sehr auf einen rauscharmen elektronischen Verstärker an.

Bei APD ändert sich die entsprechende Zahl N_{min} von Primärelektronen bei verändertem Verstärkerrauschen dagegen viel schwächer von $N_{min} = 130$ auf etwa $N_{min} = 650$, wenn $\sqrt{Z}$ von 10^2 auf 10^4 erhöht wird. Der elektronische Verstärker spielt hier als Nachverstärker nur eine untergeordnete Rolle.

Unter gleichzeitiger Benutzung beider Diagramme stellt man fest, daß bei APD die Primärelektronenzahl N_{min} für alle angenommenen Bitraten R und Kapazitäten $C_{o,t}$ nur im Bereich $N_{min} = 100 \ldots 300$ schwankt. Die Empfangsleistung P_o nach (2.178) pro gesendeter "I" steigt daher bei APD nahezu linear mit der Bitrate R an. Bei PIN-Dioden und dominierendem 2. Term in (2.172) gilt etwa $\sqrt{Z} \sim \sqrt{R}$, und unter Vernachlässigung des 2. Terms in (2.176) dann etwa $N \sim \sqrt{R}$. Mit (2.178) erhält man somit näherungsweise einen Anstieg gemäß $P_o \sim R^{3/2}$, der etwas steiler verläuft, als dies bei APD der Fall ist.

Die größere Empfindlichkeit bei APD erzielt man allerdings in der Praxis

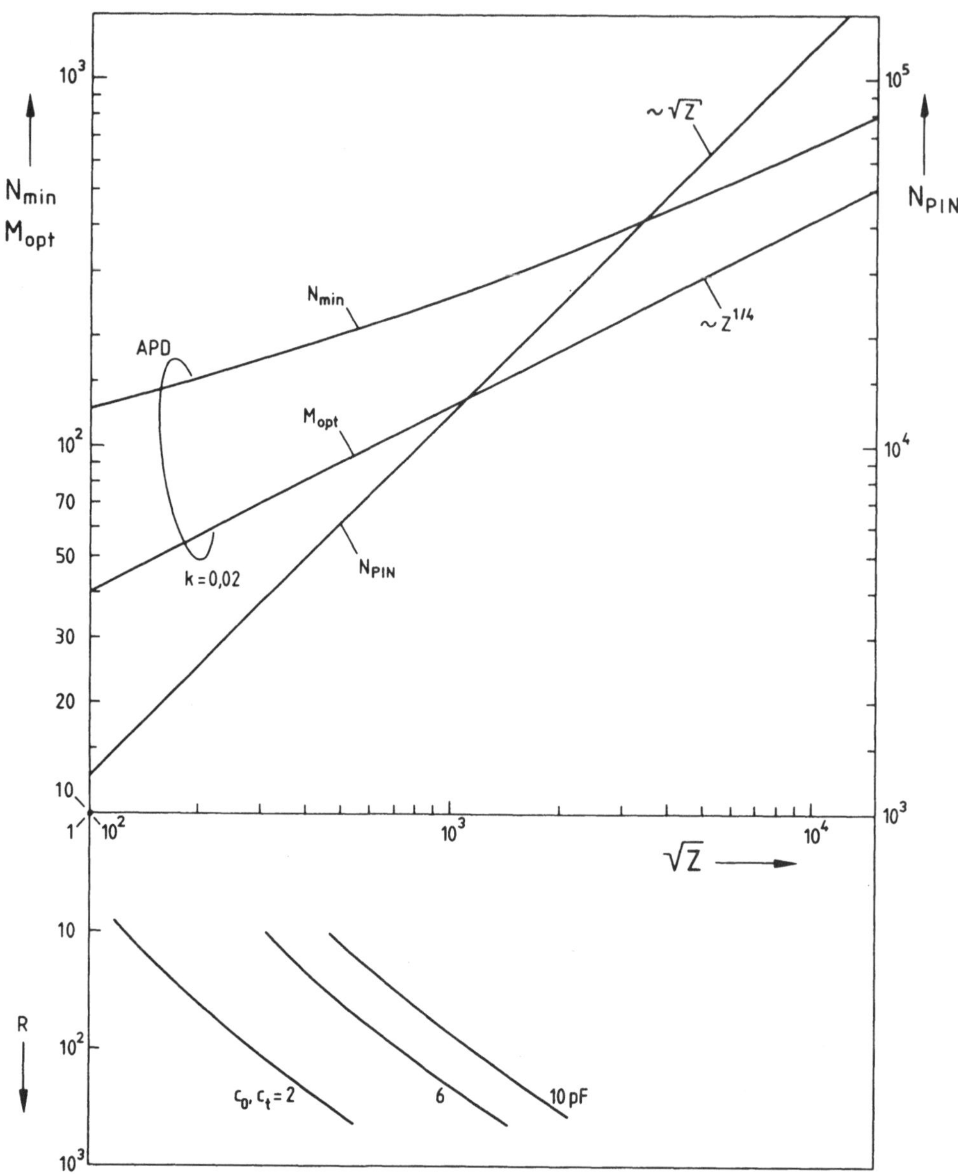

Bild 68 oberes Bild: erforderliche Zahl N von Primärelektronen pro gesendeter „1" für $P_e = 10^{-9}$ Fehlerwahrscheinlichkeit als Funktion des Verstärkerrauschens $\sqrt{Z}$ nach (2.172) für APD mit $M_0 = M_{opt}$ und PIN-Photodioden

unteres Bild typische Abhängigkeit des Verstärkerrauschens $\sqrt{Z}$ als Funktion der Bitrate R bei Transimpedanzverstärker nach Bild 50 mit C_0, C_t als Parameter

166

nur bei einem hinreichend kleinen Diodendunkelstrom, dessen Schrotrauschen
wir hier nicht berücksichtigt haben. In diesem Sinne stellen die berechneten Kurven Grenzempfindlichkeiten dar. Insbesondere bei APD für größere
Wellenlängen verschlechtert der bei manchen Materialien große Dunkelstrom
die Empfindlichkeit u.U. so sehr, daß integrierte PIN-Empfänger mit kleiner Kapazität $C_{0,t}$ größere Vorteile bieten.

g) Zusammenhang Störabstand - Fehlerrate

Für eine überschlägige Betrachtung kann man die erforderliche Empfangsleistung auch mit Hilfe der Trägerstörabstände nach Bild 63, bzw. bei
Empfang von 0 ... B_s nach Bild 62 abschätzen.

Den PCM-Empfänger nach Bild 64 könnte man nämlich ohne Entscheider einfach
als analogen Empfänger für eine Trägerschwingung auffassen. Im Sonderfall
schmaler Impulse bei PCM-Empfang müssen Vorverstärker und Entzerrer gerade
eine Spannungsdämpfungsfunktion $D(x)$ mit $\cos^2$-Spektrum liefern, da die
Pulsantwort die Fouriertransformierte der Übertragungsfunktion ist. Wie
wir gesehen hatten, kann man $D(x)$ dann etwa durch einen Tiefpaß der Bandbreite R/2 ersetzen. Weiter nehmen wir nun an, daß der Entzerrer nicht so
sehr zur Anhebung der Grenzfrequenz des Vorverstärkers benutzt wird, sondern hauptsächlich zur endgültigen Pulsformung. Dann muß der Vorverstärker
bereits etwa die Bandbreite R/2 aufweisen.

Dimensioniert man den Vorverstärker entsprechend, dann kann er entweder
bei PCM eine Bitrate R verarbeiten oder bei Analogbetrieb eine Trägerschwingung mit einer Frequenz bis R/2. Am Entscheidereingang würde bei PCM
eine Impulsfolge der Pulsamplitude $\hat{I}_E$ auftreten, bei analoger Modulation
könnte man eine harmonische Trägerschwingung mit der Amplitude $\hat{I}_E/2$ und
dem Effektivwert $\hat{I}_E/2\sqrt{2}$ zulassen.

Dieser Schwingung überlagert sich Rauschen, das bei dominierendem Verstärkerrauschen Z, das wir nun als hinreichend groß voraussetzen wollen, nach
(2.170),(2.171) und (2.154) durch den Effektivwert

$$\sigma_0 = \sigma_1 = \hat{I}_E / 2Q \qquad\qquad (2.185)$$

gegeben ist. Der erforderliche Trägerstörabstand $(S_c/N_c) = S/N_{IM}$ lautet andererseits S/N $_{IM}$ = $(\hat{I}_E/2\sqrt{2})^2/\sigma_o^2$. Mit (2.185) erhalten wir für den IM-Störabstand schließlich

$$\frac{S}{N}_{IM} = Q^2 / 2 \ . \qquad\qquad (2.186)$$

Der PCM-Empfänger, der bei einer Bitrate R zu einer Fehlerwahrscheinlichkeit von z.B. $P_e = 10^{-9}$ entsprechend Q = 6 führt, liefert als analoger Empfänger im Band 0 ... R/2 etwa einen Trägerstörabstand bzw. IM-Störabstand von S/N$_{IM}$ = 18 entsprechend 12,6 dB.

Als Beispiel betrachten wir einen PIN-Empfänger für R = 50 Mbit/s, für den hier dann B$_s$ = R/2 = 25 MHz Vorverstärkerbandbreite erforderlich wären. Wir nehmen mit n_p = 70 % und λ_o = 1 µm solche Diodendaten an, daß wir in Bild 62 gerade die dort angenommene Empfindlichkeit E = 0,5 mA/mW erreichen. Unter typischen Verhältnissen gilt nach Bild 62 für den erforderlichen Pegel bei S/N = 12,6 dB der Wert P_o = - 45 dBm. Bild 68 entnimmt man für $C_{o,t}$= 2 pF etwa N_{PIN}= $2,6\cdot10^3$ erforderliche Primärelektronen pro Puls. Zur Berechnung der Empfangsleistung wendet man die für (2.178) angegebene Rechenregel an. Gegenüber -60 dBm ist zu berücksichtigen: Bei N: + 14 dB; bei n_p: +1,5 dB; bei R: - 3 dB. Man benötigt also einen mittleren Pegel von -47,5 dBm. Die Differenz von 2,5 dB hängt damit zusammen, daß in Bild 62 mit $m^2 \approx$ 0,5 noch 3 dB durch den Modulationsindex m=0,7 verloren gehen. Der quadratische Anstieg $\sim I_o^2$ in Bild 62 bestätigt im übrigen auch die Gültigkeit der hier getroffenen Annahme, daß das Schrotrauschen bei PIN-Dioden meist unerheblich ist. Dieses Zahlenbeispiel zeigt, daß immerhin in etwa durch (2.186) der IM-Störabstand abgeschätzt werden kann.

Bei APD ist obige Annahme schon nicht mehr gut erfüllt. Dann spielt in Bild 62 auch noch der Dunkelstrom eine Rolle, den wir hier in Kapitel 2.3.3 ganz vernachlässigt haben.

<u>2.4 Aufgaben</u>

<u>Aufgaben zum Kapitel "Vorverstärker"</u>

<u>Aufgabe 2.1</u> Zu berechnen ist der Frequenzgang $A(jf)$ des Transimpedanz-
verstärkers nach Bild 50, wobei die Verstärkung v des inne-
ren Verstärkers ab $f = f_A$ mit 6 dB/Oktave abfällt. Weiter
gilt $R_0 \gg R_f$. Man zeichne 20 log $|A|$ für
f_A = 25; 50; 80 MHz; ∞ und diskutiere das Ergebnis.
<u>Daten</u>: C_0 = 2,07 pF; C_f = 0,033 pF; v_0 = 30; R_f = 50 KΩ

<u>Aufgabe 2.2</u> Man berechne die Gruppenlaufzeit $\tau(f)$ für Aufgabe 2.1 und
drücke $\tau(f)/\tau(0)$ durch $|A|$ aus. Vergleichen Sie Gruppen-
laufzeitverzerrungen und Amplitudenabfall für die Grenzfrequenzen f_A nach Aufgabe 2.1 bei f = 40 MHz.

<u>Aufgabe 2.3</u> Dem Transimpedanzverstärker nach Aufgabe 2.1 ist für den
Fall $f_A \to \infty$ der Entzerrer nach Bild 51 nachzuschalten. Wie
sind die Bauelemente für R_2 = 470 Ω zu wählen, wenn Vorverstärker und Entzerrer insgesamt einen Potenzfilterverlauf
2. Grades mit einer 3-dB-Grenzfrequenz von 40 MHz aufweisen
sollen? Man vergleiche den Frequenzgang von $|A|$ mit dem Ver-
lauf ohne Entzerrung aber f_A = 50 MHz.

<u>Aufgabe 2.4</u> Welche Systembandbreiten wurden in Aufgabe 2.1 und 2.3
realisiert, wenn man bei den Verstärkern nach Aufgabe 2.1
auf eine nachgeschaltete Entzerrung verzichtet (D_E = 1 in
Bild 50)?

<u>Aufgabe 2.5</u> Bei Pulscodemodulation kann das Signal zwischen zwei Einsen
entweder wieder auf null geschaltet werden (return to zero =
RZ), oder man verzichtet darauf und arbeitet mit NRZ-Signa-
len (non return to zero = NRZ). Unter der Annahme etwa harmonisch verlaufender Impulse ist die erforderliche System -
bandbreite B_S anzugeben, wenn für die ungünstigste Bitfolge
der Signalhub nur um $1/\sqrt{2}$ gegenüber dem maximalen Hub abfallen darf.

Aufgabe 2.6   Welches Verstärkerrauschspektrum mißt man bei dem Transimpedanzverstärker von Aufgabe 2.3 nach Entzerrung auf einen
Potenzfilterverlauf 2. Grades, wenn der Entzerrer bei tiefen Frequenzen eine Verstärkung v_E = 30 aufweist?
Daten: R_o >> R_f; C_k = 0,63 pF; C_f = 0,033 pF; C_s = 0,5 pF
C_{ph} = 1 pF; C_i = 0,22 pF; C_t = 2,2 pF

Aufgabe 2.7   Ein Vorverstärker nach Bild 50 hat das äquivalente Rauschspektrum

$$dI_a^2/df = (5,66 \cdot 10^{-13} \frac{A}{\sqrt{Hz}})^2 \left[1 + 1,83 (f/40 \text{ MHz})^2 \right] .$$

Empfangen wird ein geträgertes Signal im Band a) 0 ... 40 MHz
b) 25 ... 35 MHz. Wie groß ist das maßgebende äquivalente
Verstärkerrauschstromquadrat $\overline{I_{äg}^2}$?

Aufgabe 2.8   Wie groß sind die in (2.47) und (2.48) durch "0" gekenn-
zeichneten Terme?

Aufgabe 2.9   Wie lautet der Korrelationsleitwert Y_k und der Korrelationsfaktor γ des bipolaren Transistors in Emitterschaltung ohne
Gegenkopplung bei tiefen Frequenzen und $\alpha \approx 1$?

Aufgabe 2.10   In einem Datenblatt wird für einen Transistor bei 10 MHz eine Rauschzahl F = 1,5 dB und bei 100 MHz eine Rauschzahl
F = 5 dB angegeben. Was bedeuten diese Angaben?

Aufgabe 2.11   Wie lauten bei einem bipolaren Transistor für tiefe Frequenzen bei Gegenkopplung mit R_p die Quellen U_n,I_n des
Rauschvierpols? Wie vereinfachen sich die Gleichungen, wenn
r_b und r_E von gleicher Ordnung sind?

Aufgabe 2.12   Man schlage eine Methode zur Messung der Spektren dI_n^2/df und
dU_n^2/df vor (nur kurz skizzieren).

Aufgabe 2.13   Berechnen Sie das Verstärkerrauschstromquadrat $\overline{I_{äg}^2}$ für die
Schaltung nach Bild 50 mit Eingangsstufe nach Bild 58, wobei
außer für P die Daten des Beispiels nach Kapitel 2.2.5 a
zu nehmen sind.

<u>übrige Daten:</u> R_d = 1 kΩ ; R_p = 470 Ω; I_E = 5 mA
                     S = 10 mS ; $β_o$ = 30   ; P = 1
                     r_b = 20 Ω ; $f \ll f_α/\sqrt{β_o}$.

Aufgabe 2.14   Man setze für Bild 55 Quellen U_n, I_n mit einer Korrelation
$I_n U_n^* = jK$ an, wobei K ein reeller Faktor ist. Es ist noch
einmal zu zeigen, daß zur Bestimmung der Rauschzahl F bzw.
des äquivalenten Rauschstromquadrates I_e^2 diese imaginäre
Korrelation unerheblich ist (Fall bei FET), wenn der Generatorwiderstand reell ist.

Aufgabe 2.15   Nur in integrierter Bauweise erreicht man bei Transimpedanz-
verstärkern **totale** Kapazitäten von $C_t \simeq 2$ pF. In diskreter
Bauweise ergeben sich viel ungünstigere Verhältnisse. Man
berechne das Rauschstromquadrat, wenn gegenüber dem Beispiel
für die Kaskode nach Kapitel 2.2.5 a gilt:
$C_{gs} = C_{ph} = C_s = 5$ pF ; $C_f = 1$ pF ; $S = 5$ mS .

Aufgaben zum Kapitel "Störabstände"

Aufgabe 2.16   Gegeben ist eine Lichtwellenleiterstrecke zur analogen Übertragung von 3 Videosignalen mit je B = 5 MHz Signalbandbreite. Die Signale werden von 0 ... 30 MHz mit ESB-AM übertragen, wobei der letzte Kanal bei 22,5 ... 27,5 MHz liegt.
Bild 62 sind die Daten für Verstärker, Photodiode und Träger-
modulation zu entnehmen.

Der Videostörabstand (bezogen auf Weiß-Wert) eines Kanals
soll 45 dB betragen. Welche Leistung benötigt man bei APD
und bei PIN-Dioden, wenn einfach davon ausgegangen wird, daß
bei frequenzmäßiger Bündelung dreier Signale auch ein um den
Faktor 3 größerer Störabstand erforderlich ist?

Aufgabe 2.17   In Gleichung (2.93) wird stillschweigend vorausgesetzt, daß
der gesamte Dunkelstrom I_D durch Stoßionisation vervielfacht
wird. Unter praktischen Verhältnissen ist aber zu unterscheiden zwischen einem multiplizierten Anteil I_D und einem nicht
multiplizierten Anteil I_D'. Wie kann man diesen allgemeinen
Fall in (2.93) einarbeiten?

Aufgabe 2.18   Zu empfangen ist ein FM-Tonsignal mit B = 20 KHz Bandbreite
auf einem FM-Träger bei f_T = 5 MHz. Der Frequenzhub beträgt
Δf = 40 KHz. Das Empfangsfilter hat eine Breite B_H = 160 KHz.
Der FM-Träger ist bis m = 70 % durchmoduliert; für das Ton-
signal wird eine Preemphase ab f_p = 5 KHz mit 6 dB/Oktave
vorgesehen.

Wie groß ist der Störabstand des Tonsignals, wenn bei dem
PIN-Empfänger mit den Daten nach Bild 62 ein Pegel von
- 32 dBm gemessen wird? (Systembandbreite = 10 MHz)

Aufgabe 2.19   Man zeige, daß bei FM mit Δf > B das fiktive Verstärkerrauschen nach (2.135) praktisch identisch ist mit dem tatsäch -
lichen Verstärkerrauschen. Der Verlauf von p/q(x) ist zu
berücksichtigen.

Aufgabe 2.20   Gegeben ist ein PCM-Empfänger mit APD bei optimaler Lawinenverstärkung (k = 0,02) und Verstärkerrauschen $\sqrt{Z}$ = 250.
Zunächst mißt man 10^{-9} Fehlerwahrscheinlichkeit bei einer
gewissen Empfangsleistung. Man berechne und zeichne die
Fehlerwahrscheinlichkeit bei Abweichungen von diesem Pegel,
der jetzt als Bezugswert dienen soll.

Aufgabe 2.21   Bei einem PCM-Empfänger mit APD mißt man für R = 34 Mbit/s
bei einer Pseudozufallsfolge eine erforderliche mittlere
Empfangsleistung von - 58,8 dBm für 10^{-9} Fehlerwahrscheinlichkeit. Wie groß ist das Verstärkerrauschen $\sqrt{Z}$ bei unten-
stehenden Daten? Die in Kapitel 2.3.4 a angegebenen Voraussetzungen seien erfüllt. Weiter gilt k << 1 und $\sqrt{Z}$ >> 1.
<u>Meßwerte:</u> M_{opt} = 81 ; η_p = 85 % ; λ_o = 0,85 µm

Aufgabe 2.22   Ein PCM-Signal für ein Videosignal mit Redundanzreduktion
(34 Mbit/s) liefert eine Fehlerwahrscheinlichkeit von
$P_e = 10^{-9}$. Wie lange muß man im statistischen Mittel jeweils
warten, bis ein neuer Bitfehler auftritt?

Aufgabe 2.23   Man berechne die Spannungsdämpfungsfunktion, wie sie in
(2.184) für einen Rechteckimpuls angegeben ist, nun für einen Gaußimpuls des Photostromes. Dabei ist das Tastverhältnis $\alpha = \tau/T_0$ einzuführen mit τ als Halbwertsbreite des Gaußimpulses. Man berechne die Bewertungsintegrale als Funktion von α auf einem programmierbaren Rechner.

Aufgabe 1.24   Bei Ge-Photodioden gilt nicht mehr $k \ll 1$. Dennoch beschreibt
(1.94) mit einem geeigneten k-Wert, z.B. $k \approx 0{,}5$, das Zusatzrauschen hinreichend genau. Welcher Zusammenhang besteht
nun speziell zwischen minimaler Zahl von Primärelektronen
pro Puls und M_{opt}, wenn $\sqrt{Z} \gg 1$ und $k = 1/2$ ist? Welches
Verstärkerrauschen $\sqrt{Z}$ liegt für $M_{opt} = 18$ vor, und wie groß
ist dann N_{min} ?

Lösungen der Übungsaufgaben

<u>Vorbemerkung</u>

Die am Ende der Kapitel 1 und 2 gestellten Aufgaben dienen einmal zur
Übung des behandelten Stoffes; zum anderen stellen die angeschnittenen
Fragen aber auch eine Fortführung der Überlegungen dar. Damit wurde ein
gewisser Teil des Stoffes aus dem Text in die Übungsaufgaben verlagert,
um so zu einer strafferen Darstellung zu gelangen.

Bei der Lösung der Aufgaben ist auf ein erneutes Anschreiben derjenigen
Formeln verzichtet worden, die im Text ohnehin schon stehen. Der ge-
wonnene Raum wurde stattdessen für weitergehende Erläuterungen und Hin-
weise genutzt.

Bis auf einige Ausnahmen lassen sich alle Aufgaben aus den Schwerpunkten
Lichtquellen, Lichtempfänger, Lichtwellenleiter, Vorverstärker und
Störabstände ohne Vorgriff auf nachfolgende Unterkapitel lösen. Dennoch
ließ es sich nicht ganz vermeiden, daß z.B. bei den Aufgaben für Lichtquellen auch schon die Brechungsgesetze herangezogen werden. Aus diesem
Grunde wurden die Aufgaben erst am Ende der beiden Hauptabschnitte ge-
stellt.

Aufgabe 1.1

Die in den Raumwinkel $d\Omega = 2\pi \sin\gamma \, d\gamma$ emittierte Strahlung hat die Leistung

$$I_\Omega \, d\Omega \quad = \quad (1 - r^2) \; I_{\Omega i} \, d\Omega_i \quad ,$$

wobei $I_{\Omega i} \, d\Omega_i$ in Bild 6 die im Inneren des Materials 1 in den Raumwinkel $d\Omega_i$ emittierte Strahlung und

$$r^2 \quad = \quad \left[\frac{n_1 - n_2}{n_1 + n_n} \right]^2$$

der Leistungsreflexionsfaktor ist. Mit dem Brechungsgesetz von Snellius

$$n_2 \sin\gamma = n_1 \sin\theta$$

und dessen differentieller Form

$$n_2 \cos\gamma \, d\gamma = n_1 \cos\theta \, d\theta$$

können wir aus $d\Omega_i = 2\pi\sin\theta d\theta$ und $d\Omega = 2\pi\sin\gamma d\gamma$ das Verhältnis $d\Omega_i/d\Omega$ bilden und finden

$$\frac{d\Omega_i}{d\Omega} \quad = \quad (n_2/n_1)^2 \, \frac{\cos\gamma}{\sqrt{1 - (n_2/n_1)^2 \sin^2\gamma}} \quad \approx \quad (n_2/n_1)^2 \cos\gamma \; . \qquad (n_2^2 \ll n_1^2)$$

Setzt man diesen Ausdruck und r^2 in die oberste Gleichung ein, folgt das Lambertsche Strahlungsgesetz

$$I_\Omega \quad = \quad I_{\Omega i} \left[1 - \left[\frac{n_1 - n_2}{n_1 + n_2} \right]^2 \right] (n_2/n_1)^2 \cos\gamma \; \sim \; \cos\gamma \; ,$$

wobei bei kugelsymmetrisch strahlendem Rekombinationszentrum

$$I_{\Omega i} \quad = \quad P_i \, / \, 4\pi$$

ist, mit 4π als Raumwinkel der Kugel und P_i als innerer Leistung.

<u>Aufgabe 1.2</u>

Die innere Leistung lautet mit den Bezeichnungen der Aufgabe 1.1

$$P_i \quad = \quad \int I_{\Omega i} \; d\Omega_i \quad = \quad I_{\Omega i} \; 4\pi \quad .$$

Die äußere Leistung erfaßt man, wenn wir in diesem Ausdruck nur bis zum Grenzwinkel θ_c der Totalreflexion integrieren und gleichzeitig die Reflexionsverluste berücksichtigen: Mit $d\Omega_i = 2\pi \sin\theta \; d\theta$ wird

$$P_a \quad = \quad (1 - r^2) \int^{\Omega_c} I_{\Omega i} \; d\Omega_i \quad = \quad (1 - r^2) \; I_{\Omega i} \; 2\pi \; (1-\cos\theta_c).$$

Wegen $n_2^2 \ll n_1^2$ ist der Grenzwinkel

$$\theta_c \quad = \quad \text{arc sin} \; \frac{n_2}{n_1}$$

für Totalreflexion einfach durch $\theta_c \approx n_2/n_1$ gegeben, so daß mit $1 - \cos\theta_c \approx \theta_c^2 /2$

$$P_a \quad = \quad (1 - r^2) \; I_{\Omega i} \; (n_2/n_1)^2 \; \pi$$

wird. Ersetzt man $I_{\Omega i}$ nach der ersten Gleichung durch P_i und setzt r^2 nach Aufgabe 1.1 ein, folgt

$$\frac{P_a}{P_i} \quad = \quad \left[1 - \left[\frac{n_2 - n_1}{n_2 + n_1} \right]^2 \right] \frac{(n_2/n_1)^2}{4} \quad .$$

Für $n_2 = 1$ nund $n_1 = n$ reduziert sich das Verhältnis von äußerer Leistung zu innerer Leistung auf

$$\frac{P_a}{P_i} \quad = \quad \frac{1}{n \, (1 + n)^2} \quad ,$$

woraus sich mit $n = 3,6$ für GaAs ein Wert von 1,3 % errechnet. Der größte Teil der Leistung bleibt also in der LED und wird dann absorbiert.

Aufgabe 1.3

Aus (1.14) errechnet sich eine abgestrahlte Leistung

$$P_a \;=\; \pi \, A_L \, B \;=\; 2{,}47 \text{ mW}$$

und aus (1.15) eine Leistung

$$P_F \;=\; P_a \, NA^2 \, / \, 2 \;=\; 49{,}35 \text{ µW,}$$

die man in einer Faser mit einer Kernfläche auffangen würde, die mindestens die Leuchtfläche der LED erreicht. In diesem Fall verbleibt wegen
der um den Faktor $(45/50)^2 = 0{,}81$ kleineren Kernfläche eine Leistung von
$P_F' = 40$ µW in der Faser. Der Rest strahlt vorbei und geht verloren.

Der innere Quantenwirkungsgrad beträgt mit $hf/e = 1{,}46$ V und

$$n_R \;=\; \frac{1}{n\,(n+1)^2} \;=\; 1{,}31 \text{ \%}$$

nach (1.9)

$$n_i \;=\; \frac{1}{n_R} \; \frac{P_a}{hf \, I_0/e} \;=\; 86 \text{ \% .}$$

Aufgabe 1.4

Pro Frequenzintervall df gibt es $dN_f/df = L^3 \, 8\pi \, f^2/c^3$ Eigenschwingungen,
wobei im Mittel jede Schwingung mit $\overline{m}$ Photonen besetzt ist. Mit $\overline{m}$ nach
(1.17) für die natürliche Wärmestrahlung und hf als Energie eines Photons
ergibt sich pro Volumenelement L^3 und pro Frequenzintervall df die Energie

$$\sigma(f) \;=\; \frac{1}{L^3} \frac{dN_f}{df} \, hf \;=\; \frac{8\pi}{c^3} \; \frac{hf^3}{\exp(hf/KT) - 1} \;\; .$$

Dies ist das Plancksche Strahlungsgesetz. Durch Integration von $f = 0$ bis
∞ erhält man die Gesamtleistung pro Volumeneinheit. Das Ergebnis ist das
Stefan-Boltzmannsche Gesetz $\int_0^\infty \sigma \, df \sim T^4$.

<u>Aufgabe 1.5</u>

Setzt man in den Ausdruck für die Schwellstromdichte nach (1.64) die normierte Frequenz $V_F = a'd$ ein, wobei $a' = \frac{\pi}{\lambda}(n_i^2 - n_a^2)^{1/2}$ eine Konstante ist, ergibt sich anstelle der Abhängigkeit von d eine Abhängigkeit von V_F:

$$J_s(V_F) = \frac{e}{c_1 \tau_{sp} n_i a'} \left[(\alpha_a + \alpha_R) \frac{V_F}{\Gamma} - c_2 V_F \right] .$$

Mit $1/\Gamma = 1 + 1/2V_F^2$ liefert die Ableitung nach V_F die Bedingung

$$(\alpha_a + \alpha_R)\left(1 - \frac{1}{2 V_{F_{opt}}^2} \right) = c_2 ,$$

aus der der optimale Frequenzparameter

$$V_{F_{opt}} = \sqrt{\frac{(\alpha_a + \alpha_R)/2}{\alpha_a + \alpha_R - c_2}} = 0,331$$

folgt.

Bild 4 entnimmt man für $x = 0,3$ bzw. $x = 0$ die Brechzahlen $n_a = 3,4$ und $n_i = 3,6$. Daraus errechnen wir bei $\lambda_0 = 0,85$ µm

$$d_{opt} = \frac{V_{F_{opt}}}{a'} = 0,076 \text{ µm}.$$

Setzt man diesen Wert in (1.64) ein, ergibt sich mit $\Gamma(V_F = 0,33) = 0,179$ $J_{smin} = 1130$ A/cm^2. Dieser Wert wird durch gemessene Werte sehr gut bestätigt.

<u>Aufgabe 1.6</u>

Die Bedingung $L = i\,\lambda_0/2n$ $(i = 1,2\ ..)$ für stehende Wellen lautet mit $c_0 = \lambda_0 f$

$$n \cdot f = \frac{c_0}{2L}\, i .$$

Differenziert man diese Gleichung nach f, erhalten wir auf der linken Seite den Gruppenindex $N = d(nf)/df$ nach (1.121) und auf der anderen Seite
$di/df = \Delta i/\Delta f$. Mit $\Delta i = 1$ für benachbarte Linien gilt dann für deren Fre-
quenzabstand

$$\Delta f \quad = \quad c_0 \, / \, 2 \, L \, N \quad .$$

Gegenüber (1.35) ist die Brechzahl n also nur durch den Gruppenindex zu
ersetzen.

Aufgabe 1.7

Mit der Näherung $1/(1+x) \simeq 1 - x + x^2$ für $x \ll 1$ liefert die Gleichung
(1.59), wenn man $x = \alpha/A\tilde{P}_0$ setzt,

$$\tilde{I}_0 \quad = \quad 1 + \tilde{P}_0 \; - \; \frac{\alpha}{A\,\tilde{P}_0} \, (\, 1 - \frac{\alpha}{A\,\tilde{P}_0} - \alpha \,) \; - \; \alpha \quad .$$

Die Klammer mit Vorfaktor ist gegenüber eins von der Ordnung x, die beiden negativen Terme in der Klammer sind von noch kleinerer Ordnung und damit vernachlässigbar. Dann wird

$$\tilde{I}_0 \quad = \quad 1 + \tilde{P}_0 \; - \; \alpha \, (\, 1 + \frac{1}{A\,\tilde{P}_0} \,) \quad .$$

In dieser Gleichung beschreibt der negative Term nun eine kleine Abweichung von der Geradennäherung für die statische Kennlinie. Wegen der geringen Abweichungen kann man in diesem Korrekturterm $\tilde{P}_0$ durch $\tilde{I}_0 - 1$
approximieren. Der Fehler von der Ordnung x ergibt im Korrekturterm, der
selbst von der Ordnung x ist, dann einen vernachlässigbaren Fehler der
Ordnung x^2. Damit können wir die Gleichung nach $\tilde{P}_0$ auflösen und erhalten

$$\tilde{P}_0 \quad = \quad \tilde{I}_0 - 1 \; + \alpha \left[1 + \frac{1}{A(\tilde{I}_0 - 1)} \right] \quad .$$

Gegenüber (1.62) erfassen wir mit dem Zusatzterm Abweichungen von der linearen Kennlinie. Dabei müssen wir aber $\tilde{I}_0 \to 1$ ausschließen.

Wir entwickeln nun $\tilde{P}_0$ um den Arbeitspunkt $\tilde{I}_0 = \tilde{I}_A$ in eine Potenzreihe

$$\tilde{P}_0(\tilde{I}_0) = \tilde{P}_0(\tilde{I}_A) + a_1 (\tilde{I}_0 - \tilde{I}_A) + \frac{a_2}{2} (\tilde{I}_0 - \tilde{I}_A)^2 \ ,$$

wobei die 1. und 2. Ableitung durch

$$a_1 = \left.\frac{d\tilde{P}_0}{d\tilde{I}_0}\right|_{\tilde{I}_A} = 1 - \frac{\alpha/A}{(\tilde{I}_A-1)^2}$$

und

$$a_2 = \left.\frac{d^2\tilde{P}_0}{d\tilde{I}_0^2}\right|_{\tilde{I}_A} = 2 \ \frac{\alpha/A}{(\tilde{I}_A-1)^3}$$

gegeben sind. Für den Arbeitspunkt kann man in guter Näherung

$$\tilde{P}_0(\tilde{I}_A) = \tilde{I}_A - 1$$

schreiben.

Aufgabe 1.8

Mit den Bezeichnungen nach Aufgabe 1.7 steuern wir nun die Kennlinie um
den Arbeitspunkt $\tilde{I}_A$ entsprechend

$$\tilde{I}_0 - \tilde{I}_A = \hat{I}_N \cos \xi \qquad \text{mit} \qquad \xi = \omega t$$

aus, wobei $\hat{I}_N$ die Stromamplitude und $\tilde{I}_A$ den Lasergleichstrom, jeweils auf
den Schwellstrom bezogen, bezeichnen, und als bekannt vorausgesetzt werden.

Geht man mit diesem Ansatz in die Potenzreihenentwicklung nach Aufgabe 1.7,
folgt mit $\cos^2\xi = (1 + \cos2\xi)/2$

$$\tilde{P}_0 = \tilde{I}_A - 1 + \frac{a_2\hat{I}_N^2}{4} + a_1 \hat{I}_N \cos\xi + \frac{a_2\hat{I}_N^2}{4} \cos 2\xi \ .$$

Detektiert man die Leistung P_0 mit einer Photodiode, dann beinhaltet der zu $\tilde{P}_0$ proportionale Photostrom den Klirrfaktor

$$k_L = \sqrt{\frac{(a_2 \hat{I}_N^2 /4)^2}{a_1^2 \hat{I}_N^2 + (a_2 \hat{I}_N^2 /4)^2}} \approx \frac{a_2 \hat{I}_N}{4 a_1} \quad ,$$

wobei diese Näherung für kleine Klirrfaktoren gilt. Wir setzen nun die Ableitungen $a_{1,2}$ von Aufgabe 1.7 ein, und finden den Klirrfaktor

$$k_L = \frac{\hat{I}_N \cdot \alpha/A}{2 (\tilde{I}_A - 1) [(\tilde{I}_A - 1)^2 - \alpha/A]}$$

bzw. die Klirrdämpfung des Lasers bei der ersten Oberwelle, die wir hier nur erfassen,

$$a_{k2} = 20 \log k_L \quad .$$

Wir nehmen nun als Beispiel die Daten nach Bild 16 und erhalten für $\alpha = 5 \cdot 10^{-4}$, $A = 3$, $\tilde{I}_A - 1 = 23,5/21 - 1 = 11,9$ % die Klirrdämpfung $a_{k2} = 20 \log(0,05 \cdot \hat{I}_N)$. Da der Arbeitspunkt 11,9 % oberhalb der Schwelle liegt, kann die auf den Schwellstrom bezogene Aussteuerung $\hat{I}_N$ höchstens bei 5,95 % liegen, wenn wir nicht zu dicht an den Kennlinienknick herankommen wollen. Bei einer Aussteuerung mit 2,5 mA$_{ss}$ wird gerade $\hat{I}_N = (2,5/2)/21 = 5,95$ %, und man erhält aus obiger Gleichung in Übereinstimmung mit Bild 16 $a_{k2} = -50,5$ dB. Bei größerer Aussteuerung verursacht der Kennlinienknick in Bild 16 dann einen steilen Abfall der Klirrdämpfung.

Aufgabe 1.9

Die zu lösende Dgl. (1.77) ist für $x \leq 1$ vom Typ $\tilde{N}' + a_1 \tilde{N} = a_2 + a_3 \cos\pi x$, für den man nach Bronstein S. 378 und S. 327 Integral Nr. 460 die Lösung

$$\tilde{N}(x) = \frac{a_2}{a_1} + C e^{-a_1 x} + \frac{a_3}{a_1^2 + \pi^2} (a_1 \cos\pi x + \pi \sin\pi x)$$

angeben kann, wobei C die Integrationskonstante ist.

Mit der Definition

$$\xi \;=\; \tau_{sp} / T_i$$

wird in unserem Fall

$$a_1 \;=\; 1/\xi \;,\quad a_2 \;=\; A_1/\xi \;,\quad a_3 \;=\; -A_2/\xi \;.$$

Wie zur Herleitung von (1.79) gilt wieder die Randbedingung $\tilde{N}(0) = \tilde{I}_v$. Setzt man a_1 bis a_3 in obige Lösung $\tilde{N}(x)$ ein, folgt aus der Bedingung für x=0 die Unbekannte

$$C \;=\; \tilde{I}_v \;-\; A_1 \;+\; \frac{A_2}{1 + \pi^2 \, \xi^2} \;.$$

Wir gehen nun zunächst davon aus, daß bei x=1 die normierte Elektronen-dichte noch nicht eins erreicht hat. Ab x=1 behält dann die rechte Seite anders als in obiger Dgl. den konstanten Wert $\tilde{I}_o$ bei. Die Lösung dieser neuen Dgl. stellt nur einen Sonderfall der oben hingeschriebenen Lösung dar (a_3=0). Wir gehen wieder von der Darstellung der Lösung nach (1.78) aus und bestimmen die Konstanten $k_{1,2}$ aus den Randbedingungen; einmal gilt $\tilde{N}(x=\infty) = \tilde{I}_o$, außerdem müssen wir noch ausnutzen, daß bei x=1 die Lösung (1.78) an obige Lösung anzupassen ist. Die erste Bedingung liefert in (1.78)

$$k_2 \;=\; \tilde{I}_o \;.$$

Die Anpassung von (1.78) an obiges $\tilde{N}(x)$ bei x = 1 führt mit den Ausdrücken für C und a_1 bis a_3 zu der Bestimmungsgleichung

$$k_1\, e^{-1/\xi} \;+\; k_2 \;=\; A_1 \;+\; \left[\, \tilde{I}_v - A_1 + \frac{A_2}{1 + \pi^2 \, \xi^2} \right] e^{-1/\xi} \;+\; \frac{A_2}{1 + \pi^2 \xi^2}\;.$$

Daraus bestimmen wir mit den Definitionen für $A_{1,2}$ die andere Konstante

$$k_1 \;=\; -\, A_2\, \frac{\pi^2 \xi^2}{1 + \pi^2 \xi^2}\; (\, 1 + e^{1/\xi}\,) \;.$$

182

Jetzt nutzen wir noch aus, daß $\tilde{N}(x)$ nach der Anschwingzeit t_c bzw. nach
der normierten Anschwingzeit

$$x_c = t_c / T_i$$

definitionsgemäß den Wert $\tilde{N} = 1$ erreicht. Da wir bislang $t_c \geq T_i$ bzw.
$x_c \geq 1$ voraussetzen, gilt mit (1.78) $1 = k_1 \exp(-x_c/\xi) + k_2$. Daraus folgt
die normierte Anschwingzeit

$$x_c = \xi \ln \frac{-k_1}{\tilde{I}_0 - 1} \qquad (\text{ für } x_c \geq 1) \; .$$

Mit obigem k_1 ist somit die Anschwingzeit bekannt, sofern der Laser erst
anschwingt, wenn der Strom schon seinen Endwert erreicht hat. Diese Situation liegt etwa dann vor, wenn der Vorstrom nicht zu nahe an der Schwelle
liegt. Letztlich ist immer zu entscheiden, ob unter den gegebenen Bedingungen $x_c \geq 1$ ist.

Zum Vergleich mit der normierten Anschwingzeit nach (1.79)

$$x_a = \xi \ln \frac{\tilde{I}_0 - \tilde{I}_v}{\tilde{I}_0 - 1} = \ln \frac{2 A_2}{\tilde{I}_0 - 1}$$

für einen Rechteckstromsprung setzen wir x_a in den Ausdruck für x_c ein.
Dann gelangt man zu folgender Aufspaltung:

$$x_c = x_a + B(\xi)$$

mit

$$B(\xi) = \xi \cdot \ln \left[\frac{1}{2} (1 + e^{1/\xi}) \frac{\pi^2 \xi^2}{1 + \pi^2 \xi^2} \right] \; .$$

Der Verlauf $B(\xi)$ ist in Bild A1a skizziert; für $\xi \geq 0$ bleibt B innerhalb
$1 \leq B \leq 0,5$. Wegen $x = t/T_i$ lautet somit bei cos-förmiger Stromanstiegsflanke die Anschwingzeit schließlich

$$t_c = t_a + \tau_{sp} B(\xi) /\xi \quad \text{ mit } \quad \xi = \tau_{sp}/T_i \text{ und } t_c \geq T_i$$

Wir wollen dieses Ergebnis zunächst diskutieren, bevor wir auf den anderen

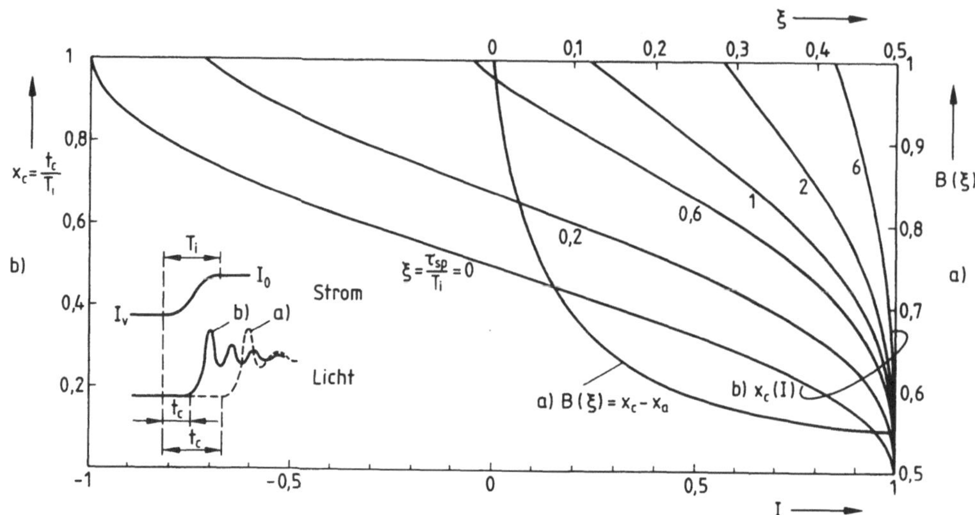

Bild A1 Normierte Anschwingzeit $x_c = t_c/T_i$ von DH-Laser mit cos- Stromanstiegflanke; T_i = Anstiegszeit des Stromes von 0 auf 100 %; I_S ≈ Schwellstrom

a) $t_c \geqslant T_i$: rechte + obere Skala: $\xi = \tau_{sp}/T_i$

b) $t_c \leqslant T_i$: linke + untere Skala: es gilt $I = (I_0 + I_v - 2I_S)/(I_0 - I_v) = 2\,e^{-x_a/\xi} - 1$

Fall $t_c \leq T_i$ eingehen.

Gegenüber der minimalen Verzögerungszeit t_a, die man bei einem Stromsprung erhält und die von den Stromwerten I_0, I_v und I_s in (1.79) abhängt, kommt nun bei einer cos-Flanke noch ein Term $\tau_{sp}\, B(\xi)/\xi$ hinzu, wobei B/ξ nur durch das Verhältnis $\xi = \tau_{sp}/T_i$ bestimmt ist. Für kurze Anstiegszeiten gilt mit $T_i \to 0$ und $\xi \to \infty$ dann $B/\xi = 0$ und für lange Anstiegszeiten $B/\xi \to \infty$. Bei der praktischen Berechnung ist es im übrigen nun vorteil-haft, von der normierten Darstellung auszugehen.

Für Bild 20 mit $\xi = \tau_{sp}/T_i = 2$, $\tilde{I}_0 = 1{,}3$ und $\tilde{I}_v = 0{,}8$ errechnet sich mit $B(2) = 0{,}512$ und $x_a = 1{,}022$ eine normierte Anschwingzeit $x_c = x_a + B = 1{,}534$. Dieser Wert stimmt mit den numerischen Rechnungen nach Bild 20 aus-gezeichnet überein, denn man liest ab: $t_c/\tau_{sp} = t_c/T_i\xi = x_c/2 = 0{,}75$. Im folgenden ist der andere Fall $x_c \geq 1$ zu untersuchen.

Wenn man mit $I_v \lesssim 1$ den Laser bis nahe an die Schwelle vorspannt, dann un-terschreitet die normierte Anschwingzeit x_c obige Gültigkeitsgrenze $x_c = 1$ und geht schließlich gegen null. In diesem Fall erreicht schon der Verlauf $\tilde{N}(x)$ aus dem 1. Bereich den Wert $\tilde{N}(x_c) = 1$. Diese Forderung führt mit den

184

Definitionen für $A_{1,2}$ zu der transzendenten Gleichung

$$I = \frac{\tilde{I}_0 + \tilde{I}_v - 2}{\tilde{I}_0 - \tilde{I}_v} = 2 e^{-x_a/\xi} - 1 = \frac{1}{1 + \pi^2 \xi^2} (\pi^2 \xi^2 e^{-x_c/\xi} + \cos \pi x_c + \pi \xi \sin \pi x_c)$$

Die Größe I auf der einen Seite der Gleichung hängt nur von $x_a/\xi = t_a/\tau_{sp}$ ab. Alternativ läßt sich wie angegeben I auch durch die Stromwerte ausdrücken.

Obige Gleichung läßt sich nun nicht nach der gesuchten normierten Anschwingzeit auflösen. Allerdings kann man I als Funktion von x_c mit ξ als Parameter ausrechnen und umgekehrt $x_c(I)$ auftragen. Das Ergebnis zeigt Bild A1b. Für kleine ξ-Werte und $x_c \leq 1$, wie hier vorausgesetzt, entartet die Bestimmungsgleichung für x_c in $I = \cos \pi x_c$. Die Umkehrfunktion stellt in Bild A1b für $\xi = 0$ die gezeichnete arc cos-Funktion dar. Die analytische Lösung für den oben diskutierten Fall $x_c \geq 1$ liefert für diesen Sonderfall $\xi = 0$ mit $B(0) = 1$ und $x_a(\xi \to 0) = 0$ immer $x_c = 1$ und entartet somit in einen Punkt.

Die folgende Aufgabe veranschaulicht die praktische Berechnung mit Hilfe der gewonnenen Kurven.

Aufgabe 1.10

Mit den Bezeichnungen nach Aufgabe 1.9 gilt bei den gegebenen Werten

$$\tilde{I}_v = 0,9 \; ; \; \tilde{I}_0 = 1,3 \; ; \; \xi = \tau_{sp}/T_i = 0,6$$

und

$$x_a = \xi \ln \frac{\tilde{I}_0 - \tilde{I}_v}{\tilde{I}_0 - 1} = 0,173 \; .$$

Zunächst ist nicht bekannt, welcher der beiden Fälle $x_c \leq 1$ oder $x_c \geq 1$ in Bild A1 vorliegt. Unter der Annahme $x_c \geq 1$, d.h. Fall a), gilt mit $B(0,6) \approx 0,54 = x_c - x_a$ dann $x_c = 0,54 + 0,173 < 1$. Wegen des Widerspruchs war die Annahme falsch, und wir müssen mit Fall b) rechnen. Der Laser schwingt also wegen des großen Vorstromes recht schnell an.

Für Bild A1 gilt $I = 2 e^{-x_a/\xi} - 1 = 0,5$, und bei $\xi = 0,6$ dann $x_c = 0,67$.
Damit schwingt der Laser nach $t_c = 0,67\, T_i = 1,34$ ns an. Bei einem Stromsprung errechnet sich $t_a = x_a\, T_i = 0,35$ ns .

Ohne Vorstrom gilt mit $\tilde{I}_v = 0$ nach obiger Gleichung $x_a = 0,88$. Unter der
vernünftigen Annahme einer großen Verzögerung wegen des fehlenden Vorstromes gilt Fall a); hier wird mit $x_c = B(\xi = 0,6) + x_a$ dann $x_c = 0,54$
$+ 0,88 = 1,42 > 1$. Wegen $x_c > 1$ war die Annahme richtig, und die Anschwingzeit lautet $t_c = x_c\, T_i = 2,84$ ns. Bei einem Stromsprung erhielte man
$t_a = x_a\, T_i = 1,76$ ns.

Diese Zahlenbeispiele zeigen, daß sich unter praktischen Verhältnissen
bei genauerer Berücksichtigung der endlichen Stromanstiegszeit ganz andere Anschwingzeiten ergeben als man sie aus (1.79) für einen Stromsprung
errechnet.

Aufgabe 1.11

Nach (1.74) gilt für die angegebenen Zahlenwerte $A = 1,48 \cdot 10^{12}\, \tau_p/s$.
Setzt man diesen Ausdruck für A in (1.75) ein, kann durch Probieren ein
Wert τ_p gefunden werden, für den $1/\delta = 5,9$ wird. Dazu programmiert man
(1.75) auf einem Taschenrechner und findet ohne Schwierigkeiten
$\tau_p = 1,955$ ps und somit $A = 2,89$. Eine schnellere Methode zur Lösung der
Aufgabe ist nicht denkbar. Die Verwendung einer Nullstellensuche ist
nicht erforderlich und dauert, bis das Programm funktioniert, viel zu
lange.

Aufgabe 1.12

Wegen Vergütung gilt in (1.82) $r^2 \ll 1$. Mit $\alpha_A = 10^3/cm$ aus Bild 28 ergibt sich nach (1.82) $n_p = 77\ \%$.

Aufgabe 1.13

Setzt man den Ausdruck (1.94) gleich M^x, vernachlässigt $-1/M$ gegenüber 2
und löst nach k auf, ergibt sich

$$k = \frac{M^x - 2}{M - 2} \quad \text{und umgekehrt} \quad x = \frac{\ln(\, kM + 2(1-k)\,)}{\ln M} \quad .$$

Dabei wurde bei M_o der Index weggelassen. Zur Kontrolle dieser Näherung $F_e = M^x$ wollen wir Zahlenwerte für Siliziumphotodioden einsetzen. In Datenblättern findet man bei APDs mittlerer Qualität typische Werte $x = 0,3$. Für $M = 10; 20; 40; 60; 100$ errechnet man $k = -5,9\cdot10^{-4}$; 2,54 %; 2,7 %; 2,44 %; 2,02 %. Im interessierenden Bereich $M = 20 \ldots 100$ kann man in diesem Beispiel daher in grober Näherung u.U. mit einheitlichem Wert $k = 0,025$ rechnen. Für kleinere k- bzw. x-Werte versagt diese Approximation vollständig.

Insgesamt läßt sich sagen, daß die Angabe dieser x-Werte in Datenblättern ebenso wie die Spezifikation der Zusatzrauschzahl F_e für einen bestimmten Wert M unschön ist. Viel günstiger wäre die Angabe eines entsprechend angepaßten k-Wertes.

Aufgabe 1.14

1) Durch Driftverzögerung ergibt sich aus (1.99) $f_{Dr} = 2,23$ GHz.

2) Die RC-Zeitkonstante verursacht nach (1.96) $f_{RC} = 1,27$ GHz.

3) Die Diffusionsverzögerung trägt nach (1.97) mit $KT/e = 25$ mV durch $f_{Diff} = 1,54$ GHz bei.

4) Bei APD mit $M_o = 100$ liefert die Lawinenverzögerung $f_L = 1,59$ GHz.

Durch quadratische Addition der Kehrwerte der Grenzfrequenzen, was einer quadratischen Addition der Teilanstiegszeiten entspricht, findet man für PIN-Dioden mit $M_o=1$ $\quad f_{gr} = 0,897$ GHz mit $t_r = 334$ ps und für APD mit $M_o=100$ $\quad f_{gr} = 0,782$ GHz mit $t_r = 384$ ps Anstiegszeit.

Wenn es nur auf die Anstiegszeit ankommt, kann man durch geeignete Dimensionierung Werte $t_r < 50$ ps erreichen, sofern der Kapazitätswert nicht so stark beiträgt, wie es hier der Fall ist.

<u>Aufgabe 1.15</u>

a) Die Realisierung der Schaltung ist nachstehend aufgeführt. An die
Klemmen K und A sind Katode und Anode der APD anzuschließen.

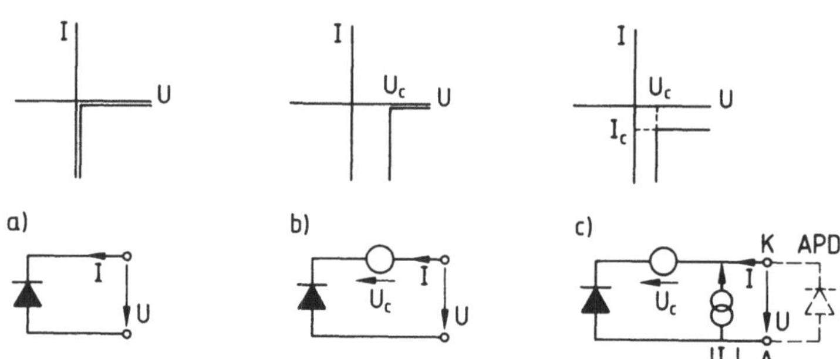

Bild A2 Realisierung einer Quelle mit Umschaltung von Konstantstrom- auf Konstantspannungsbetrieb

b) Der multiplizierte Photostrom $I_{ph} = M_0 I_0$ bei Gleichlichtempfang muß
sich jetzt gerade so einstellen, daß $I_{ph} = I_c$ = const. wird, wie es die
Quelle vorschreibt. Allerdings arbeitet man nur in diesem Kennlinienbereich, wenn die Empfangsleistung so schwach ist, daß mit $I_0 < I_c$ dann
auch $M_0 > 1$ wird. Bei großer Empfangsleistung mit $I_0 \to I_c$ stellt sich
selbsttätig eine andere Vorspannung ein, die für den richtigen Multiplikationsfaktor sorgt, der dann aber bei $I_0 = I_c$ auf den Grenzwert $M_0 = 1$
abfällt. Spätestens dann muß die Quelle von Konstantstrombetrieb auf
Konstantspannungsbetrieb umschalten. Bei APD schaltet man aber schon dann
um, wenn die Vorspannung im Bereich um 10 .. 20 V liegt und noch M_0
1 bis 5 ist. Bei zu kleiner Vorspannung werden anderenfalls die Ladungsträger nicht ordnungsgemäß ausgeräumt, und die Ansprechzeit nimmt zu.

Bei schwacher Lichtleistung gilt ohne Dunkelstrom mit $I_c = I_{ph}$

$$M_0(P_0) \quad = \frac{I_c}{I_0} \quad = \frac{I_c}{E} \cdot 1/P_0 \quad .$$

Für gegebene Empfindlichkeit E und fest eingestellten Konstantstrom I_c

188

fällt der Multiplikationsfaktor $\sim 1/P_0$ mit wachsender Empfangsleistung P_0 ab. Dieses Verhalten ist wünschenswert, da nach Kapitel 2.3 M_{opt} mit P_0 abfällt, sofern wir von einem analogen Empfänger ausgehen. Aber auch bei PCM-Empfängern liegen solche Verhältnisse vor, allerdings ist dort die erforderliche Empfangsleistung immer mehr oder weniger fest vorgegeben. Stellt man also bei einem analogen Empfänger M_0 bei geringster Empfangsleistung auf den dort geltenden Optimalwert ein, dann bleibt der Multiplikationsfaktor bei steigender Empfangsleistung zumindest in der Nähe des jeweiligen Optimalwertes. Das Optimum braucht man wegen des ohnehin größeren Störabstandes bei mehr Leistung dabei nicht zu erreichen.

Da in der Regel die Empfangsleistung klein ist, liegt dann Konstantstrombetrieb vor, und die Lawinenverstärkung ist signalabhängig. Dadurch entstehen nichtlineare Verzerrungen. Bei analogen Pulsverfahren nimmt man aber wegen des geringen Einflusses diesen Nachteil manchmal in Kauf und umgeht so die notwendige Regelung der APD-Hochspannung.

Aufgabe 1.16

Setzt man in M_0 nach (1.85) $U = U_0 - I_{ph}R_B$ ein, folgt mit $I_{ph} = M_0 I_0$

$$1/M_0 \;=\; 1 \;-\; \left[\frac{U_0 - I_0 M_0 R_B}{U_B}\right]^r \; .$$

Diese Gleichung läßt sich nicht nach M_0 auflösen. Da $M_0(I_0)$ ohnehin nur für $M_0 \gg 1$ von Interesse ist, liegt für diesen Fall die Klammer nahe bei eins. Dann gilt

$$1/M_0 \;=\; 1 \;-\; (1 + x)^r \quad \text{mit} \quad x = (U_0 - U_B - M_0 I_0 R_B)/U_B \ll 1.$$

Wegen $(1+x)^r \approx 1 + rx$ folgt $1/M_0 = -rx$. Wir erhalten durch Einsetzen von x somit eine quadratische Gleichung für M_0

$$-M_0^2 \, r \, \frac{I_0 R_B}{U_B} \;+\; M_0 \, r \, \frac{U_0 - U_B}{U_B} \;+\; 1 \;=\; 0 \; .$$

Mit $M_0 \gg (U_0 - U_B)/I_0 R_B$ ist der lineare Term in M_0 vernachlässigbar, und es gilt

$$M_0 \;=\; \sqrt{U_B \,/\, rI_0 R_B} \quad .$$

Setzt man diesen Ausdruck in (1.102) ein, folgt die gesuchte Abhängigkeit
$I_{ph} \sim \sqrt{I_0}$ bei Sättigung. Dabei muß aber $M_0 I_0 = I_{ph} \gg (U_0 - U_B)/R_B$ gelten.

Aufgabe 1.17

Mit (1.107) und (1.108) errechnet sich für $n_1 = 1,5$ in der Faser ein
maximaler Strahlwinkel $\theta_c = 8,4^0$ und ein halber Auffangwinkel $\gamma_c = 12,7^0$
außerhalb der Faser.

Aufgabe 1.18

Mit $I_\Omega \sim \cos\gamma$ als Strahlungscharakteristik gilt

$$\eta \;=\; \frac{P_F}{P_L} \;=\; \frac{\int_0^{\Omega_c} I_\Omega \, d\Omega}{\int_{\text{Halb-raum}} I_\Omega \, d\Omega} \quad .$$

Da sich der Proportionalitätsfaktor bei I_Ω herauskürzt, lautet mit $d\Omega = \sin\gamma \, d\gamma \cdot 2\pi$ im rotationssymmetrischen Fall der Koppelwirkungsgrad

$$\eta \;=\; \frac{\int_0^{\gamma_c} \cos\gamma \, \sin\gamma \, d\gamma}{\int_0^{\pi/2} \cos\gamma \, \sin\gamma \, d\gamma} \quad .$$

Das Integral liefert im Zähler mit $\frac{1}{2} d(\sin\gamma)^2 = \sin\gamma \, \cos\gamma \, d\gamma$ den Wert
$(\sin\gamma_c)^2/2$ und im Nenner $(\sin\pi/2)^2/2$. Daher wird $\eta = \sin^2\gamma_c$. Da profil-
unabhängig $NA = \sin\gamma_c$ gilt, erhalten wir bei Einstrahlung mit einer
Lambertschen Punktquelle auf der Achse immer

$$\eta \;=\; NA^2 \quad .$$

Bei einer Stufenprofilfaser bleibt nach (1.15) der Wirkungsgrad bei

größerer Leuchtfläche unverändert, bis die Quelle an der Faser vorbei -
strahlt. Im Falle der Gradientenfaser mit $\alpha \simeq 2$ werden achsversetzt eingekoppelte Strahlen zum Kernrand hin immer schlechter aufgefangen. Aus
dem Ringgebiet bei $\rho = a$ nimmt die Faser schließlich nichts mehr auf,
weil nur mit $\theta = 0$ eintretende Strahlen ausbreitungsfähig sind. Daher
fällt η für $A_L = A_F$ nach (1.15) auf $NA^2/2$ ab. Die Gradientenfaser mit
$\alpha = 2$ führt bei gleichem Frequenzparameter V auch nur halb so viel Wellen
wie die Stufenprofilfaser.

Bei Lasern erreicht man bei direkter Ankopplung ganz grob $\eta \simeq NA$; durch
besondere Abbildungsmethoden kommt man aber wegen der sehr hohen Leuchtdichte dem Idealfall $\eta = 1$ sehr nahe. Bei LED ist eine Abbildung nur
erfolgversprechend, wenn $A_L < A_F$ ist. Durch Strahlaufweitung, die dann
zulässig ist, kann man sich so eine verminderte Strahldivergenz erkaufen,
wodurch mehr Leistung in den Auffangwinkel der Faser entfällt.

<u>Aufgabe 1.19</u>

Nach (1.120) hat ein paraxialer Strahl entlang der z-Achse über die Länge
$z = L$ die Flugzeit $\tau_0 = LN/c_0$. Unter dem Winkel θ zur Achse geneigte
Strahlen benötigen eine um $1/\cos\theta$ größere Flugzeit. Damit gilt für die
Laufzeitstreuung

$$\Delta\tau_s = \tau_{max} - \tau_{min} = \tau_0\left(\frac{1}{\cos\theta} - 1\right) .$$

Setzt man für den langsamsten Strahl $\theta = \theta_c$ ein, folgt mit $\theta_c \ll 1$
$1/\cos\theta_c \simeq 1/(1-\theta_c^2/2) \simeq 1 + \theta_c^2/2$. Wegen (1.107) bekommen wir somit

$$\Delta\tau_s = \tau_0 \Delta_n .$$

Aus (1.135) erhalten wir für $\Delta\tau_s$ dasselbe Ergebnis. An der Formel ändert sich daher nichts, obwohl es sich dabei um eine zylindrische Struktur handelt. Wir wollen uns hier mit der Plausibilitätserklärung am
Beispiel der Platte begnügen. Auf die Untersuchung der genaueren Verhältnisse bei zylindrischen Wellenleitern müssen wir hier verzichten.

<u>Aufgabe 1.20</u>

Mit N = 1,5 beträgt die Grundlaufzeit über L = 10 km nach (1.120) etwa
τ_0 = 50 µs. Zunächst wurden die Impulse am Kabelende lagerichtig zu einem
Datenstrom mit $136 \cdot 10^6$ Impulse/s zusammengesetzt. Die Taktzeit beträgt
dann 7,4 ns. Nach Umschalten auf die Ersatzleitung verringert sich die
Grundlaufzeit einer Leitung um 0,1 % bzw. um 50 ns. Damit liegt der Datenstrom dieser Leitung zeitlich vollständig verkehrt. Bei der Installation
ist aus diesem Grunde in solchen Fällen durch geeignete Kabelverlängerung
für gleiche Grundlaufzeiten zu sorgen. Ein Meter Glasfaserlänge verzögert
um etwa 5 ns.

<u>Aufgabe 1.21</u>

Da sich in (1.116) in y-Richtung das Feld nicht ändert, gilt für jede Komponente von $\vec{\underline{E}}_0$, für die wir jetzt einfach E schreiben,

$$\frac{d^2E}{dx^2} + (\omega^2\mu\epsilon - \beta^2) E = 0.$$

Wegen (1.103) und (1.118) ist $\omega^2\mu\epsilon = k_{oo}^2 n^2(x)$. Mit $n_2 = n(x=a)$ und $\xi = x/a$
gilt $2\Delta_n = (n_1^2 - n_2^2)/n_1^2$ und somit

$$\frac{d^2E}{d\xi^2} + a^2 \left[k_{oo}^2 n_1^2 \left(1 - \frac{n_1^2 - n_2^2}{n_1^2} \xi^\alpha \right) - \beta^2 \right] E = 0.$$

Wir führen nun den Frequenzparameter $V = 2\pi\sqrt{n_1^2 - n_2^2}\, a/\lambda_0$ ein, der wegen
(1.118) mit $k_{oo} = \omega\sqrt{\mu_0\epsilon_0} = \omega/c_0 = 2\pi/\lambda_0$ auch in der Form $V = a\, k_{oo}\sqrt{n_1^2 - n_2^2}$
geschrieben werden kann. Verwendet man B_N nach (1.127), wird schließlich

$$\frac{d^2E}{d\xi^2} + V^2 (1 - B_N - \xi^\alpha) E = 0.$$

Im Außenbereich mit $n = n_2$ gilt

$$\frac{d^2E}{d\xi^2} + a^2 (k_{oo}^2 n_2^2 - \beta^2) E = 0 \quad \text{bzw.} \quad \frac{d^2E}{d\xi^2} - V^2 B_N E = 0.$$

Eine Lösung des Feldproblems zur Bestimmung von $B_N(V)$ erfordert zunächst
die Kenntnis der Lösungsfunktionen E; mit Hilfe der Maxwellschen Gleichungen sind dann auch noch die Tangentialkomponenten anzupassen. Die Durchführung ist hier viel zu aufwendig. Zumindest ist aber aufgrund obiger
Gleichungen einsehbar, daß man B_N als Funktion der universellen Größe V
darstellen kann. Entsprechendes gilt auch für zylindrische Wellenleiter.
Obige Gleichungen spiegeln allerdings vor, daß dieser universelle Zusammenhang $B_N(V)$ exakt existiert. Tatsächlich merkt man aber erst bei der
Bestimmung der Tangentialkomponenten aus den Maxwellschen Gleichungen,
daß noch die Brechzahlen n_1 und n_2 eingehen; genau genommen geht noch der
Quotient n_1/n_2 ein. Bei schwach führenden Wellenleitern mit $\Delta_n \approx 1\ \%$ fällt
dann aber doch dieser Parameter weg.

<u>Aufgabe 1.22</u>

Zu fordern ist in (1.130) $d\tau/df = 0$. Wir schreiben diese Gleichung in eine
Zahlenwertgleichung als Funktion der Wellenlänge λ_0 um. Bezeichnet man die
linke Seite mit $f(\lambda_0)$, gilt mit $\Delta_n = 8{,}89 \cdot 10^{-3}$ nach (1.108) und $f = c_0/\lambda_0$

$$f(\lambda_0) \;=\; \left[\frac{M}{\text{ns/THzkm}} \;+\; 0{,}148\ \frac{\lambda_0}{\mu\text{m}}\ G(V)\right] \frac{\text{ns}}{\text{THz km}} \;\overset{!}{=}\; 0,$$

mit

$$V \;=\; 2\pi\ \text{NA}\ a/\lambda_0 \;=\; \pi\ \mu\text{m}/\lambda_0 \ .$$

Durch eine Überschlagsrechnung findet man heraus, daß die gesuchte Wellenlänge im Bereich um $\lambda_0 = 1{,}4 \ldots 1{,}5\ \mu$m liegt. Zur Lösung nehmen wir daher
z.B. 3 Stützpunkte bei $\lambda_0 = 1{,}4;\ 1{,}45;\ 1{,}5\ \mu$m und bestimmen mit den entsprechenden V-Werten aus der Tabelle bei Bild 42 durch parabolische Interpolation auf einem Taschenrechner die Werte $G = 0{,}281;\ 0{,}331;\ 0{,}385$. Sodann berechnet man mit $- M = 0{,}025;\ 0{,}06;\ 0{,}1$ ns/THz km nach Bild 40 den
Wert der eckigen Klammer bei $f(\lambda_0)$ und findet für die 3 Wellenlängen die
Werte $0{,}032;\ 0{,}011;\ - 0{,}0145$. Durch erneute parabolische Interpolation
kann man durch Probieren auf dem Taschenrechner rasch die Nullstelle
$\lambda_0 = 1{,}472\ \mu$m bestimmen. Der entsprechende Wert $V = 2{,}13 < 2{,}405$ stellt
einen einwelligen Betrieb sicher.

193

Aufgabe 1.23

Zunächst bestimmen wir den Frequenzparameter V. Mit (1.110) wird V = 1,95.
Die Faser ist damit einwellig, und in (1.136) verschwindet die Laufzeitstreuung zwischen den Wellen.

Zur Bestimmung der Pulsbreite T_2 am Ausgang berechnen wir für $d\tau/df$ nach
(1.130) den Wert G(V). Durch Interpolation ergibt sich aus der Tabelle
bei Bild 42 G(1,95) = 0,509. Aus der numerischen Apertur errechnet sich
$\Delta_n = 3,2 \cdot 10^{-3}$. Bei $f = c_0/\lambda_0$ = 352,9 THz trägt der Wellenleiteranteil in
(1.130) dann mit 23,1 ps/THz km bei. Zuzüglich der Materialdispersion M
erhalten wir dann $d\tau/df = L \cdot$ 323,1 ps/THz km = 1,62 ns/THz. Setzt man in
(1.136) ein, folgt T_2 = 1,9 ns. Bei Vernachlässigung der Wellenleiterdispersion hätte man T_2 = 1,8 ns erhalten.

Aufgabe 1.24

In (1.136) gilt ohne Eigenwellenmischung $\Delta\tau_s \sim L$, also bei L = 3 km
$\Delta\tau_s = 3 \cdot 1$ ns = 3 ns. Bei der Laufzeitänderung $d\tau/df$ vernachlässigen wir
die Eigenwellendispersion und setzen $d\tau/df = M \cdot L$ = 0,84 ns/THz. Mit diesen
Werten und den angegebenen Daten errechnet sich T_2 = 18,3 ns. Der Impuls
verbreitert sich also um etwa 20 %.

Aufgabe 1.25

Nach den Regeln der Prozentrechnung gilt mit R = richtiger Wert, F = fal-
scher Wert und P = relativer Fehler bekanntlich F = R(1+P). Die relative
Laufzeitstreuung (Bezug auf Grundlaufzeit τ_0) $(\Delta\tau_s/\tau_0)_E$ möge den exakten
Wert bezeichnen. Nach (1.135) gilt dann für die fehlerbehaftete Größe

$$\frac{\alpha - 2}{\alpha + 2} \, \Delta_n = (\Delta\tau_s/\tau_0)_E \cdot K \quad \text{mit} \quad K = 1 + \frac{-1}{1+\upsilon} = \frac{\upsilon}{1+\upsilon}$$

als Korrekturfaktor und

$$\upsilon = \frac{2\,(\alpha - 2)}{\Delta_n\,(3\alpha - 2)} \quad .$$

194

Für $\alpha \to 2$ geht $\upsilon \to 0$, und es gilt somit $K = \upsilon$. Setzt man diesen Ausdruck in die erste Gleichung ein, kürzt sich $\alpha - 2$ weg, und man bekommt für $\alpha = 2$ das Ergebnis $(\Delta\tau_s/\tau_0)_E = \Delta_n^2/2$.

Aufgabe 1.26

Aus (1.135), wo man allerdings wegen $\alpha \simeq 2$ noch eine Korrektur vorzunehmen hat, errechnet sich zunächst ein Wert $\Delta\tau_s/\tau_0 = 4{,}76 \cdot 10^{-4}$. Nun müssen wir noch einen relativen Fehler $- 1/(1+\upsilon)$ mit $\upsilon = 2(\alpha-2)/\Delta_n(3\alpha-2) = 8{,}7$, also einen Fehler von $- 10{,}3\ \%$ berücksichtigen. Nach Aufgabe 1.25 lautet somit der exakte Wert $(\Delta\tau_s/\tau_0)_E = (\Delta\tau_s/\tau_0)/89{,}7\ \% = 5{,}31 \cdot 10^{-4}$.

Aufgabe 1.27

Die Linienbreite $\delta f = 10$ GHz einer Linie ergibt mit obiger Pulsverbreiterung $\delta f \cdot \tau_{rms} = 10$. Damit ist (1.139) nicht anwendbar. Da 1 dB Steckerverlust $\overline{\eta_F} = 80\ \%$ Koppelwirkungsgrad bedeuten, können wir Bild 48 b benutzen. Für obige Werte erhält man eine normierte Frequenz $V = 25{,}4$. Dem Diagramm entnimmt man mit $\tau_{rms}/\tau_c = \frac{\pi}{2}\tau_{rms}\delta f = 15{,}7$ für $N_L = 1$ axiale Eigenschwingung eine bezogene Schwankung $7 \cdot 10^{-3}$. Bei $N_L = 15$ Linien ist noch durch $\sqrt{15}$ zu teilen, und man bekommt

$$\frac{\sqrt{\overline{\eta_F^2} - \overline{\eta_F}^2}}{\overline{\eta_F}} = 1{,}8 \cdot 10^{-3} .$$

An einer Photodiode bedeuten diese Leistungsschwankungen nun Stromschwankungen von $1{,}8 \cdot 10^{-3}$. Das relative Intensitätsrauschen lautet dann, wenn man auf den Photogleichstrom bezieht,

$$\text{RIN} = 10\log\frac{\overline{\eta_F^2} - \overline{\eta_F}^2}{(\overline{\eta_F})^2} = - 27{,}4\ \text{dB}.$$

Bei einer Trägerwelle, die um den Photostrom I_0 mit dem Modulations - index m aussteuert, können wir aus RIN den Trägerstörabstand $(S/N)_{st}$ des Steckers berechnen. Anstelle des Bezugswertes I_0 ist nun der Effektivwert $(mI_0/\sqrt{2})$ der Trägerschwingung zu setzen. Damit wird

$$(S/N)_{st} = - 2\,\text{RIN} - 20\log(\sqrt{2}/m).$$

Die negativen Vorzeichen erhalten wir wegen der Kehrwertbildung beim Übergang von RIN auf den Störabstand und den Faktor zwei, weil der Photostrom
proportional zur Lichtleistung ist. Für den typischen Wert m = 0,7 ergibt
sich ein Trägerstörabstand durch Rauschen am Stecker von $(S/N)_{st}$ = 48,8 dB.

Bei analogen Übertragungsstrecken mit Signalübertragung im Basisband (IM)
erfährt nun die Signalschwingung diesen Störabstand. Der Stecker trägt
also auf unangenehme Weise zum Rauschen bei, das in den meisten Fällen
dann nicht vernachlässigbar klein ist. Aber schon bei FM wird nur die
Trägerwelle gestört, die nach den Ausführungen des Kapitels 2 viel stärker verrauscht sein darf. Dann spielt der Effekt dieses Beispiels keine
Rolle mehr. Bei axial einwelligen Lasern kann sich aber die Situation
schon wieder ändern.

Aufgabe 2.1

Da in $v = v_0/(1 + Q(j\omega))$ einfach $Q = jf/f_A$ gilt, können wir direkt von
(2.5) ausgehen und aus (2.3) und (2.4) die Parameter bestimmen. Für
$R_0 \gg R_f$ gilt

$$R'_{of} \simeq R_f/1+v_0 = 1,61 \text{ K}\Omega; \quad R_{of} \simeq R_f = 50 \text{ K}\Omega;$$

$$\tau_v = 5 \cdot 10^{-9} \text{ s} \quad ; \quad \tau_{of} = 1,05 \cdot 10^{-7} \text{ s} .$$

In (2.5) erhält man

$$\tau_A = \frac{1}{2\pi f_A} = \begin{cases} 6,37 \text{ ns} \\ 3,18 \text{ ns} \\ 2 \quad \text{ns} \\ 0 \end{cases} ; \quad f_a = \frac{\omega_a}{2\pi} = \begin{cases} 34,3 \text{ MHz} & 25 \text{ MHz} \\ 48,4 \text{ MHz} & 50 \text{ MHz} \\ 61,2 \text{ MHz} & 80 \text{ MHz} \\ \infty & \infty \end{cases} \quad f_A =$$

und somit

$$A(jf) = 1 - (f/f_a)^2 + j\delta \, f/f_a \quad \text{mit} \quad \delta = \begin{cases} 1,12 & 25 \text{ MHz} \\ 1,55 & 50 \text{ MHz} \\ 1,95 & 80 \text{ MHz} \\ - & \infty \end{cases}$$

bzw.

$$A(jf) = 1 + j \, f/31,9 \text{ MHz} \quad \text{für } f_A \rightarrow \infty .$$

Der Amplitudengang $20\log|A|$ ist in Bild A 3 für die verschiedenen Grenz-
frequenzen f_A des inneren Verstärkers angegeben. Die Diskussion ist mit
Gegenstand der folgenden Aufgaben.

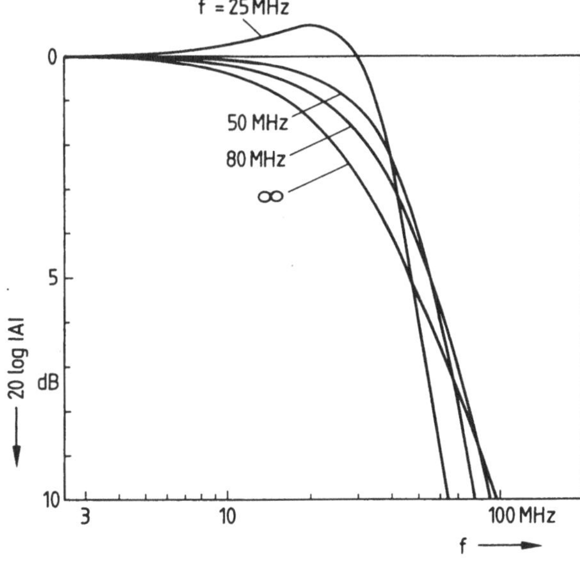

Bild A3
Normierter Frequenzgang eines
Transimpedanzverstärkers für ver-
schiedene Grenzfrequenzen f_A des
inneren Verstärkers (Daten nach
Aufgabe 2.1)

Aufgabe 2.2

Setzt man mit den Bezeichnungen von Aufgabe 2.1 $A = a + jb$, hat A das
Phasenmaß $\varphi = \arctan b/a$, das die Phasendrehung zwischen $\underline{I}_{ph}$ und $\underline{U}_2$ in
Bild 50 beschreibt. Die Gruppenlaufzeit lautet dann mit der Abkürzung
$c = b/a$

$$\tau = \frac{d\varphi}{d\omega} = \frac{dc/d\omega}{1 + c^2} = \frac{a^2\frac{dc}{d\omega}}{a^2+b^2} = \frac{1}{|A|^2}\left(a\,\frac{db}{d\omega} - b\,\frac{da}{d\omega}\right) \quad .$$

Außer für $f_A \to \infty$ gilt $a = 1 - (f/f_a)^2$ und $b = \delta\, f/f_a$. Setzt man ein, folgt

$$\tau = \frac{\delta}{2\pi\, f_a\, |A|^2}\left[1 + (f/f_a)^2\right] \quad ,$$

oder mit $A(0) = 1$

$$\frac{\tau(f)}{\tau(0)} = \frac{1 + (f/f_a)^2}{|A|^2} \quad \text{wobei} \quad \tau(0) = \frac{\delta}{2\pi\, f_a} = \begin{cases} 5{,}2 \text{ ns} & 25 \text{ MHz} \\ 5{,}1 \text{ ns} & 50 \text{ MHz} \\ 5{,}1 \text{ ns} & 80 \text{ MHz} \end{cases} f_A=$$

ist. Für $f_A \to \infty$ wird nach Aufgabe 2.1 mit $a = 1$ und $b = f/31{,}9$ MHz

$$\frac{\tau(f)}{\tau(0)} = \frac{1}{|A|^2} \quad \text{mit} \quad \tau(0) = \frac{1}{2\pi\, 31{,}9 \text{ MHz}} = 5 \text{ ns.}$$

Wir setzen nun an der Bandkante bei $f = 40$ MHz für die Dämpfung $d = 10\log|A|^2$ und für die Laufzeitverzerrungen $\Delta\tau = \tau(40 \text{ MHz}) - \tau(0)$ Zahlenwerte ein und finden

$$\Delta\tau;\ d = \begin{cases} 1{,}49 \text{ ns} &;& 2{,}64 \text{ dB} & \text{für}\quad f_A = 25 \text{ MHz} \\ -0{,}17 \text{ ns} &;& 2{,}4 \text{ dB} && 50 \text{ MHz} \\ -1{,}37 \text{ ns} &;& 2{,}9 \text{ dB} && 80 \text{ MHz} \\ -3{,}1 \text{ ns} &;& 4{,}1 \text{ dB} && \infty \end{cases} \quad .$$

Es ist hiernach gar nicht sinnvoll, einen inneren Verstärker mit möglichst
großer Grenzfrequenz f_A zu realisieren. In diesem Fall findet man bei
$f_A \simeq 50$ MHz eine etwa um den Faktor 20 geringere Gruppenlaufzeitverzerrung
und eine um bald den Faktor zwei geringere Dämpfung. Die interne Verzögerung durch $Q \neq 0$ bewirkt nämlich eine gewisse Frequenzgangkorrektur.

Die normierten Bauelementewerte können wir für gegebenes $a_1 = \omega_s \tau_v$, wobei $f_s = \omega_s/2\pi = 40$ MHz ist, direkt (2.11) entnehmen. Nach Aufgabe 2.1 ist $\tau_v = 5 \cdot 10^{-9}$s bzw. $f_v = 31,8$ MHz, und wir müssen die Grenzfrequenz um den Faktor $a_1 = f_s/f_v = 1,257$ hinausschieben. Damit ergibt sich aus (2.11) $\ell = 0,158$; $c = 5,09$; $r_1 = 0,247$. Durch Entnormierung finden wir mit $r_2 = 1$ und $R_2 = 470\ \Omega$ die Werte

$$R_1 \; = \; r_1 R_2 \; = \; 116\ \Omega\ ; \qquad L \; = \; \ell R_2/\omega_s \; = \; 0,295\ \mu H\ ;$$

$$C \; = \; c/\omega_s R_2 \; = \; 43,1\ \text{pF}\ .$$

Das Übertragungsverhalten $A(j\omega)$ nach (2.3) des Verstärkers ist jetzt mit Entzerrung auf das Verhalten $D_{ges}(p)$ nach (2.6) mit $D_{ges} = p^2 + \sqrt{2}\,p + 1$ gebracht worden. Das Betragsquadrat liefert mit $p = j\Omega = j\ f/f_s$

$$|D_{ges}|^2 \; = \; 1 \; + \; (f/f_s)^4\ .$$

Für $f = 20$; 30; 40; 60 MHz errechnen sich mit $f_s = 40$ MHz Dämpfungswerte $10\ \log|D_{ges}|^2 = 0,26$; $1,2$; 3; $7,8$ dB. Diese Kurve verläuft ganz ähnlich wie die Kurve in Bild A 3 für $f_A = 50$ MHz, allerdings ist die Dämpfung im Sperrbereich etwas größer. Die Kurve für $f_A = 25$ MHz zeigt im übrigen qualitativ ein Verhalten wie ein Tschebyscheff-Filter 2. Ordnung.

Diese Ausführungen zeigen, daß sich unter Berücksichtigung der praktischen Verhältnisse mit endlicher Grenzfrequenz f_A des inneren Verstärkers letztlich deutlich veränderte Übertragungseigenschaften der Vorverstärkung ergeben. Die endliche Grenzfrequenz f_A wirkt sich dabei u.U. sogar positiv aus.

Aufgabe 2.4

Die Systembandbreite B_s gibt die Breite des Frequenzbandes von 0 bis f_s an, wobei f_s die 3- dB-Grenzfrequenz nach Entzerrung ist. Für den Fall ohne Entzerrung lesen wir aus Bild A 3 für $f_A = \infty$; 80; 50; 25 MHz dann $B_s = f_s = 32$; 41; 44; 41 MHz ab. Mit Entzerrung war $B_s = f_s = 40$ MHz vorgegeben.

Bei einem RZ-Signal stellt nach Bild A 4
die III.. -Folge, und bei einem NRZ-Signal
die OIOI.. -Folge den jeweils ungünstig -
sten Fall dar. Dieselbe harmonische Schwingung der Frequenz $f = 1/T_0$ beinhaltet dann
$R = 2/T_0$ Zeichen pro sek. bei NRZ- und
$R = 1/T_0$ Zeichen pro sek. bei RZ-Signalen.
Die Frequenz der Schwingung kann gerade bis
zur Systembandbreite $f = B_s$ anwachsen, denn
an dieser Stelle ergibt der 3-dB-Abfall einen Amplitudenabfall auf $1/\sqrt{2}$. Somit gilt

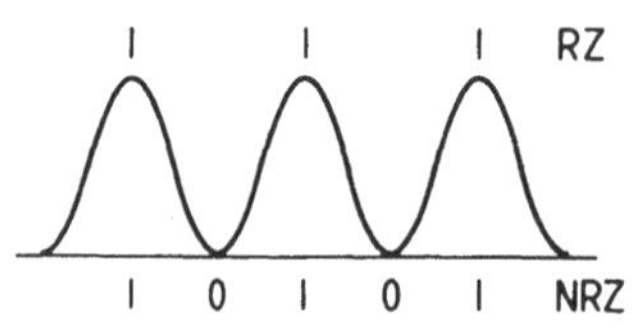

Bild A4 RZ- und NRZ-Signale

unter der gegebenen Voraussetzung für den Abfall des Hubes bei ungünstig-
ster Bitfolge

$$B_s = \begin{cases} R & \text{für RZ-Signale} \quad \text{(ohne Tiefpaßfilter)} \\ R/2 & \text{für NRZ-Signale .} \end{cases}$$

In diesem Sinne gilt (2.12) dann zunächst nur für NRZ-Signale. Da man
aber bei PCM-Empfängern für die optische Nachrichtentechnik die Impulsfolge $i_E(t)$ bis zum Entscheidereingang immer so entzerrt wie es in Bild 65
und 66 gezeichnet ist, liegen doch wieder Verhältnisse wie bei NRZ-Signa-
len vor. Damit gilt dann in beiden Fällen (2.12).

Die maximal mögliche Dynamik des Empfängers erzielt man dann, wenn der
Vorverstärker schon ohne Entzerrung die Bandbreite B_s aufweist. Im anderen
Fall ist der Frequenzgang durch den Entzerrer anzuheben, wodurch die Dynamik zunehmend eingeschränkt wird. Welche Vorverstärkerbandbreite man bei
gegebener Systembandbreite B_s letztlich realisert, hängt u.a. von der erforderlichen Dynamik ab.

Gleichung (2.6) gibt den Zusammenhang zwischen $\underline{U}_3$ und $\underline{I}_{ph}$ in Bild 53 an.
Da der äquivalente Rauschstrom $I_{\ddot{a}}$ parallel zur Photodiode liegt, tritt
ohne Signal an die Stelle von $\underline{I}_{ph}$ der Rauschstrom $I_{\ddot{a}}$, und wir messen an-

stelle von $\underline{U}_3$ die Rauschspannung U_{3r}. Allerdings ist hierbei zu berücksichtigen, daß wegen unseres Ansatzes mit $D_{ges}(p=0) = 1$ und (2.3) die Verstärkung v_E des Entzerrers bei tiefen Frequenzen bislang auf eins gesetzt wurde. Der Verstärkungsfaktor $v_E > 1$ muß jetzt als Faktor berücksichtigt werden.

Mit $|\underline{I}_{ph}|^2 \rightarrow I_{\ddot{a}}^2$ und $|\underline{U}_3|^2 \rightarrow U_{3r}^2$ ergibt sich aus (2.6) für $v_E = 1$

$$\frac{dU_{3r}^2}{df} = \frac{v_o^2 \, R_{of}^{'2}}{|D_{ges}|^2} \, \frac{dI_{\ddot{a}}^2}{df}$$

und mit $|D_{ges}|^2 = 1 + (f/B_s)^4$ nach Aufgabe 2.3 und $dI_{\ddot{a}}^2/df$ nach (2.29) unter Berücksichtigung von $v_E > 1$

$$\frac{dU_{3r}^2}{df} = v_E^2 \, v_o^2 \, R_{of}^{'2} \, \frac{a + bf^2}{1 + \left(\dfrac{f}{B_s}\right)^4} \quad .$$

Wegen $R_{of}^{'} \simeq R_f/v_o$ gilt schließlich

$$\sqrt{\frac{dU_{3r}^2}{df}} = v_E \, R_f \, \sqrt{a} \, \sqrt{\frac{1 + \dfrac{b}{a} B_s^2 (f/B_s)^2}{1 + (f/B_s)^4}} \quad .$$

Setzt man die gegebenen Zahlenwerte in (2.31) bis (2.33) ein, folgt mit $C_t = 2{,}2$ pF nach Gleichung (2.32) und $4KT/e \simeq 0{,}1$ V bei Raumtemperatur

$$\sqrt{\frac{dU_{3r}^2}{df}} = 0{,}85 \, \frac{\mu V}{\sqrt{Hz}} \, \sqrt{\frac{1 + 1{,}83 \, (f/B_s)^2}{1 + (f/B_s)^4}} \quad ; \quad B_s = 40 \text{ MHz}$$

Nach Entzerrung wirkt das Spektrum recht geglättet: bis zur Bandgrenze $f = B_s$ ist die Rauschleistung nur um 1,5 dB angestiegen. Wegen des 3 dB-Signalabfalls ergibt sich gegenüber den Verhältnissen bei f=0 dann aber

doch ein Abstand von 4,5 dB. Für noch größere Frequenzen fällt die Rauschleistung dann schließlich $\sim 1/B_S^2$ ab. Bei f = 32 MHz erreicht das Spektrum
mit 1,9 dB Überhöhung seinen Maximalwert mit einer Rauschspannung von
1,05 μV/$\sqrt{\text{Hz}}$.

Zur praktischen Bestimmung der Koeffizienten a,b könnte man umgekehrt
an zwei Stellen das Spektrum messen. Für f = 0 folgt a, z.B. in der Nähe
der Bandgrenze könnte man mit einer zweiten Messung b/a ermitteln. Dabei
ist nicht unbedingt eine Entzerrung auf Potenzfilterverlauf bei gleichzeitig idealem Verstärker mit $f_A \rightarrow \infty$ erforderlich, wie es diese Rechnung
voraussetzt. Nach Aufgabe 2.3 weist ein realer Verstärker mit endlicher
Grenzfrequenz einen u.U. ähnlichen Frequenzgang auf, wenn f_A geeignet gewählt wird. Eine überschlägige Bestimmung der Koeffizienten ist so in jedem Falle möglich.

Ganz allgemein ist anzumerken, daß das quadratisch ansteigende Rauschspektrum unter weniger idealen Bedingungen für die Kapazitäten zu einem
viel stärkeren Rauschanstieg bis zur Systemgrenze B_S geführt hätte. Insofern ist die Vorstellung, daß der kapazitive Einfluß in der Praxis
vielleicht doch keine so große Rolle spielt, absolut falsch. Dieser Eindruck kann bei Messungen aber leicht entstehen, weil das Rauschspektrum
nach Entzerrung so geglättet ist. (vergl. Aufgabe 2.15)

<u>Aufgabe 2.7</u>

Zu berechnen ist zunächst der Parameter δ_f nach (2.33), der die Lage des
HF-Bandes angibt. Im Fall a) gilt f_0 = 20 MHz für die Bandmittenfrequenz,
$B_H = B_S$ = 40 MHz und somit δ_f = 1, im Fall b) mit f_0 = 30 MHz und B_H =
10 MHz dagegen δ_f = 27,25. Für (2.30) lesen wir aus dem gegebenen Rauschspektrum die Koeffizienten

$$a = 3,2\cdot 10^{-25}\ \frac{A^2}{Hz} \quad\text{und}\quad b = 3,66\cdot 10^{-40}\ \frac{A^2}{Hz^3}$$

ab und errechnen aus (2.30) $\sqrt{\overline{I_{\ddot{a}g}^2}}$ = 4,5 bzw. 2,6 nA für die Fälle a)
und b).

<u>Aufgabe 2.8</u>

Bei dI_n^2 nach (2.47) steht "0" für den Beitrag des 3. Terms in (2.41), also $a_3 U_b a_3^* U_b^* = |a_3|^2 |U_b|^2$. Mit $|U_b|^2 = 4KTdf\ r_b$ und a_3 nach (2.42) wurde somit in der eckigen Klammer von (2.47) der Term $r_b/|\alpha|^2 R_p$ vernachlässigt, der wegen $r_b \ll R_p$ und $\alpha \approx 1$ klein gegen den 2. Term bleibt. In (2.48) wurde entsprechend mit $|b_2|^2 |U_p|^2 = |b_2|^2 4KTdf\ R_p$ der 2. Summand $|b_2|^2 R_p$ weggelassen, was wegen (2.44) für $(1-\alpha)r_b, Z_E \ll R_p$ gerechtfertigt ist.

<u>Aufgabe 2.9</u>

Bei tiefen Frequenzen gilt in (2.54) und (2.34) $A_f(f=0) = 1$. Mit $\alpha = 1$ erhalten wir aus (2.54)

$$Y_k = \frac{r_b + r_E}{2\beta_0 r_E r_b + \beta_0 r_E^2 + r_b^2 + r_E^2 + 2r_b r_E} \ .$$

Im Nenner sind wegen $\beta_0 \gg 1$ die letzten beiden Terme vernachlässigbar, und man erhält

$$Y_k = \frac{r_b + r_E}{r_b^2 + 2\beta_0 r_E r_b + \beta_0 r_E^2} \quad \xrightarrow{r_b \ll r_E} \quad \frac{1}{\beta_0 r_E} \ .$$

Mit $R_p \to \infty$ ist für die Berechnung des Korrelationsfaktors nach (2.55) im Nenner nur noch die Wurzel zu ziehen:

$$\gamma = \frac{r_b + r_E}{\sqrt{r_b^2 + 2\beta_0 r_E r_b + \beta_0 r_E^2}} \quad \xrightarrow{r_b \ll r_E} \quad \frac{1}{\sqrt{\beta_0}} \ll 1 \ .$$

Im angegebenen Sonderfall $r_b \ll r_E$ ist der Korrelationsleitwert mit dem Eingangswiderstand identisch, und der Korrelationsfaktor γ ist sehr klein. Bei HF-Transistoren liegt dagegen eher der umgekehrte Fall $r_b \gg r_E$ vor, der aber auch ebenso bei Transistoren für NF-Anwendungen vorkommen kann.

Aufgabe 2.10

Die Tatsache, daß die Rauschzahl ohne Nennung des Generatorwiderstandes
angegeben wird, macht die Spezifikation wertlos. Gemessen wurde wohl eine
spektrale Rauschzahl, bei der man in (2.58) immer nur die Beiträge eines
schmalen Frequenzbandes df bei f_0 = 10 bzw. 100 MHz betrachtet. Die Breite
df kürzt sich in (2.58) dann heraus.

Aufgabe 2.11

Nach (2.47) gilt mit A_f = 1 und α = 1

$$\frac{dI_n^2}{df} = 4KT \left[\frac{1}{2\beta_0 r_E} + \frac{1}{R_p} \right]$$

und mit (2.35)

$$\frac{dI_n^2}{df} = 2e \frac{I_E}{\beta_0} + 4KT/R_p \ .$$

Die Quelle I_n gibt somit das Schrotrauschen des Basisstromes I_E/β_0 und
das Wärmerauschen von R_p an. Aus (2.48) erhalten wir mit $\alpha \simeq 1$ und $Z_E = r_E$

$$\frac{dU_n^2}{df} = 4KT \left[r_b + \frac{r_E}{2} + \frac{(r_b+r_E)^2}{2\beta_0 r_E} \right] \ .$$

Wenn nur r_b und r_E von gleicher Ordnung sind, gilt mit $\beta_0 \gg 1$

$$\frac{dU_n^2}{df} \simeq 4KT \left[r_b + \frac{r_E}{2} \right] = 4KT \, r_b + 2e \, I_E r_E^2 \ .$$

Unter dieser Bedingung, die keineswegs immer erfüllt ist, enthält U_n nur
das Wärmerauschen von r_b und den Spannungsabfall des Schrotrauschstromes
von I_E an r_E. Dieser Beitrag wirkt ebenso wie thermisches Rauschen eines
Widerstandes $r_E/2$.

Aufgabe 2.12

Zur Messung der Rauschgrößen U_n und I_n des Rauschvierpols nach Bild 55 a,
der einem biploaren Transistor vorgeschaltet ist, steuert man an den
Klemmen 1 einmal mit einer sehr hochohmigen Rauschstromquelle und dann
mit einer ganz niederohmigen Rauschspannungsquelle an. Die geeichten Quellen stellt man dann so ein, bis sich am Ausgang die Rauschleistung jeweils
um 3 dB erhöht hat. Dann hat man die Rauschgrößen nur noch abzulesen. Die
Messungen sind zur Bestimmung des Spektrums punktweise für ein schmales
Band durchzuführen. Die Korrelation läßt sich nicht so einfach ermitteln.

Aufgabe 2.13

Mit I_E = 5 mA gilt nach (2.35) r_E = 5 Ω. Durch Einsetzen aller Werte in
(2.86) wird P^+ = 1,66. Mit P^+ = P in (2.81) ergibt sich R_u = 166 Ω. Die
totale Kapazität folgt mit P $\rightarrow$ P^+ aus den Gleichungen (2.32),(2.81) zu C_t=
1,9 pF. Unter Vernachlässigung von R_k errechnet sich aus (2.30) und (2.31)
mit δ_f = 1 nun $\sqrt{I_{äg}^2}$ = 12,6 nA. Verglichen mit dem Wert von 11,5 nA für
die Kaskode finden wir bei der Schaltung nach Bild 58 also keinen so
großen Unterschied. Die Kaskode rauscht in diesem Beispiel um $20\log\dfrac{12,6}{11,5}$ =
0,8 dB weniger.

Aufgabe 2.14

Zur Bestimmung von I_e bilden wir in Bild 55a bei 1' den Ersatzzweipol nach
links und finden mit Y_g = $1/R_g$

$$I_e = I_n + U_n/R_g.$$

Ignoriert man die Korrelation zwischen I_n und U_n, dann gilt ("0" heißt
ohne Korrelation)

$$\overline{|I_{eo}|^2} = \overline{|I_n|^2} + \frac{1}{R_g^2}\,\overline{|U_n|^2}.$$

Unter Berücksichtigung der Korrelation erhalten wir andererseits

$$\overline{|I_e|^2} = = \overline{|I_n|^2} + \frac{1}{R_g^2}\overline{|U_n|^2} + \frac{1}{R_g}\left(\overline{I_nU_n^*} + \overline{I_n^*U_n}\right).$$

Wegen $\overline{I_n^*U_n} = \left(\overline{I_nU_n^*}\right)^* = (jK)^* = -jK$ entfällt der die Korrelation beschreibende Klammerausdruck.

Bei FET-Verstärkern ganz ohne Rückkopplung R_f in Bild 50 braucht man dann gar nicht mit dem Rauschvierpol nach Bild 55 b zu rechnen, sondern kann gleich von den Quellen U_n, I_n nach Bild 55 a ausgehen und deren Korrelation zur Bestimmung des äquivalenten Rauschstromquadrates einfach ignorieren. Dabei entsteht dann kein Fehler. Die sich nach (2.3) und (2.4) ergebenden Grenzfrequenzen bei $R_f \to \infty$ gestatten aber selbst bei starker Entzerrung nur Systembandbreiten, die in der optischen Nachrichtentechnik als gering bezeichnet werden müssen. Wegen der gleichzeitig geringen Dynamik solcher Verstärker mit hochohmigem Eingangswiderstand zieht man die Gegenkopplung vor und nimmt das Rauschen von R_f in Kauf. Insbesondere bei hoher Verstärkerbandbreite dominiert ohnehin meistens der kapazitive Einfluß, der in (2.31) durch den Koeffizienten b beschrieben wird. Gegengekoppelte Verstärker rauschen dann nicht stärker als hochohmige Vorverstärker.

<u>Aufgabe 2.15</u>

Durch Einsetzen in (2.81) findet man $C_i = 2{,}17$ pF; $C_k = 6{,}25$ pF und $R_u = 240\ \Omega$. Bei Raumtemperatur erhält man aus (2.31) dann die Koeffizienten a $= 3{,}2 \cdot 10^{-25}$ A^2/Hz und b $= 4{,}6 \cdot 10^{-38}$ A^2/Hz^3. Mit $B_H = 100$ MHz und $\delta_f = 1$ ergibt (2.30)

$$\overline{|I_{\ddot{a}g}|^2} = \left(3{,}2 \cdot 10^{-17} + 1{,}53 \cdot 10^{-14}\right) \text{A}^2 \,,$$

also $\sqrt{\overline{I_{\ddot{a}g}^2}} = 124$ nA. Das Rauschspektrum ist bei 100 MHz schon so rapide angestiegen, daß der Koeffizienten a mit dem Rauschen von R_f unbedeutend wird. Gegenüber einem Rauschstrom von 11,5 nA nach Kapitel 2.2.5 bei integrierter Technik liegt man nun um mehr als 20 dB im Rauschen darüber. Der Bipolartransistorverstärker mit 65,4 nA Rauschstrom ist jetzt schon um ca. 6 dB rauschärmer. Da in (2.91) ein optimales r_E und damit ein optimaler Emitterstrom I_E existiert, ist der Vorteil noch größer.

Bipolartransistorverstärker zeigen also gegenüber den schwach rauschenden
integrierten FET-Verstärkern erst oberhalb von 100 MHz Vorteile. FET- Verstärker in diskreter Bauweise rauschen so viel stärker, daß schon oberhalb
von einigen 10 MHz Bipolartransistorverstärker günstiger sind.

Aufgabe 2.16

Wegen des ansteigenden Rauschspektrums ist der letzte Kanal bezüglich des
Rauschens zu untersuchen. Die Trägerfrequenz liegt bei ESB-AM nicht in der
Mitte des Intervalls B_H, wie für (2.26) angenommen, sondern an der Kante.
Da die Differenz nur 2,5 MHz ausmacht, spielt dieser Unterschied kaum ei-
ne Rolle. Damit müssen wir nicht die Gleichung (2.108) zur Bestimmung des
Trägerstörabstandes auswerten, sondern können gleich mit Bild 63 b arbei -
ten. Bei einem Videostörabstand von 45 dB benötigen wir bei 1-Kanalübertra-
gung $(S/N)_{ESB-AM}=(45-6)dB = 39$ dB, und bei 3-Kanalübertragung 4,8 dB mehr.
Die erforderliche Empfangsleistung beträgt mit $S_c/N_c = 43,8$ dB nach (2.110)
bei $B_H=B= 5$ MHz in Bild 63 b für Lawinendioden ca. -31 dBm und für PIN -
Photodioden ca. - 29 dBm.

Der Störabstands- bzw. Empfindlichkeitsvorteil durch Verwendung von APD
lohnt im allgemeinen nicht den damit verbundenen Mehraufwand. Nicht nur
die Erzeugung der Hochspannung ist aufwendig und kostspielig, sondern
auch die Nachregelung der Lawinenverstärkung führt zu zusätzlichem Aufwand. Eine solche Regelung ist erforderlich, weil die Durchbruchspannung
temperaturabhängig ist. Bei einem Verstärker in diskreter Bauweise mit
viel größeren Kapazitätswerten kann das Verstärkerrauschen aber dann doch
so groß werden, daß APD einige Vorteile gegenüber PIN-Dioden aufweisen.

Aufgabe 2.17

Das Schrotrauschen des nicht multiplizierten Dunkelstromes I_D' beträgt im
HF-Band B_H $2eI_D' B_H$. Diesen Anteil kann man dem Verstärkerrauschen $\overline{I_{\ddot{a}g}^2}$
hinzuschlagen, das bei quadratischem Rauschspektrum nach (2.29) durch
(2.30) gegeben ist. In diesem Ausdruck erhöht sich damit der Koeffizient
a auf

$$a' = a + 2e\, I_D' \; .$$

Mit dieser Substitution $a \rightarrow a'$ sind wieder alle Gleichungen gültig.

<u>Aufgabe 2.18</u>

Für die angegebenen Werte errechnet sich aus (2.128) ein Faktor $p = 0,125$
der Preemphase und aus (2.138) ein minimaler Modulationsindex $\beta_m = 2$. In
dem Ausdruck (2.139) für den Störabstand gilt weiter $B_H/B = 8$. Jetzt ist
der Trägerstörabstand S_C/N_C zu bestimmen, den ein Träger bei $f_T = 5$ MHz
aufweist, wenn die Systembandbreite $B_S = 10$ MHz beträgt. So muß nämlich
der Vorverstärker aufgrund der Aufgabenstellung dimensioniert werden. Die
Bilder 63 a und b sind jetzt nicht mehr verwendbar, da die Trägerfrequenz
anders liegt. Bild 62 können wir nur entnehmen, daß man bei $B_S = 10$ MHz
mit einem Gegenkopplungswiderstand $R_f = 500$ KΩ arbeitet.

Aus (2.81) und (2.30) - (2.33) errechnet sich mit den Daten nach Bild 62
für $f_0 = f_T = 5$ MHz dann $\delta_f = 2{,}93 \cdot 10^3$ und $\sqrt{\overline{I^2_{äg}}} = 108$ pA; bei - 32 dBm
Empfangsleistung erhält man $I_0 = 315$ nA Photostrom. Aus (2.108) errechnet
sich dann $S'_Q = 1{,}49 \cdot 10^6$ und $N'_V = 0{,}72$. Damit folgt für PIN-Dioden analog
zu (2.98) die Rauschzahl

$$F_A \quad = \quad 1 \quad + \quad N'_V \quad = \quad 1{,}72$$

der Vorverstärkung und nach (2.108) ein Trägerstörabstand $S_C/N_C = 59{,}4$ dB.
Berücksichtigt man die anderen Faktoren in (2.139), ergibt sich ein Störabstand von 85 dB.

Unter solchen Bedingungen lassen sich mit einem Videokanal, der etwas brei-
ter ausgelegt ist, bequem ein oder mehrere Tonkanäle übertragen.

<u>Aufgabe 2.19</u>

Bildet man den Quotienten p/q nach (2.128) und setzt Werte ein, dann stellt
man fest, daß der Wertebereich durch $0 \leq p/q \leq 1{,}8$ gegeben ist. Ohne Preemphase gilt $p/q(0) = 0$ und mit starker Preemphase $p/q(\infty) = 1{,}8$. Ohne Preemphase weicht ε_f nach (2.136) am weitesten von eins ab, wenn f_0/B_H den
Minimalwert $1/2$ annimmt. Dann ist $\varepsilon_f = 3/4$. Mit starker Preemphase addiert
sich im Zähler noch ein Zusatzterm $(B/B_H)^2 3p/5q = 1{,}08 \,(B/B_H)^2$. Wenn wir
Schmalband-FM ausschließen, dann muß mit $\Delta f > B$ nach (2.140) $B_H > 4B$ sein.
Damit ist dieser Zusatzterm immer kleiner als $1{,}08/16$. Der ganze Quotient

in (2.136) rückt dann ganz nahe an eins heran.

<u>Aufgabe 2.20</u>

Die Fehlerwahrscheinlichkeit ist durch (2.153) gegeben und hängt nur von Q ab. Die minimale Zahl von Primärelektronen folgt aus (2.180) für $k \ll 1$, $\sqrt{Z} \gg 1$

$$N_{min} = 2 Q^2 \left[1 + \sqrt{\frac{2k}{Q}} \; Z^{1/4} \right] .$$

Für die vorgegebenen Werte k und Z kann man nun für verschiedene Q, z.B. innerhalb Q = 5,5 ... 7, aus (2.153) jeweils die Fehlerwahrscheinlichkeit P_e errechnen, die dann innerhalb $2 \cdot 10^{-8}$ ... $1,3 \cdot 10^{-12}$ liegt. Jedem Q-Wert ist dann nach obiger Gleichung ein Wert N_{min} zugeordnet. Für Q = 6 entsprechend $P_e = 10^{-9}$ ergeben sich $N_{min}(Q=6) = N_6 = 164$ Primärelektronen pro Puls. Da die Empfangsleistung proportional zu N_{min} ist, können wir uns auf N_6 beziehen und durch $10 \log N_{min}/N_6$ dB eine Pegelabweichung vom Bezugswert bei $P_e = 10^{-9}$ angeben. Das Ergebnis zeigt Bild A 5.

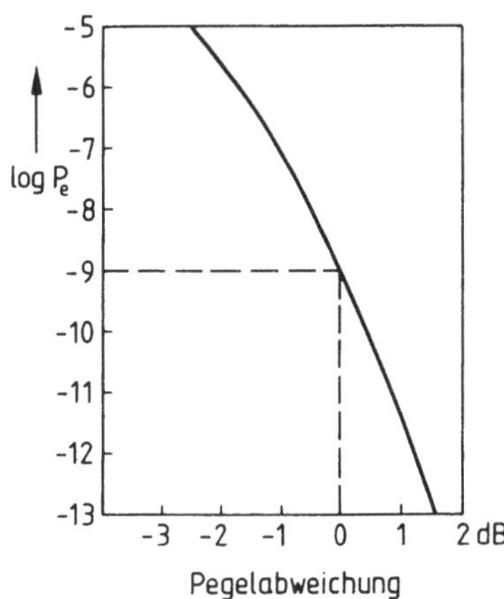

Bild A5
Fehlerwahrscheinlichkeit P_e bei Abweichung vom Bezugspegel für $P_e = 10^{-9}$: k = 0,02; $\sqrt{Z} = 250$

Wenn z.B. durch einen Leistungsabfall der Lichtquelle oder durch eine verschlechterte Steckverbindung der Pegel um 1 dB abfällt, vergrößert sich die Fehlerwahrscheinlichkeit gleich um zwei Größenordnungen. Eine Unsicherheit von $\pm$ 1 dB im Pegel, mit der man in der Praxis sicherheitshalber im-

mer rechnen muß, bedeutet in der Fehlerwahrscheinlichkeit eine Änderung um
bald 5 Größenordnungen. Vernünftigerweise darf man daher PCM-Systeme nie
so auslegen, daß man dieser außerordentlich harten Grenze zu nahe kommt.
Ganz anders als bei den analogen Verfahren gerät man sonst u.U. über diese
Grenze, und die Nachrichtenübertragung wird sehr fehlerhaft. So etwas
passiert bei den besprochenen analogen Verfahren nicht so leicht. Ein
Schwelleneffekt dieser Art existiert dort zwar ebenfalls, nur setzt er
meist erst dann ein, wenn der Störabstand schon unzulässig schlecht ist.
Schwankungen von 1 bis 2 dB in der Empfangsleistung spielen dann keine so
große Rolle, weil sich der Störabstand nur allmählich ändert.

Aufgabe 2.21

Die Zahl N von Primärelektronen folgt aus der einfachen Berechnungsregel
für (2.178). Gegenüber - 59,6 dBm ($\approx$ - 60 dBm) sind zu berücksichtigen:

$$
\begin{array}{ll}
-\ 59,6\ \text{dBm} & \text{Bezugswert} \\
-\ \ 4,7\ \text{dB} & \text{bei der Bitrate R} \\
+\ \ 0,7\ \text{dB} & \text{bei dem Quantenwirkungsgrad } \eta_p \\
+\ \ 0,7\ \text{dB} & \text{bei der Wellenlänge } \lambda_o \\
\hline
-\ 62,9\ \text{dBm} & = \text{Pegel für N = 100 Primärelektronen pro Puls}
\end{array}
$$

Da 62,9 - 58,8 dBm = 4,1 dB mehr Leistung benötigt werden, enthält eine
"I" N_{min} = 100 $\cdot$ $10^{0,41}$ = 257 Primärelektronen.

Die Gleichungen (2.179) und (2.180) können wir für k << 1, $\sqrt{Z}$ >> 1 und
Q = 6 vereinfachen:

$$M^2_{opt} = \sqrt{Z} \, / \, 3k$$

und

$$N_{min} = 72 \left[1 + \sqrt{\frac{k}{3}} \; Z^{1/4} \right].$$

Setzt man die Gleichungen ineinander ein, folgt mit M_{opt} = 81 und N_{min} =
257: $\sqrt{Z}$ = 624,4 und k = 0,0317.

Aufgabe 2.22

Da P_e die Wahrscheinlichkeit dafür ist, daß das jeweilige Zeichen, ob "0"
oder "I", falsch erkannt wird, erhalten wir bei einer Zeichenrate bzw.
Bitrate R eine Fehlerrate

$$\frac{dz_f}{dt} \;=\; R \cdot P_e$$

bzw. eine mittlere Zeitspanne

$$\Delta t \;=\; \frac{\Delta z_f}{R\,P_e} \;=\; \frac{1}{R\,P_e}$$

von Fehler zu Fehler.

Für R = 34 Mbit/s und $P_e = 10^{-9}$ wird $\Delta t \approx 30$ s. Für die Übertragung eines
Videosignals könnte man viel kürzere Zeitabstände verkraften. Dabei ist
schließlich noch zu berücksichtigen, daß man mit fehlerkorrigierenden
Kodierverfahren die Fehlerhäufigkeit weiter reduziert. Bei Verbindung von
Rechnern ist diese Fehlerwahrscheinlichkeit sicherlich zu groß, selbst
wenn man z.B. mit R = 1 Mbit/s die Zeitspanne auf $\Delta t = 1/4$ h ausgedehnt
hat.

Aufgabe 2.23

Der nicht multiplizierte Photostrom hat nun den Verlauf

$$i_0(t) \;=\; \hat{I}_0 \;\; \exp(\,-\,ct^2\,)$$

wobei mit τ als Halbwertsbreite von $i_0(t)$ die Konstante c aus der Forde -
rung $i_0(t = \tau/2) = \hat{I}_0/2$ bestimmt wird. Die Auswertung dieser Bedingung
liefert

$$\sqrt{c} \;=\; 2\,\sqrt{\ln 2}\,/\,\tau \;.$$

Unter Beachtung der jeweiligen Faktoren entnimmt man einer Tabelle die

Fouriertransformierte von $i_0(t)$

$$\underline{i}_0(f) \quad = \quad \hat{I}_0 \;\; \frac{\sqrt{\pi}}{2\sqrt{\ln 2}} \;\; \tau \;\; \exp\left[-\left[\frac{\pi}{2\sqrt{\ln 2}}\,\alpha x\right]^2\right]$$

mit

$$\alpha \quad = \quad \tau\,/\,T_0 \qquad \text{und} \qquad x \quad = \quad f\,T_0 \quad .$$

Aus (2.158) und (2.164) ergibt sich

$$\underline{i}_E(f) \quad = \quad M_0\;I_0\;\underline{h}_E(f)$$

mit $\underline{h}_E(f)$ als $\cos^2$-Spektrum. Setzt man $\underline{i}_E$ und $\underline{i}_0$ in (2.159) ein, folgt für $x \le 1$

$$\frac{1}{D(x)} \quad = \quad \cos^2 \pi\frac{x}{2} \;\cdot\; \exp\left[+\left[\frac{\pi}{2\sqrt{\ln 2}}\,\alpha x\right]^2\right] \;.$$

Im Bereich $x \ge 1$ bleibt wegen (2.157) $1/D = 0$. Bei den Bewertungsintegralen nach (2.173) und (2.174) berücksichtigen wir dies einfach, indem die Integration von $x = 0$ bis $x = 1$ erstreckt wird.

Die numerische Auswertung der Integrale mit obigem $1/D(x)$ ist in Bild 67 b angegeben. Da bei einem Diracimpuls mit $\tau,\alpha \to 0$ die zu realisierende Filterfunktion immer durch das $\cos^2$-Spektrum gegeben ist, laufen für alle Pulsformen die Kurven bei $\alpha = 0$ zusammen.

Schon für $\alpha = 0{,}25$ liegen aufeinanderfolgende Gaußimpulse derart, daß die Überlagerung recht gut einer harmonischen Schwingung der Frequenz $1/T_0$ entspricht. Allerdings addieren sich in Intervallmitte bei $t = T_0/2$ die überlappenden Pulsausläufer dann doch zu einem Wert $\hat{I}_0/8$ anstelle des Wertes null. Obwohl die Bewertungsintegrale richtig berechnet wurden, müssen wir an dieser Stelle aber eine Grenze ziehen, weil jetzt wegen der Pulsüberlappung der Übergang von (2.163) auf (2.164) nicht mehr zulässig ist. Bei nur geringer Pulsüberlappung mit $\alpha < 0{,}25$ sind die Bewertungs-

integrale von Rechteckimpulsen höchstens so groß wie die von flächenglei-
chen Gaußimpulsen. Die mittlere Zahl von Elektronen, die der äquivalente
Rauschstromgenerator pro Taktzeit T_o in die Schaltung injiziert, vermin-
dert sich bei Rechteckimpulsen dann etwas, weil diese Zahl $\sqrt{Z}$ nach (2.172)
mit kleiner werdenem $I_{2,3}$ abnimmt. Da andererseits aber N_{min} nach Bild 68
oder (2.180) nur schwach von $\sqrt{Z}$ abhängt, ist der Einfluß der Pulsform für
$\alpha < 0,25$ nicht groß.

<u>Aufgabe 2.24</u>

Nach (2.174) und (2.180) gilt für hinreichend großes $\sqrt{Z}$

$$M_{opt} = \sqrt{\frac{2}{kQ}} \; Z^{1/4}$$

und

$$N_{min} = 2 \sqrt{2k} \; Q^{3/2} \; Z^{1/4} \; .$$

Wenn wir Z eliminieren, wird

$$N_{min} = 2 k Q^2 M_{opt} \; .$$

Für $Q = 6$ entsprechend $P_e = 10^{-9}$ Fehlerwahrscheinlichkeit erhält man mit
z.B. $k = 1/2$ für Ge die Beziehung $N_{min} = 36 \, M_{opt}$. Für $M_{opt} = 18$ ergibt
sich dann $N_{min} = 648$ und $\sqrt{Z} = 486$. Setzt man umgekehrt diese Werte zur
Probe in die exakten Gleichungen (2.179) und (2.180) ein, errechnet sich
$M_{opt} = 17,97$ und $N_{min} = 683$. Die Näherung für N_{min} beinhaltet in diesem
Fall einen Fehler von 0,2 dB.

Abschließend soll die Bedeutung der Größe $\sqrt{Z}$ noch einmal kurz erläutert
werden. Nach (2.170) gilt mit $R = dB/dt$ als Zahl der Bits pro Zeiteinheit
und $\sigma_o = e \, dN_r/dt$, wobei dN_r/dt die Zahl der Rauschelektronen pro Zeiteinheit ist, die zu dem Stromeffektivwert σ_o führt,

$$e \, R \, \sqrt{Z} = e \, \frac{dN_r}{dt} = e \, \frac{dB}{dt} \, \sqrt{Z} \; .$$

Die rechte Hälfte dieser Beziehung liefert mit

$$\sqrt{Z} \quad = \quad dN_r / dB$$

die Zahl der Rauschelektronen pro Bit. Da nach (2.170) σ_0 kein Schrotrauschen enthält, das voraussetzungsgemäß bei gesendeter "0" gleich null ist, ist die Rauschursache allein das Verstärkerrauschen. Somit gibt $\sqrt{Z}$ die effektive Zahl von Elektronen an, die sich an der Stelle, wo σ_0 gemessen wird, pro Bit oder pro Taktzeit T_0 dem Impuls überlagert. Nach Bild 64 handelt es sich dabei um den Impuls $i_E(t)$ am Entscheidereingang.

Wenn also nur Nullen gesendet werden, könnte man das dann allein vorkommende Verstärkerrauschen durch eine parallel zum Entscheidereingang liegende Rauschstromquelle beschreiben, die pro Taktzeit T_0 gerade $\sqrt{Z}$ Elektronen liefert. Nach (2.144) und (2.162) hatten wir die Verstärkung zwischen multipliziertem Photostrom und Entscheidereingangsstrom i_E für $f = 0$ auf eins gesetzt. Damit ist $\sqrt{Z}$ zu vergleichen mit der mittleren Zahl von Elektronen pro Taktzeit nach Multiplikation, die photoelektrisch erzeugt wurden.

Literaturhinweise

/1/   Arnaud, J.A.   Beam and fiber optics
                             Academic Press N.Y. (1976)

/2/   Born,M. Wolf,E.   Principles of Optics
                             Pergamon Press (1980)

/3/   Casey, H.C.   Heterostructure Lasers
      Panish, M.B.   Academic Press N.Y. (1978)

/4/   Elsner, R.   Nachrichtentheorie Band 1 und 2
                             Teubner Verlag, Stuttgart (1974)

/5/   Grau, G.   Optische Nachrichtentechnik
                             Springer Verlag Berlin (1981)

/6/   Hölzler, E.   Pulstechnik Band I und II
      Holzwarth, H.   Springer Verlag Berlin (1976)

/7/   Kressel, H.   Semiconductor devices for optical communi-
                             cations, Springer Verlag Berlin (1980)

/8/   Marcuse, D.   Light Transmission optics
                             van Nostrand Reinhold Co.; N.Y. (1972)

/9/   Miller, S.E.   Optical Fiber Telecommunications
      Chynoweth, A.G.   Academic Press N.Y. (1979)

/10/ Müller, R.   Rauschen
                             Springer Verlag, Berlin (1979)

/11/ Personick, S.D.   Optical Fiber Transmission Systems
                             Plenum Press, N.Y. (1980)

/12/ Schwartz, M.   Information Transmission, Modulation and
                             Noise, Mc Graw Hill (1970)

/13/ Timmermann, C.C.   Lichtwellenleiter
                               Vieweg, Braunschweig (1981)

/14/ Unger, H.-G.   Optische Nachrichtentechnik
                               Eliteraverlag Berlin (1976)

/15/ Unger, H.-G.   Planar optical waveguides and fibres
                               Claredon Press, Oxford (1977)

/16/ Unger, H.-G.   Hochfrequenz-Halbleiterelektronik
      Harth, W.   S. Hirzel Verlag, Stuttgart (1972)

Verzeichnis der wichtigsten Formelzeichen

A	Kenngröße bei Laser
$A(j\omega)$	inverse Vorverstärkerübertragungsfunktion
$A_f(f)$	Frequenzabhängigkeit des Stromverteilungsrauschens
$A_{L,F}$	LED-Leuchtfläche, Faserkernfläche
a	Kernradius, Koeffizient des Verstärkerrauschspektrums
$a_{1..4}$	Rauschkoeffizienten bei bipolarem Transistor

B	Leuchtdichte bei LED, Signalbandbreite
$B_{12}=B_{21}$	Einsteinkoeffizient für induz. Emission und Absorption
B_p, B_p^*	Einsteinkoeffizienten, bei inhomogenem Feld mit *
B_e	1/e-Emissionsbandbreite
B_H	HF-Bandbreite
B_N	normierte Phasenkonstante
B_s	3-dB-Systembandbreite nach Entzerrung $(= f_s)$
b	Streifenbreite bei Laser, Koeffizient bei Verstärkerrauschen
$b_{1..4}$	Rauschkoeffizienten bei bipolarem Transistor

C_A	Verstärkereingangskapazität
$C_{B'E}$	Diffusionskapazität bei Transistor
C_f	parasitäre Kapazität von R_f
C_{gs}	Gate-Source-Kapazität
C_i	Kapazität nach (2.28)
C_k	Korrelationskapazität
C_{ph}	Photodiodenkapazität
C_s	Streukapazität
C_t	totale Kapazität, die für das Rauschen maßgeblich ist
C_0	$= C_A + C_{ph} + C_s$
C_0'	$= C_{ph} + C_s$
$c_{(o)}$	Lichtgeschwindigkeit (im Vakuum)
$c_{1,2}$	Parameter der Verstärkungsknickkennlinie; c_1= Abkürzung bei FM

$D(x)$	Filterverlauf nach Entzerrung bei PCM, $x=fT_0$
$D_{ges}(p)$	Filterverlauf nach Entzerrung allgemein
$D_E(p)$	Entzerrercharakteristik

D_E Entscheiderschwelle

$D_{L,V}$ Zustandsdichten

D_n Diffusionskonstante der Elektronen

d Dicke der aktiven Zone

d_D Weite der Driftzone, Sperrschicht

E Energie, Empfindlichkeit bei Photodioden

$\vec{E}$ elektrischer Feldstärkevektor

$\underline{\vec{E}}$ Phasor von $\vec{E}$

$\underline{\vec{E}}_o$ transversaler Funktionsanteil von $\vec{E}$

E_m diskreter Energiewert

e Elementarladung

F Rauschzahl

F_A Rauschzahl der Vorverstärkung

F_e Zusatzrauschfaktor bei APD

$\underline{F}_{el}$ Übertragungsfunktion von LWL in elektr. Ebene

f Frequenz

f_a Absorptionskante

f_{Diff} Grenzfrequenz durch Diffusionsverzögerung

f_{Dr} Grenzfrequenz durch Driftverzögerung

f_A Grenzfreqeunz des inneren Verstärkers

$f_{\alpha,T}$ α-Grenzfrequenz, Transitfrequenz

f_g LWL-Grenzfrequenz (optisch 3 dB, elektr. 6 dB)

f_L Grenzfrequenz durch Lawinenverzögerung

f_o Bandmittenfrequenz bei B_H, Mittenfrequenz d. Emissionslinie

f_{RC} RC-Grenzfrequenz durch Diodenkapazität

f_{12} Übergangsfrequenz

$G(V)$ Dispersionsfaktor bei LWL

$G_{n\,x,y}$ Rauschspektren bei FM

$g(f)$ Linienform

h Plancksches Wirkungsquantum

h_E Pulsverlauf nach Entzerrung

I	Strom, Stromparameter in Aufgabe 1.9
I_0	LED/Laser-Gleichstrom, Photogleichstrom
$\tilde{I}_{(o)}$	auf I_s bezogener Laser-(Gleich)-Strom
I_s	Schwellstrom
$\underline{I}$	Phasor von $\tilde{I}(t)$
$\overline{I_{\ddot{a}}}$	äquivalenter Verstärkerrauschstrom
$\overline{I_{\ddot{a}g}^2}$	äquivalentes Verstärkerrauschstromquadrat
$\overline{I_c^2}$	Stromverteilungsrauschen
$\overline{I_s^2}$	Schrotrauschen des multipl. Photo- u. Dunkelstromes
$\overline{I_e^2}$	äquivalentes Eingangsrauschstromquadrat (allgemein)
$I_{K,G}$	Kanal- und Gaterauschströme
I_E	Emittergleichstrom
I_D	Dunkelstrom (multiplizierter Anteil)
I_D'	Dunkelstrom (nicht multiplizierter Anteil)
I_{ph}	$= M\, I_0$ multiplizierter Photogleichstrom
I_n, U_n	teilkorrelierte Rauschquellen
I_v, U_v	nichtkorrelierte Rauschquellen
$I_f(f)$	Emissionsspektrum bei LED
I_Ω	Strahlungscharakteristik bei LED
$\hat{I}_E$	Pulsamplitude am Entscheider bei PCM
$i_E(t)$	Stromverlauf am Entscheider
I_v	Vorstrom bei Laser im Impulsbetrieb
$I_{2,3}$	Bewertungsintegrale bei PCM
$J_{(s)}$	(Schwell-) Stromdichte
J_ℓ	Besselfunktion ℓ-ter Ordnung
J_{nom}	nominale Stromdichte
J_{noms}	nominale Schwellstromdichte
K	Boltzmannkonstante
K_ℓ	modifizierte Hankelfunktion ℓ-ter Ordnung
k	Ionisierungsverhältnis Elektronen/Löcher
k_{oo}	Wellenzahl ebener Wellen im Vakuum
L	Resonatorlänge, Kabellänge
ℓ	Umfangsordnung der $LP_{\ell\rho}$ bzw. $EP_{\ell\rho}$-Welle

M	Materialdispersionsfaktor
$M_{(o)}$	Multiplikationsfaktor (bei Gleichstrom)
M_{opt}	optimaler Multiplikationsfaktor
m	Photonenzahl
m	IM-Modulationsindex, Modulationsindex der Trägerwelle
$\bar{m}$	mittlere Photonenzahl einer Eigenschwingung bei Wärmestr.
m^*	fiktiver Modulationsindex bei FM
m_{AM}	AM-Modulationsindex
N	Gruppenindex, Primärelektronenzahl pro Puls bei PCM
NA	numerische Apertur
$\tilde{N}_{(o)}$	normierte Elektronendichte (für Gleichstrom)
$\underline{N}$	Phasor von $\tilde{N}(t)$
N_F	Zahl der Fasereigenwellen
N_L	Zahl der axialen Eigenschwingungen des Lasers
N_v	normiertes Verstärkerrauschen bei analogem Empfänger
n	Brechzahl
$n_{1,2}$	Besetzungsdichten im Zustand "1" und "2"
$n_{1,2}$	Brechzahlen von Kern und Mantel
n_{2s}	Schwellwert von n_2
n_L	Elektronendichte im LB
$P_{(o)}$	(Gleichlicht-) Leistung
P_i	innere LED-Leistung
P_a	abgestrahlte LED-Leistung
P_{ab}	abgestrahlte Laserleistung
$\tilde{p}$	Photonenzahl einer Eigenschwingung
p	$= \tilde{p}/V_k$ Photonendichte
$\tilde{P}_{(o)}$	normierte Photonendichte (für Gleichstrom)
$\underline{P}$	Phasor von $\tilde{P}(t)$
P	FET-Rauschparameter
P',P^+	FET-Verstärkerrauschparameter
P_F	Leistung in der Faser
P_e	Fehlerwahrscheinlichkeit bei PCM
P_r	verfügbare Wärmerauschleistung
p	komplexe, auf ω_s normierte Frequenz
p_v	Löcherdichte im VB
p,q	Preemphaseparameter

Q	Schwellenparameter bei PCM, FET-Rauschparameter
$Q(j\omega)$	Frequenzgangabfall bei innerem Verstärker
R	Bitrate, FET-Rauschparameter
$R_{p,E}$	Gegenkopplungswiderstände bei bipolarem Transistor
R_f	Gegenkopplungswiderstand bei Transimpedanzverstärker
R_o	Vorwiderstand für Photodiode
R_g	Generatorwiderstand
R_k	Korrelationswiderstand
$R_{u,i}$	äquivalente Rauschwiderstände
$Re(..)$	Realteil von (..)
RIN	relatives Intensitätsrauschen
r	Exponent für Durchbruch bei APD
r^2	Leistungsreflexionsfaktor ebener Wellen
r_b	Basisbahnwiderstand
r_E	Basis-Emitter-Diodenwiderstand
r_e	$R_E + r_E/2$
S	Strahldichte bzw. Poyntingvektor (Betrag davon)
S	FET-Steilheit
S/N	Signal/Rauschverhältnis = Störabstand
S/N_{IM}	Störabstand bei IM
S_c/N_c	Trägerstörabstand
S_Q	maximaler, durch Schrotrauschen begrenzter Störabstand
S_R	Rauschanteil in der Strahldichte $S(z)$
T	absolute Temperatur
$T_{1,2}$	1/e- Impulsbreiten am LWL- Eingang und Ausgang
T_o	Pulswiederholzeit, Taktzeit
T_i	0 .. 100 % Stromanstiegszeit bei cos-Flanke
t	Zeitvariable
t_a	Anschwingzeit bei Laser für Stromsprung
t_c	Anschwingzeit bei Laser für cos-Stromflanke
t_d	Driftverzögerungszeit bei Photodioden

U	Spannung, Seperationsparameter bei LWL
U_B	APD-Durchbruchspannung
$\overline{U^2}_{b,p}$	Wärmerauschen von r_b, R_p
$\overline{U^2_E}$	Emitterschrotrauschen
$\overline{U^2_e}$	Emitterschrotrauschen + Wärmerauschen von R_E
$U_{v,n}$	siehe $I_{v,n}$
U_{3r}	Rauschspannung am Entzerrerausgang
$V_{(F)}$	Frequenzparameter bei LWL (bei dielektr. Platte)
$\tilde{V}$	normierte Verstärkung bei Laser
v	Verstärkung durch induzierte Emission
v_0	$= v(f_0)$ Verstärkung in Bandmitte
v	Verstärkung des inneren Verstärkers
v_0	$= v(f=0)$ Verstärkung bei tiefen Frequenzen
v_{os}	Schwellwert der Verstärkung bei Laser
v_s	Sättigungsdriftgeschwindigkeit für Elektronen
V_k	Volumen der aktiven Zone
W	Separationsparameter bei LWL, Pulsenergie, Übergangswahrsch.
W_F	Ferminiveau
$W_{FL,FV}$	Quasiferminiveaus im LB und VB
W_{LV}	Bandabstand
W'_{12}	Übergangsraten durch induzierte Absorption
W'_{21}	Übergangsraten durch induzierte Emission
W'_{sp}	Gesamtübergangsrate durch spontane Emission
W'_s	Übergangsrate durch spontane Emission in Grundwelle
W_p	Dicke der p-Diffusionszone
w	Eindringtiefe bei Photodioden
$w_{0,1}$	Wahrscheinlichkeitsdichteverteilungen für Rauschströme
W_{12}	Übergangswahrscheinlichkeit $1 \rightarrow 2$
W_{21}	Übergangswahrscheinlichkeit $2 \rightarrow 1$
x	Molbruch, Parameter bei Preemphase, normierte Frequenz bei PCM, Parameter bei $F_e = M^x$
x_a	normierte Laseranschwingzeit bei Stromsprung
x_c	normierte Laseranschwingzeit bei cos- Stromflanke

Y	Vierpolparameter
Y_g	Generatoradmittanz
Y_k	Korrelationsleitwert
y	Molbruch

Z	Verstärkerrauschgröße bei PCM, Abkürzung nach (2.59)
Z_E	$R_E + \alpha \, r_E$
$Z_{1,2}$	Besetzungszahlen bei "1" und "2"
z	z-Ortskoordinate bei Koordinatensystem x,y,z

α	Exponent des Potenzprofils, Anteil der spontanen Emission in Grundwelle, Tastverhältnis bei PCM
α_a	Absorptionsverluste bei Laser
α_A	Absorptionskoeffizient bei Photodioden
$\alpha_{(o)}$	Stromverstärkung in Basisschaltung (bei $\omega=0$)
$\alpha_{L,E}$	Ionisierungsraten für Löcher und Elektronen
α_R	Reflexionsdämpfung durch Leistungsabstrahlung bei Laser

β	Phasen- oder Ausbreitungskonstante
$\beta_{(m)}$	(minimaler) FM-Modulationsindex
β_o	Gleichstromverstärkung in Emitterschaltung

γ	Polarwinkel, Korrelationskoeffizient für U_n, I_n
$\gamma_{(c)}$	(kritischer) Winkel außerhalb der Faser
γ_{GK}	Korrelationskoeffizient für $I_{G,K}$
γ_{GD}	Korrelationskoeffizient für $I_{G,D}$
Γ	Führungsfaktor bei Laser bzw. dielektrischer Platte

δ	Schwingungsdämpfungsmaß bei Laser
δf	Breite einer axialen Eigenschwingung
δ_f	Lageparameter des HF-Bandes der Breite B_H
Δ	Laplaceoperator
Δf	Bandbreite, FM-Frequenzhub

Δ_n relative Brechzahldifferenz

$\Delta\tau_M$ Materialdispersion

$\Delta\tau_s$ Laufzeitstreuung

ε_0 Influenzkonstante

ε_r Dielektrizitätszahl

ε $= \varepsilon_0 \varepsilon_r$

η Einkoppelwirkungsgrad bei Faser

$\overline{\eta_F}$ mittlerer Faser-Faser- Koppelwirkungsgrad

$\overline{\eta_F^2}$ Schwankungsquadrat von η_F

η_i innerer Quantenwirkungsgrad bei LED, Laser

η_L LED- Gesamtwirkungsgrad

η_d differentieller Quantenwirkungsgrad bei Laser

η_p Quantenwirkungsgrad bei Photodiode ohne Multiplikation

$1 - \eta_R$ LED- Reflexionsverluste

θ Strahlwinkel zur z-Achse

θ_c Grenzwinkel der Totalreflexion

λ_0 Wellenlänge im Vakuum

λ_a Absorptionskante

μ_0 Induktionskonstante

μ_r relative Permeabilität

μ $= \mu_0 \mu_r$

μ_n Elektronenbeweglichkeit

υ Parameter zur Korrektur von (1.135)

ρ radiale Koordinate

$\sigma_{0,1}^2$ Varianzen der Rauschströme am Entscheidereingang

$\sigma(f)$ spektrale Energiedichte der natürlichen Wärmestrahlung

τ Pulsbreite (50 %), Gruppenlaufzeit des Verstärkers

$\tau_{(o)}$ Gruppenlaufzeit bei LWL (entlang der Achse)

τ_c Kohärenzzeit einer axialen Eigenschwingung des Lasers

$\tau_p^{(')}$ Photonenlebensdauer (ohne Leistungsabstrahlung)

τ_{rms} quadratischer Mittelwert der Pulsverbreiterung

$\tau_{A,of,v}$ Verstärkerzeitkonstanten

τ_s mittlere Stoßzeit bei APD

τ_{sp} Elektronenlebensdauer der spontanen Emission

φ Umfangswinkel bei zylindrischem Koordinatensystem

ξ $= \tau_{sp}/T_i$ Parameter bei cos- Stromflanke für Laser

ω Kreisfrequenz

ω_r Resonanzfrequenz des Lasers

ω_s Systemgrenzfrequenz $= 2\pi\, B_s = 2\pi\, f_s$

Ω normierte Frequenz $= f/f_s$, Raumwinkel

Sachwortverzeichnis

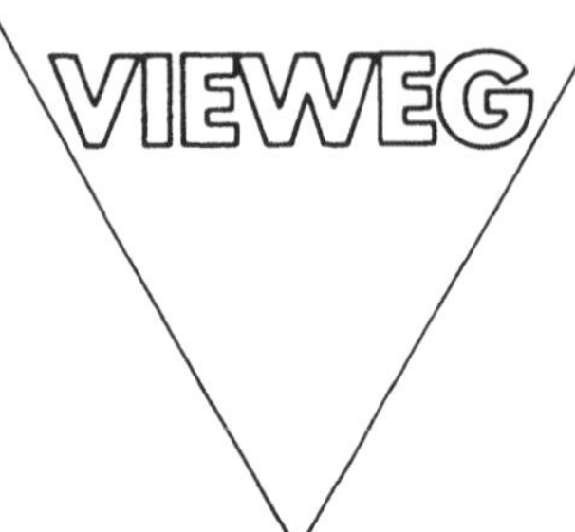

Claus-Dieter Timmermann

Lichtwellenleiter

Wellenausbreitung in Glasfasern und Hohlleitern. 1981. VIII, 175 S. mit 57 Abb. und 40 gelösten Aufgaben. 16,2 X 22,6 cm. Br.

Inhalt: Grundbegriffe elektromagnetischer Felder: Maxwellsche Gleichungen / Die Wellengleichung / Ebene Wellen / Aufgaben − Wellen in Hohlleitern: Rechteckhohlleiter / Rundhohlleiter / Einkopplung in Hohlleiter / Anwendungen / Aufgaben − Lichtwellenleiter: Der Aufbau von Lichtwellenleitern / Reflexion ebener Wellen an Grenzschichten / Materialdispersion ebener Wellen / Lichtleitfasern / Geometrisch-optische Betrachtungen / Lichteinkopplung in Glasfasern / Dämpfung / Technische Ausführungsformen / Anwendungen / Aufgaben − Lösungen der Übungsaufgaben − Literaturhinweise − Verzeichnis der wichtigsten Formelzeichen − Sachwortverzeichnis.

Ausgehend von den Maxwellschen Gleichungen werden über vorbereitende Kapitel zu Hohlleitern die Lichtwellenleiter behandelt. Unterschiede und Gemeinsamkeiten werden klar herausgearbeitet. Die Berechnung der einwelligen Faser schließt sich an, und auf die Probleme bei der Lösung skalarer Wellengleichungen für die vielwellige Faser wird ausführlich eingegangen. Zusätzlich veranschaulichen 40 Übungsaufgaben mit vollständigem Lösungsweg die angeschnittene Problematik.